Keine Panik vor Ingenieurmathematik!

Monika Dietlein • Oliver Romberg

Keine Panik vor Ingenieurmathematik!

Erfolg und Spaß im e-hoch-wichtig-Fach des Ingenieurstudiums

Monika Dietlein
Oliver Romberg

Bremen, Deutschland

facebook: Keine Panik im Studium

ISBN 978-3-8348-1567-5   ISBN 978-3-8348-2124-9 (eBook)
DOI 10.1007/978-3-8348-2124-9

Die Deutsche Nationalbibliothek verzeichnet diese Publikation in der Deutschen Nationalbibliografie; detaillierte bibliografische Daten sind im Internet über http://dnb.d-nb.de abrufbar.

Springer Vieweg
© Springer Fachmedien Wiesbaden 2014

Gedruckt auf säurefreiem und chlorfrei gebleichtem Papier

Springer Vieweg ist eine Marke von Springer DE. Springer DE ist Teil der Fachverlagsgruppe Springer Science+Business Media.
www.springer-vieweg.de

Vorwort[1]

Eine ziemlich sichere Methode, auf einer Party den Rest des Abends allein und in Ruhe verbringen zu können, ist, auf die Frage, was man denn so mache, zu antworten: „Ich studiere Maschinenbau – werde also Ingenieur". Der erfahrene Student in etwas höherem Semester wird jetzt vielleicht einwenden: „Die Aussage über die oben erwähnte Methode ist nur dann mathematisch ‚wahr‘, wenn es sich nicht um eine ‚Maschbau-Party‘ handelt". Dies wiederum verdient den Einwand: „So eine ‚Maschbau-Party‘ ist gar keine ‚Party‘, sondern eine – rein geschlechtlich gesehen – homogene Versammlung bebrillter, zugeknöpfter Blauhemden, die sich den ganzen Abend über beide ihnen bekannte Themen unterhalten: Technik und Technologie...

Man sieht also, es ist nicht so leicht, Dinge treffend zu beschreiben, geschweige denn zu definieren. Aber genau das wird bei der Entwicklung technischer Systeme oder bei der Beschreibung naturwissenschaftlicher Phänomene benötigt. Die angewandte Mathematik ist nämlich die Grundlage sämtlicher Ingenieur- und Naturwissenschaften. Aber auch in vielen praxisorientierten technischen Berufen ist ‚Mathe‘ ein wichtiges Werkzeug und die Voraussetzung für erfolgreiches Arbeiten und gute Resultate. Und die Menge der Autoren dieses Buches, vermindert natürlich um Frau Dipl.-Ing. Dietlein, wissen aus eigener Erfahrung, welche (vermeidbaren) Probleme dieses ‚Mathe‘ bereiten kann. Herr Dr. Romberg wirft ein, dass es zur Vermeidung der Problematik am effektivsten sei, die von ihm selbst entwickelte Methode anzuwenden, nämlich die mit Mathematik verbrachte Zeit t_M gegen Null (0) gehen zu lassen. Aber diese brillante Vorgehensweise soll im Folgenden ausgeschlossen werden!

Gerade weil die Studierenden an Universitäten, Fachhochschulen sowie Ingenieur- und Technikerschulen große Schwierigkeiten haben, sich mit (Zitat Frau Dipl.-Ing. Dietlein) „der wunderbar und manchmal so verblüffend in sich schlüssigen Materie" anzufreunden, haben wir den Versuch unternommen, analog der anderen „Keine-Panik-Bücher" das Thema ‚Mathe‘ auch mal etwas anders rüberzubringen...

Nachwort zum Vorwort: An dieser Stelle ein großes Dankeschön an den (hyper hyper) Techno-Mathematiker Herr Dr. Oestreich für die rasante Durchsicht des Manuskript (Übersetzung für Nicht-Lateiner: „Handschrift", warum auch immer!) mit vermutlich 120 Beats pro Sekunde.

Bremen, Juli 2014

Dipl.-Ing. Monika Dietlein
Dr.-Ing. Oliver Romberg

facebook-Seite: Keine Panika im Studium
www.dont-panic-with-mechanics.com

---

[1] Notwendiger Hinweis für Mathematiker und Ingenieure: Es handelt sich um mehr als nur genau ein Wort.

Inhaltsverzeichnis

1 Mathe, das alles entscheidende Fach(!)...

Für den Ingenieur gilt: „Erst die Arbeit, dann das Vergnügen[1]." Trotzdem möchten wir noch einmal den Aspekt bzgl. „Ingenieur-Partys" aufgreifen, der im Vorwort Erwähnung findet. Herr Dr. Romberg gibt dazu häufig folgenden Schwank aus seiner Studentenzeit in – sagen wir mal – ausgeschmückter Form zum Besten. Leider wird deren zweiter, nach seinen Angaben lehrreicher Schlussteil nie gehört, weil die Zuhörer immer schon nach kurzer Zeit einen angeblich wichtigen Anruf auf ihren „leise gestellten" Mobil-Telefonen erhalten oder ihnen ganz plötzlich ein Termin einfällt, der sie zum eiligen Aufbruch animiert. Erzählt wird Folgendes (gähn):

„Verregnete Straßen, Samstag, 23:30 Uhr, irgendwo vor einem dunklen Keller mitten in der Stadt. Dröhnende Rhythmen drängen auf die Straße und bunte Lichter werfen tanzende Schatten aus kniehohen Fenstern auf den Asphalt. Ein kalter Luftzug begleitet mich, als ich die steile Treppe hinunter steige und den billigen Vorhang, der den kleinen improvisierten Kassenraum vom Partyraum abtrennt, langsam zur Seite schiebe.

Ein Inferno aus Lärm, Lichtblitzen und einem warmen Geruch nach günstigen Deo-Produkten bricht über mich herein. Vor einer gegenüberliegenden hell erleuchteten Thekenzeile mit nahezu unendlich ausgedehnten Flaschenkaskaden zappeln die Silhouetten dunkler Figuren herum, wedeln mit den Armen und schütteln ihre Haarmähnen. Neben dem Vorhang steht ein langhaariger Typ mit Pferdeschwanz und verweist fröhlich einladend auf ein weißes Schild, auf dem mit rotem Edding vermerkt im schummrigen Licht zu lesen ist:

»Beitrag 5 DM[2], Studenten die Hälfte!«.

Bestimmt ein Pädagogiker, denke ich noch.

»Student?«, kreischt er mir grinsend von der Seite ins Ohr.

»Ja!«, antworte ich kurz.

»Welche Fachrichtung?«

»Ich studiere Maschinenbau«, rufe ich so laut wie möglich geradeaus in den Raum. Im selben Moment verstummt die Musik. Alles scheint im Inneren des Kellers zu erstarren. Totenstille. Irgendwo dreht sich leicht schleifend noch das Sitzteil eines Drehhockers und ein Kronkorken fällt mit einem kaum wahrnehmbaren Klicken auf den Boden, rollt unter einen Stehtisch und kippt lautlos zur Seite. Die Hände in meine Hüfte gestemmt, lasse ich den Blick in die Runde der Staunenden schweifen. Dass nicht wenigstens eine Kaugummizigarette zwischen meinen schmalen Lippen klemmt, bereue ich in diesem Augenblick zutiefst.

Obwohl mir meine Stellung als Aspirant und geistiger Vertreter beider Menschheitsaufgaben (Technologie und Naturwissenschaft) durchaus bewusst ist, bin ich dennoch nicht gelinde überrascht. Ein älterer, schneidiger Typ jenseits der Fünfundzwanzig in blauem Nadelstreifenanzug eilt in großen Schritten auf mich zu, das Quietschen seiner Schuhe verrät teures Leder. Er streckt

---

[1]Hinweis von Frau Dipl.-Ing. Dietlein: Für den Ingenieur <u>ist</u> die Arbeit das größte (und einzige) Vergnügen!

[2]Währungszeichen einer antiken, nicht mehr gebräuchlichen deutschen Währung.

seine Hand nach mir aus, um die meine zu schütteln. Zwischen seinen breiten und blendend weißen Zahnreihen stößt er hervor:
»Darf ich mich vorstellen: Siegbert Siemens Junior-Junior, haben Sie schon eine Anstellung, wenn Ihr Studium beendet ist?«
Er schüttelt weiter meine Hand und fährt fort:
»Wenn nicht, hätte ich da was für Sie: im hippen Hamburg, mitten im Allgäu, Anfangsgehalt 380 Tausend DM im Jahr plus Weihnachtsgeld.«
Ich höre ihm aber kaum zu und seine Gestalt verschwimmt in meinem Augenwinkel zu einer unscharfen Masse, denn während Siegbert sein Angebot weiter ausschmückt, entdecke ich in etwa zehn Schritten Entfernung hinter ihm diese hochgewachsene, schwarz gekleidete Blondine, die mit schmalen Eis-Augen direkt zu mir herüber starrt und dabei mit der Zunge über ihre knallrote und glänzende Oberlippe streift...
»Wie weit sind Sie? Welches Semester?« höre ich Siegbert wie von Ferne fragen.
»Sicher haben Sie alle Mathe-Scheine schon in der Tasche, was?« schiebt er rein rhetorisch hinterher.
»Äh... was...?« höre ich mich plötzlich stammeln.
»Ja, also, äh... Mathematik, das... äh... das habe ich... äh... noch nicht bestanden...«
Siegberts Lächeln gefriert zu einer Grimasse, während er versucht, seinen Schock durch weiteres Grinsen zu überspielen. Seine Augen verlieren jeglichen Ausdruck und Glanz. Er lässt meine Hand los, die nun verlassen am waagerechten Unterarm in den Raum ragt, ohne dass ich es merke, weil ich mich gänzlich auf meine heißen Ohren konzentrieren muss. Ich schaue geradeaus, aber der blonde Eis-Engel war verschwunden. Siegbert steht auch schon nicht mehr vor mir und ich höre ihn nur noch, wie er hinter mir jemanden mit den Worten: »Hey, Hallo Klaus-Bärbel! Du auch hier?« begrüßt.
Fast gleichzeitig setzt sich alles wieder mit lauter Musik begleitet in Bewegung: das Zappeln, das Tanzen, das Zuprosten. Wie bei einem klassischen Zirkus scheint sich alles zu drehen und wie ausgeleuchtet in eine wunderbare Farbenwelt einzutauchen, die aber fortan an mir vorbei leuchtet ohne mich einzubeziehen. Ich drehe mich um und trete hinaus auf die nasse, kalte Straße."

So etwas soll uns doch nicht auch passieren, oder? Und das alles nur wegen Mathe...?! Die folgenden Kapitel bieten ein Mittel gegen solche Situationen und helfen uns, nicht nur einen Siegbert zufriedenzustellen. Dieses Buch behandelt den kleinen Teil der Mathematik, den der Ingenieur tatsächlich braucht und der von echten Mathematikern noch nicht einmal als Mathematik, sondern als „triviales Rechnen mit Zahlen" bezeichnet wird.

Ohne Anspruch auf Vollständigkeit und ohne ein „seriöses Lehrbuch" ersetzen zu wollen, heißt es mal wieder: keine Panik! Wir fangen wieder gaaaaanz einfach an und vergegenwärtigen uns nochmal eindringlich, dass (Monumentalmusik an) der Einfluss der Mathematik auf die Ingenieurwissenschaften mindestens so groß ist wie der Einfluss der Ingenieurwissenschaften auf die menschliche Gesellschaft, wie z.B. im Falle der ersten Worte bei Kleinkindern... (Monumentalmusik aus)

2 Einstiegshilfe

Du hast in einem kleinen nördlichen Bundesland mit häufigen „progressiven Schulreformen"
Dein „Abitur" gemacht und studierst irgendetwas Ingeniöriges oder hast es vor? Dann bist Du
hier richtig. Hier bekommst Du neben den vier Grundrechenarten alles beigebracht, um auch den
Rest des Buches zu verstehen.

Nachdem Herr Dr. Romberg seine traumatischen Erlebnisse als Dozent einiger der oben erwähnten Abiturienten (die z. B. beim $\tan x = \frac{\sin x}{\cos x}$ das x schon mal wegkürzen[1]) geschildert
hat, entschlossen wir uns (auf Anraten von Herrn Dr. Romberg übrigens), eine Einstiegshil-
fe dem eigentlichen Inhalt voranzustellen. Und zwar für alle (also nicht nur für Schulreform-
opfer), die Schwierigkeiten haben sollten oder weil wegen „zufälligerweise" verpasster Mathe-
Unterrichtsstunden Lücken entstanden sind, um ein bisschen Basiswissen aufzufrischen. Hast Du
Dein Abi jedoch in Bayern gemacht, kannst Du an dieser Stelle zum nächsten Kapitel vorrücken.

2.1 Ein paar mathematische Zeichen und was man damit macht

In diesem kurzen Abschnitt stellen wir Euch ein paar Zeichen vor, die in der Mathematik gerne
angewendet, aber nicht immer sauber erläutert werden und man manchmal wie ein Ochs vorm
Berg davor steht und nicht weiß, was von einem denn nun um Himmels willen erwartet wird.

Beginnen wir mit dem <u>Summenzeichen</u>:

$$\sum_{k=1}^{n} \text{Hier kommt dann ein Term, in dem } k \text{ vorkommt.}$$

Das große $\sum$ ist der griechische Großbuchstabe für „Sigma" und steht für „Summe". Dieses
Zeichen deutet an, dass wir etwas aufaddieren (also zusammenzählen) sollen. Der Term hinter
dem Summenzeichen beschreibt dann, nach welcher Gesetzmäßigkeit die einzelnen Summanden
gebildet werden sollen, die wir dann anschließend aufsummieren. Diese Gesetzmäßigkeit enthält
dann entweder als Index oder als Teil der Formel den sogenannten „Laufindex" k.

Darüber hinaus sehen wir unter dem Summenzeichen die Vorschrift, dass wir für den ersten
Summanden $k = 1$ setzen sollen (es gehen aber auch andere Werte, es muss nicht immer bei 1
beginnen!). Für den letzten Summanden, den wir hinzuzählen sollen, setzen wir für k die Zahl
(oder den Platzhalter) n ein, die oberhalb des Summenzeichens steht. Den zweiten Summanden
bilden wir, in dem wir k um 1 erhöhen, den dritten Summanden noch einmal um 1 und so weiter,
bis wir beim letzten Summanden angekommen sind (für den wir wie gerade erwähnt, die Zahl

---

[1] Herr Dr. Romberg könnte noch viele solche Beispiele anführen, lässt dies aber aus Respekt gegenüber eines bestimmten musikalischen und akrobatischen Tierquartetts lieber bleiben…

oder den Platzhalter oberhalb des Summenzeichens einsetzen). Der Laufindex k und auch n können dabei nur ganzzahlige Werte annehmen, also 1 oder 2, usw., aber nicht z. B. 1,4 oder 3,9 oder $\frac{1}{2}$ oder dergleichen.

Hier ein Beispiel, in dem der Laufindex als Teil der Formel auftritt:

$$\sum_{k=1}^{10} k.$$

Das berechnen wir so:

$$\sum_{k=1}^{10} k = 1+2+3+4+5+6+7+8+9+10 = 55.$$

Jetzt ein Beispiel, in dem der Laufindex als Index einer Variable vorkommt:

$$\sum_{k=3}^{n} \frac{1}{x_k}.$$

Berechnen können wir hier nichts, weil wir dazu wissen müssten, wie groß die einzelnen x_k sind oder wie groß n sein soll, aber formelmäßig können wir es ausschreiben:

$$\sum_{k=3}^{n} \frac{1}{x_k} = \frac{1}{x_3} + \frac{1}{x_4} + \frac{1}{x_5} + \cdots + \frac{1}{x_n}.$$

Das <u>Produktzeichen</u> funktioniert ganz ähnlich, nur dass wir nicht die Summe bilden, sondern ein Produkt. Das Zeichen verwendet den griechischen Großbuchstaben „Pi" und schaut so aus:

$$\prod_{k=1}^{n} \text{Hier kommt dann ein Term, in dem } k \text{ vorkommt.}$$

Wie oben kann unser Produkt auch bei einem anderen Wert als $k = 1$ beginnen und der Laufindex kann im Index oder in der Formel selbst vorkommen. Aber auch hier muss k immer ganzzahlig sein!

Beispiel für k als Teil der Formel:

$$\prod_{k=0}^{n-1} \frac{1}{2^{k+1}} = \frac{1}{2^1} \cdot \frac{1}{2^2} \cdot \frac{1}{2^3} \cdots \frac{1}{2^{n-1}}.$$

Das Produktzeichen ist z. B. auch hilfreich, wenn gezeigt werden soll, wie man

$$n!,$$

sprich „<u>n Fakultät</u>", berechnet. Nämlich

$$n! = \prod_{k=1}^{n} k = 1 \cdot 2 \cdot 3 \cdots (n-1) \cdot n.$$

2.2 Über den Umgang mit Klammern

Auch wenn Büroklammern in langweiligen Vorlesungen dazu einladen, damit zu spielen (z. B. lange Ketten daraus zu basteln oder sie irgendwie sinnlos zu verbiegen), ist hier doch etwas anderes gemeint.

Klammern dienen dazu, innerhalb von Formeln und Rechenvorschriften Teile zusammenzufassen, die zusammengehören. Das wenden wir z. B. bei Vektoren (siehe Kapitel 5) und Matrizen (siehe Kapitel 8) an. Grundlegender aber ist, dass wir mit Hilfe von Klammern Prioritäten setzen können, in welcher Reihenfolge bestimmte Rechenschritte durchzuführen sind.

Wenn Ihr Euch erinnert, haben wir schon sehr früh[2] gelernt, dass „Punkt vor Strich" gilt, also dass wir die Multiplikation bzw. Division (durch einen bzw. zwei Punkte gekennzeichnet) „zeitlich" vor einer Addition bzw. Subtraktion (durch Striche gekennzeichnet) durchzuführen haben. Wir können aber bei Bedarf von diesem Gesetz abweichen, wir müssen dies aber mittels Klammern kennzeichnen. Das ist Euch sicher mehr als vertraut, weshalb wir hier nicht weiter darauf eingehen. Wichtig ist dabei, dass wir Klammern immer von innen nach außen ausrechnen, d. h. wir fangen immer mit der innersten Klammer an und rechnen sie zuerst aus. Anschließend gehen wir zur nächstinneren und arbeiten uns so nach außen vor.

Auch das sollte eigentlich keine Schwierigkeiten bereiten. Etwas problematischer ist es, wenn Klammern aufgrund von ungesagten Konventionen weggelassen werden. Es gibt ganz bestimmte Funktionen (wie z. B. den Sinus, Cosinus oder den Logarithmus), bei denen manchmal die Klammern nicht hingeschrieben werden. Wir dürfen also Dank eines ungeschriebenen Gesetzes z. B. schreiben:

$$\sin \alpha, \tan \alpha \text{ oder } \ln x,$$

wobei dann eigentlich

$$\sin(\alpha), \tan(\alpha) \text{ oder } \ln(x)$$

gemeint ist!

Manchmal sieht man leider z. B. auch folgende Schreibweise:

$$\sin xy$$

für

$$\sin(xy).$$

Gänzlich unmathematischer-weise ist die Schreibweise $\sin xy$ in diesem Fall nicht eindeutig! Denn es ist absolut möglich, $\sin x \cdot y$ auch als $(\sin x) \cdot y$ aufzufassen! Die Ergebnisse wären dann völlig verschieden! Diese Zweideutigkeit tritt aber nur bei einem Produkt auf, denn für elementare Funktionen (wie z. B. sin, cos, ln) gilt, dass sie Vorrang vor Addition oder Subtraktion haben.

An diesem Beispiel sehen wir übrigens sehr deutlich, dass Klammern für Eindeutigkeit sorgen, deswegen lieber einmal zuviel Klammern gesetzt als zu wenig! Bitte traut Euch auch in

---

[2]in der 2. Klasse (im erwähnten nördlichen Bundesland: 4. Klasse).

Prüfungen den Aufpasser oder die Aufpasserin zu fragen, wenn eine Formel in einer Aufgabe nicht eindeutig ist. Wenn der Aufpasser oder die Aufpasserin ein Einsehen hat, wird er oder sie die Formel eindeutig an die Tafel schreiben und manch Kommilitone oder Kommilitonin wird es Euch danken.[3]

Es gibt aber im Zusammenhang mit diesen Funktionen noch eine andere unsichtbare Klammer, die nur in größten Ausnahmefällen hingeschrieben wird, weil es hier eher unwahrscheinlich ist, dass es zu Zweideutigkeiten kommt.

Denn die elementare Funktion wird immer <u>zuerst</u> ausgewertet, bevor mit ihrem Ergebnis weiter gerechnet wird.

So berechnen wir bei

$$\sin \pi + 1$$

zunächst den $\sin \pi$ und addieren dann erst die 1! Mit Hilfe von Klammern ausgedrückt lautet die Rechenvorschrift

$$(\sin \pi) + 1.$$

Steht dagegen da, dass

$$\sin(\pi + 1),$$

dann addieren wir zunächst 1 zu π hinzu und berechnen dann mit dem so erhaltenen Ergebnis den Sinus. In diesem Fall <u>müssen</u> wir um die Summe eine Klammer setzen, weil wir sie zuerst auswerten sollen.

---

[3]Herr Dr. Romberg merkt an, dass die Aufpasser oder Aufpasserinnen bei Prüfungen meistens auch keine Ahnung haben.

Euch sollte also klar geworden sein, dass wir beim Bruch $\frac{\sin x}{x}$ N-I-C-H-T durch x kürzen dürfen, wie besonders kreative Studenten einer Hochschule eines sehr kleinen nördlichen Bundeslandes Herrn Dr. Romberg in einer Mechanik-Vorlesung vorschlugen. Dieses Ereignis steht recht weit oben auf der Liste der traumatischen Erlebnisse aus seiner Dozenten-Zeit.

2.3 Ausmultiplizieren und die Binomischen Formeln

Jetzt, nachdem wir Meister der Klammern geworden sind, ist es Zeit ans Ausmultiplizieren zu gehen, wenn wir zwei Klammerausdrücke haben, die miteinander multipliziert werden sollen. Sowas wie

$$(\text{Klammerterm 1}) \cdot (\text{Klammerterm 2}).$$

Wir könnten jetzt, wie wir es gelernt haben, erst den Inhalt der Klammern einzeln ausrechnen und dann das Ergebnis miteinander multiplizieren. Das ist allerdings nicht immer so einfach möglich, weil in einem oder, was noch wahrscheinlicher ist, in allen Klammerinhalten eine sogenannte „Unbekannte" bzw. eine Variable steht, die als Platzhalter für eine noch unbekannte Zahl fungiert. Hier müssen wir anders vorgehen. Wir „multiplizieren aus"[4].

Das Prinzip des Ausmultiplizierens ist, dass wir *jeden Summanden der einen Klammer mit jedem Summanden der anderen Klammer* „verheiraten" (sprich multiplizieren), aber bitte nicht mit den anderen Mitgliedern der eigenen Familie, also nicht mit den anderen Summanden der eigenen Klammer:

Wir rechnen also z. B.

$$(a_1 + a_2)(b_1 + b_2) = a_1 \cdot b_1 + a_1 \cdot b_2 + a_2 \cdot b_1 + a_2 \cdot b_2$$

oder

$$(a_1 + a_2)(b_1 + b_2 + b_3) = a_1 \cdot b_1 + a_1 \cdot b_2 + a_1 \cdot b_3 + a_2 \cdot b_1 + a_2 \cdot b_2 + a_2 \cdot b_3.$$

Manchmal haben wir nur eine Variable oder Zahl, die mit einer Klammer multipliziert werden soll. Dann denken wir uns diese eine Variable oder Zahl mit Klammern umgeben und behandeln sie genauso wie zuvor die zwei Klammern mit mehreren Summanden darin. Also muss die Zahl (oder Variable) mit jedem Summanden multipliziert werden:

$$a \cdot (b + c) = ab + ac.$$

Als Krönung des Kapitels für Einsteiger präsentieren wir nun: die <Trommelwirbel> *binomischen Formeln*, die in manchen Fällen das Ausmultiplizieren verkürzen.

Es sind derer drei; sie werden dann verwendet, wenn wir zwei Klammern haben, die miteinander multipliziert werden sollen und jeweils aus zwei Summanden bestehen, die obendrein auch identisch sind. Dann ergibt sich nämlich immer dasselbe, und wir können uns das Ausmultiplizieren ersparen, indem wir einfach die passende Formel verwenden:

---

[4]Futur II, 2. Person Plural: „Ihr werdet ausmultipliziert haben".

1. Binomische Formel

$$(a+b)^2 = (a+b)(a+b) = a^2 + 2a \cdot b + b^2.$$

2. Binomische Formel

$$(a-b)^2 = (a-b)(a-b) = a^2 - 2a \cdot b + b^2.$$

3. Binomische Formel

$$(a+b)(a-b) = a^2 - b^2.$$

Natürlich ist es Euch erlaubt, diese Formeln nicht auswendig zu lernen, denn Ihr könnt zum gleichen Ergebnis kommen, wenn Ihr wie oben gezeigt, die Klammern eben einfach ausmultipliziert. Da diese Art von Klammermultiplikation aber sehr, sehr oft vorkommt, ist es doch ein erhebliches Zeitersparnis, sie sich einfach zu merken. Außerdem verringert Ihr so die Gefahr, dass Ihr Euch beim Ausmultiplizieren verrechnet.

2.4 Über das Rechnen mit Einheiten

Als Ausstieg aus dem Einstieg möchten wir noch erläutern, wie wir mit Einheiten umgehen, mit denen insbesondere der Ingenieur oder Physiker zu kämpfen hat, auch wenn sich die Mathematik damit meist nicht unmittelbar auseinandersetzt. Mit Einheiten bedenkt der Physiker oder Ingenieur Werte, die irgendwelche physikalischen Eigenschaften der Materie (wie z. B. die Masse, die Geschwindigkeit, die Größe, die Temperatur...) bemessen, also ein Maß darstellen. Dabei bekommen Maße identischer physikalischer Eigenschaften identische Einheiten. So hat die Geschwindigkeit immer das Maß „Strecke durch Zeit", also fast überall auf der Welt die Maßeinheit „Meter durch Sekunde" bzw. $\frac{m}{s}$. Das Beispiel einer Einheit für die Geschwindigkeit setzt sich selbst wiederum aus zwei Einheiten zusammen, eine für eine Strecke, üblicherweise ausgedrückt in „Meter" (m) und eine für die Zeit, ausgedrückt in „Sekunde" (s)[5]. Legt ein Körper innerhalb von 10 Sekunden ($10s$) eine Strecke von 100 Metern ($100m$) zurück, dann ist seine Geschwindigkeit

$$v = \frac{100m}{10s} = 10\frac{m}{s}.$$

Wir sehen also, dass es Einheiten gibt, die sich aus anderen Einheiten, den Basiseinheiten, zusammensetzen. Zu den für uns wichtigsten Basiseinheiten gehören:

- Meter m als Maß für eine Strecke,

- Sekunde s als Maß für die Zeit,

---

[5]Natürlich können wir auch andere Zeitmaßeinheiten verwenden wie z. B. Minuten, Stunden, Jahre, etc. Manchmal kommt das auch vor, aber für's Rechnen ist die Sekunde einfach einfacher zu handhaben. Deswegen zur Not in Sekunden umrechnen!

- Kilogramm kg als Maß für das Gewicht,

- Kelvin K als Maß für die Temperatur ($1K = 1^{\deg}C$ mit $0K = -273{,}15^{\deg}C$),

- Ampere A als Maß für die Stromstärke und

- Mol mol als Maß für die Stoffmenge ($1mol = 6{,}022 \cdot 10^2 3$ Teilchen).

Aus diesen Einheiten können wir andere abgeleitete Maßeinheiten bilden, die manchmal eine eigene Einheit bekommen. Wie wir sie bilden, hängt oftmals davon ab, wie wir die zugehörige physikalische Eigenschaft definieren. So ist die Kraft als die Kraft definiert, die wir aufwenden müssen, um einen Körper von $1kg$ Masse auf $1\frac{m}{s^2}$ zu beschleunigen (die Beschleunigung ist auch eine zusammengesetzte Größe mit der Einheit $\frac{m}{s^2}$). Die Kraft erhielt zu Ehren von Isaac Newton (der die Newtonschen Gesetze erfunden hat) die Einheit Newton N und setzt sich gemäß der gängigen Definition der Kraft wie folgt zusammen:

$$1N = 1\frac{kg \cdot m}{s^2}.$$

Letztendlich ist das Newton nur eine Abkürzung, damit wir nicht so viel schreiben müssen. Wir dürfen, wenn wir wollen, natürlich anstelle des Newtons die Kraft in Basiseinheiten ausschreiben.

Rechnen dürfen wir übrigens ganz normal mit Einheiten, wobei wir nur berücksichtigen müssen, dass wir nur gleiche Einheiten addieren bzw. subtrahieren oder kürzen dürfen! Haben wir z. B. als Aufgabe gegeben, dass wir die Kraft berechnen sollen, die wir benötigen, um einen Körper von einer Masse von $1000kg$ auf $10\frac{m}{s^2}$ zu beschleunigen, rechnen wir einfach das Produkt aus beiden Zahlen (so ist unsere Definition von Kraft: „Kraft mal Beschleunigung"), wobei wir in einem Zwischenschritt die einzelnen Einheiten hinter die Zahlen schreiben. Also

$$F = 1000kg \cdot 10\frac{m}{s^2} = 1000 \cdot 10kg \cdot \frac{m}{s^2} = 10000\frac{kgm}{s^2} = 10000N.$$

Der Druck, der von einer Kraft auf eine Fläche ausgeübt wird, ist definiert als „Kraft pro Fläche" und seine Einheit ist $\frac{N}{m^2}$. Wollen wir nun wissen, welchen Druck die gerade eben berechnete Kraft auf eine Fläche A von $1m^2$ ausübt, so bilden wir einfach den Quotienten aus beiden Größen,

$$p = \frac{F}{A} = \frac{10000N}{1m^2} = 10000\frac{N}{m^2}.$$

Manchmal macht es Sinn, die Einheiten auszuschreiben. Im Falle unseres Drucks also

$$p = 10000\frac{\frac{kgm}{s^2}}{m^2} = 10000\frac{kgm}{s^2m^2}.$$

Wir sehen, dass sowohl im Nenner wie auch im Zähler die Einheit m vorkommt. Wir dürfen, wenn wir wollen, hier durch m kürzen. Es ist also durchaus legitim für unseren Druck zu schreiben, dass

$$p = 10000\frac{kg}{ms^2}.$$

Wollen wir wieder auf unsere übliche Einheit für den Druck zurückrechnen, müssen wir den Bruch mit den Einheiten um m erweitern, also

$$p = 10000 \frac{kg}{ms^2} \cdot \frac{m}{m} = 10000 \frac{kgm}{s^2m^2} = \frac{N}{m^2}.$$

Eine gebräuchliche Einheit für den Druck ist übrigens das „Pascal", in mathematischer Form

$$1Pa = 1 \frac{N}{m^2}.$$

Wir sehen also, dass wir normal rechnen dürfen mit Einheiten. Wir dürfen sie mit sich selbst multiplizieren (also quadrieren oder mit noch höheren Potenzen versehen) oder mit anderen Einheiten, oder auch Wurzel ziehen! Also z. B.

$$\sqrt{\frac{m^2}{s^2}} = \frac{m}{s}.$$

Zm Schluss dieses Kapitels möchten wir noch einmal die Wichtigkeit betonen, auch <u>immer</u> die Einheiten mit hinzuschreiben. Physikalische Werte stehen nämlich nicht gerne nackig da, denn nur so erkennen wir, welche Größe wir vor uns haben und laufen nicht Gefahr, z. B. eine Kraft für ein Moment zu halten (= großes Problem!).

3 Aller Anfang ist... leicht: Grundlagen

Bevor wir ans Eingemachte gehen, möchten wir in diesem Kapitel ein paar grundlegende Begriffe einführen (bzw. wiederholen), die für den Rest des Buches notwendig sind. Fangen wir mit den Mengen an.

3.1 Mengen mäßig

Zu Mengen werden in der Mathematik Objekte zusammengefasst, die in der Regel eine oder mehrere Eigenschaften miteinander teilen. Diese Objekte können z. B. Zahlen sein oder auch Funktionen oder Schuhsohlen. Die zu einer Menge gehörenden Objekte werden Elemente genannt. Zur Definition einer Menge werden entweder ihre Elemente explizit angegeben oder aber die gemeinsame Eigenschaft der Elemente genannt, wie z. B. entweder „roter Pulli", „roter Rollkragenpulli", „rotes T-Shirt" oder auch „Oberbekleidung, die rot ist".

Werden die Elemente einer Menge explizit angegeben, so geschieht dies, indem die Elemente in einer geschweiften Klammer in beliebiger Reihenfolge angeführt werden. Zum Beispiel kann die Menge aller Ziffern des Dezimalsystems wie folgt geschrieben werden:

$$\text{Menge der Dezimalzahlen } M = \{0, 1, 2, 3, 4, 5, 6, 7, 8, 9\}.$$

Sind aber alle Zahlen Elemente mit einer bestimmten gemeinsamen Eigenschaft (oder mehreren davon) gemeint, werden ganz spezielle Symbole verwendet, die entweder gezielt definiert werden oder die in der Mathematik allgemein gebräuchlich sind. Tabelle 3.1 listet einige der gebräuchlichsten auf.

Tabelle 3.1: Mengen verschiedener Zahlen und ihre Symbole

Bezeichnung	Symbol	Beschreibung
Menge der natürlichen Zahlen	$\mathbb{N}$	$\mathbb{N} = \{1, 2, 3, \dots\}$ oder $\mathbb{N}_0 = \{0, 1, 2, 3, \dots\}$
Menge der ganzen Zahlen	$\mathbb{Z}$	$\mathbb{Z} = \{\dots, -3, -2, -1, 0, 1, 2, \dots\}$
Menge der rationalen Zahlen	$\mathbb{Q}$	Menge aller Bruchzahlen, z. B. $\frac{1}{3}$ oder $-\frac{64}{1000}$
Menge der reellen Zahlen	$\mathbb{R}$	Alle Zahlen wie $\frac{2}{5}$, 20, π und $-24302,5432^*$
Menge der komplexen Zahlen	$\mathbb{C}$	Alle komplexen Zahlen (dazu später noch)

* Der Zahlenstrahl von $-\infty$ bis $+\infty$ kann als die Darstellung aller reellen Zahlen aufgefasst werden.

Eine *leere Menge* ist diejenige, die kein Element enthält. Für sie schreiben wir $\emptyset$.

Gehört ein Objekt a zu einer Menge A, so sagen wir „a ist Element von A" und schreiben

$$a \in A.$$

Das Symbol *a* könnte hier z. B. für die Erde stehen und die Menge *A* für die Menge der Planeten unseres Sonnensystems.

Gehört das Element *b* nicht zu *A*, so kennzeichnen wir das so:

$$b \notin A.$$

Das Symbol *b* könnte hier dann z. B. für die Sonne stehen, denn sie ist kein Planet, sondern ein Stern und somit nicht Teil der Menge aller Planeten unseres Sonnensystems.

Sind alle Elemente aus der Menge *B* auch Elemente von *A*, so wird *B* Teilmenge von *A* genannt. Hingeschrieben sieht das so aus:

$$B \subset A.$$

Um bei unserem astronomischen Beispiel zu bleiben, könnte die Menge *B* die Menge aller Planeten unseres Sonnensystems mit Monden repräsentieren.

Sind einige (nicht zwingend alle) Elemente *x* von *B* auch zugleich Elemente von *A*, so nennt man die Menge dieser Elemente die Schnittmenge[1]. In diesem Fall könnte die Menge *B* für alle Planeten mit Monden in unserer Milchstraße stehen. Mathematisch ausgedrückt schreiben wir:

$$A \cap B = \{x \mid x \in A \text{ und } x \in B\}.$$

Mit der Schnittmenge sind dann alle Planeten mit Monden in unserer Milchstraße gemeint, die auch Teil unseres Sonnensystems sind, also die Planeten in unserem Sonnensystem, die auch Monde haben. Abbildung 3.1 verdeutlicht das, diesmal anhand dreidimensionaler Körper…

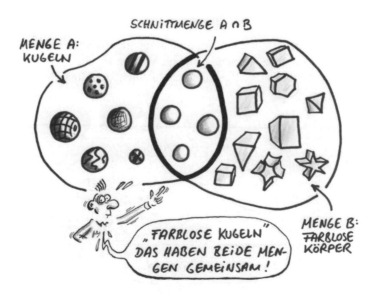

Abbildung 3.1: Eine Schnittmenge zweier Mengen dreidimensionaler Körper

---

[1] Andere gebräuchliche Namen sind „Durchschnitt" oder einfach nur „Schnitt".

Wollen wir diese Schreibweise aussprechen, dann sagen wir: „Der Durchschnitt der Mengen A und B sind alle x, für die gilt, dass x Element von der Menge A ist und x Element von der Menge B ist". Das x gefolgt von dem vertikalen Strich steht dabei für „alle x, für die gilt". Hinter dem vertikalen Strich kommen dann die Eigenschaften von x, die hier gelten sollen.

Liegen die interessierenden Elemente entweder in A oder in B[2], ohne dass wir uns dafür interessieren, in welcher der beiden Mengen nun genau, so schreiben wir:

$$A \cup B = \{x \mid x \in A \text{ oder } x \in B\}$$

und nennen $A \cup B$ die Vereinigung von A und B, veranschaulicht durch Abbildung 3.2.

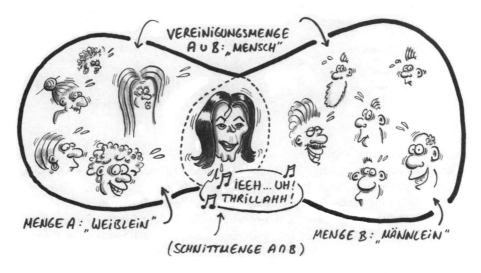

Abbildung 3.2: Die Vereinigungsmenge (Beispiel aus der Welt der Menschen)

Sind die entsprechenden Symbole durchgestrichen, also z. B.: $\not\subset$, heißt das, dass die eine Menge nicht Teilmenge der anderen ist.

Wir werden immer wieder mit einer Situation konfrontiert sein, in der wir einzelne Elemente aus einer Menge ausschließen müssen. Nennen wir das auszuschließende Element aus der Menge A der Einfachheit halber a, dann kennzeichnen wir eine neue Menge B, die aus allen Elementen der Menge A außer Element a bestehen soll mit folgender Schreibweise:

$$B = A \backslash \{a\}.$$

3.2 Intervalle – nicht nur ein Zwischenspiel

Im Folgenden wird auch die Reihenfolge der Elemente betrachtet, die im vorherigen Abschnitt noch keine Rolle gespielt hat. In den meisten Fällen aber ist die Reihenfolge sehr wichtig.

---

[2]Oder in beiden, wenn es eine Schnittmenge von A und B gibt, was uns hier nicht kümmern soll.

Werden die Elemente einer Zahlenmenge so angeordnet, dass jedes folgende Element wertemä-ßig größer ist als das vorhergehende, so können Bereiche (Teilmengen) dieser Menge gebildet werden, die wir Intervalle nennen. Innerhalb jedes dieser Intervalle steigen die Elemente ebenfalls im Wert. Dabei unterscheiden wir offene Intervalle, deren niedrigstes und höchstwertiges Element nicht zum Intervall gehören (z. B. gehört der Wert 1 nicht dazu, wenn gilt, dass $x > 1$) von geschlossenen Intervallen, deren Intervallgrenzen zum Intervall' gehören (z. B. gehört der Wert 1 dazu, wenn gilt, dass $x \geq 1$). Daneben gibt es auch halboffene Intervalle, für die nur eine Intervallgrenze Element des Intervalls ist.

Auf reelle Zahlen übertragen lassen sich die Intervalle sehr anschaulich am Zahlenstrahl darstellen, welcher nichts anderes ist als die grafische Darstellung der Menge der reellen Zahlen. Tabelle 3.2 stellt die Intervallschreibweise der grafischen Darstellung gegenüber und gibt auch noch die Darstellung in Mengenschreibweise an.

Tabelle 3.2: Intervalle in mathematischer Schreibweise und ihre grafische Darstellung

Intervalldarstellung & Mengenschreibweise	Darstellung als Zahlenstrahl
$\mathbb{R}^+$ bzw. $]0,\infty[= \{x\mid x \in \mathbb{R}, x > 0\}$	
$[a,b]$ bzw. $\{x\mid x \in \mathbb{R}, a \leq x \leq b\}$	
$[a,b[$ bzw. $\{x\mid x \in \mathbb{R}, a \leq x < b\}$	
$]a,b[$ bzw. $\{x\mid x \in \mathbb{R}, a < x < b\}$	
$\mathbb{R}$ bzw. $]-\infty,+\infty[= \{x\mid x \in \mathbb{R}\}$	

3.3 Funktionen und Funktionen rückwärts (Umkehrfunktionen)

Funktionen sind sehr wichtig in der Mathematik[3]. Eine Funktion verknüpft Elemente aus einer Menge mit Elementen aus einer anderen Menge (manchmal aber auch mit Elementen aus der selben Menge) mittels einer Rechenanweisung. Wenn z. B. x Elemente aus der Menge der natürlichen Zahlen $\mathbb{N}$ sind, dann stellt die Funktion

$$y = x^2$$

eine solche Verknüpfung dar. Im vorliegenden Fall ist die Menge aller y die Menge der quadratischen Zahlen. Die Menge aller y wird auch *Wertebereich* oder *Wertemenge* genannt, während die Menge aller erlaubten x *Definitionsbereich* oder *Definitionsmenge* heißt.

Oftmals schreibt man für y auch $f(x)$, also „Funktion von x", und nennt die Verknüpfung „Abbildung f von A in B". Um die Sache mit der Abbildung von einer Menge auf eine andere hervorzuheben, schreiben wir auch:

$$f : A \to B.$$

Eine wichtige Eigenschaft solcher Abbildungen ist, dass sie eindeutig sind, was nichts anderes bedeutet, dass jedes x mit genau einem y über die Funktion verknüpft ist. Anders ausgedrückt: Für ein und dasselbe x erhalten wir nur ein einziges y, also nicht zwei oder mehr verschiedene y. Allerdings können für zwei oder mehr verschiedene x durchaus dasselbe y herauskommen. Das dabei zu variierende x (d. h. um verschiedene oder alle y zu erhalten, setzen wir verschiedene oder alle möglichen Werte für x ein) wird dann *unabhängige Variable* oder *Argument* von f und y die *abhängige Variable* genannt.

Manchmal wird die Zuordnung von $y = f(x) \in B$ zu jedem $x \in A$ durch die Funktion f auch wie folgt geschrieben:

$$x \to y = f(x).$$

Dabei heißt $y = f(x)$ auch die Funktionsgleichung.

Durch die Abbildung $f : A \to B$ wird jedem $x \in A$ genau ein $y \in B$ zugeordnet, wobei es wie erwähnt vorkommen kann, dass sich für verschiedene Werte x der gleiche Wert y ergibt. So erhalten wir z. B. $y = 4$, wenn wir in die Gleichung $y = x^2$ sowohl $x = -2$ als auch $x = 2$ einsetzen.

Wenn sich aber für keine zwei Werte x der gleiche y-Wert ergibt, so kann die sogenannte *Umkehrfunktion* gebildet werden, in dem der Abbildungsvorgang „umgekehrt" wird, d. h. dass jedem $y \in B$ ein Wert $x = f^{-1}(y) \in A$ zugeordnet wird. Das hochgestellte -1 bedeutet hier nur: Die Funktion f wird umgekehrt angewendet.

Ausgehend von der umzukehrenden Funktion wird diese nach x aufgelöst und wir erhalten so die Umkehrfunktion. Dabei ist es oft üblich, als letzten Schritt x und y erneut zu vertauschen. Wir wollen uns die Vorgehensweise an einem einfachen Beispiel genauer anschauen.

---

[3] Aber nicht nur da!

Gegeben ist die Funktion

$$f(x) = 2x + 5, \text{bzw.} y = 2x + 5.$$

Aufgelöst nach x lautet die Umkehrfunktion:

$$x = 0,5y - 2,5.$$

Und jetzt nur x und y zurück vertauschen:

$$y = f^{-1}(x) = 0,5x - 2,5.$$

Zeichnen wir beide Funktionen auf, welche in unserem Beispiel Geraden darstellen, so können wir feststellen, dass die zur Umkehrfunktion gehörende Kurve entsteht, indem die ursprüngliche Funktion an der Winkelhalbierenden des ersten bzw. dritten Quadranten (der Abschnitt des Koordinatensystems, für das die x und y-Werte beide positiv bzw. beide negativ sind) gespiegelt wird:

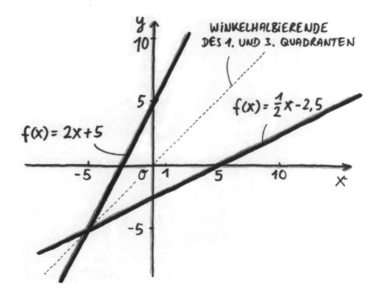

Abbildung 3.3: Die Funktion $f(x) = 2x + 5$ und ihre Umkehrfunktion

Nun haben wir gesagt, dass eine Umkehrfunktion nur dann gebildet werden kann, wenn zu keinen zwei x-Werten der gleiche y-Wert durch die Funktion $f(x)$ zugeordnet werden kann. Dies ist zum Beispiel nicht der Fall bei der Funktion $y = f(x) = x^2$ Hier nimmt, wie bereits erwähnt, die Funktion den Wert 4 sowohl für $x = 2$ als auch für $x = -2$ an. Damit ist die Funktion so nicht umkehrbar. In solchen Fällen behilft sich der Mathematiker damit, dass er die Funktion auf einem bestimmten Intervall umkehrt, z. B. bei der vorliegenden quadratischen Gleichung sich auf positive x-Werte beschränkt, damit die zu verarbeitende Information eindeutig ist, d. h., dass wir jedes y eindeutig einem x zuordnen können.

Dass jeder x-Wert sein ganz eigenes y hat und nicht mit einem anderen x-Wert teilen muss, ist eine wichtige Voraussetzung für die Umkehrung. Wäre das nämlich nicht der Fall, wäre die Umkehrung nicht mehr eindeutig, weil dann ein Eingangswert zwei Ausgangswerte hat.

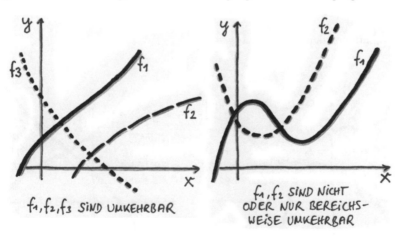

Abbildung 3.4: Umkehrbarkeit: f_1, f_2 und f_3 umkehrbar (links); f_1 und f_2 nicht komplett umkehrbar (rechts)

Der Nerd-Term für die Eigenschaft, dass zu jedem *Bild* (also zu jedem y-Wert) nur ein einziges *Urbild* (x-Wert) gehört, ist *bijektiv*. Nur bijektive Funktionen oder bijektive Bereiche von

Funktionen können umgekehrt werden. Monoton fallende oder steigende Funktionen sind immer bijektiv! Unter „monoton" versteht übrigens ein Mathematiker etwas anderes als ein normaler Mensch. Was genau, sehen wir jetzt.

3.4 Monotonie und beschränkte Funktionen

Ein wichtiger Begriff beim Umgang mit Funktionen ist derjenige der *Monotonie*[4]. Monotonie beschreibt einen bestimmten Verlauf einer Funktion. So bezeichnet man eine Funktion monoton steigend (fallend), wenn für wachsende x der Funktionswert $f(x)$ zunimmt (abnimmt). Sie ist auch monoton steigend (fallend), wenn sie an einer Stelle (also für ein x) senkrecht nach oben (unten) oder horizontal verläuft, wenn wir dem Funktionsverlauf von „links", also von kleinen x-Werten, nach „rechts", also nach großen x-Werten, folgen. Mathematisch ausgedrückt:

- Monoton steigend: für $x_1 \leq x_2 \Longrightarrow f(x_1) \leq f(x_2)$,

- Monoton fallend: für $x_1 \leq x_2 \Longrightarrow f(x_1) \geq f(x_2)$.

Zeichnen wir zum Beispiel eine monoton steigende Kurve auf, so wächst sie von links nach rechts immer an und ist höchstens nur stellenweise horizontal (oder auch vertikal) ist. Sie wird aber an keiner Stelle abfallen. Bei einer monoton fallenden Kurve verhält es sich anders herum.

Nun gibt es auch noch den Begriff der streng monoton steigenden oder fallenden Funktion. Diese ist dadurch gekennzeichnet, dass sie weder horizontale noch vertikale Stellen aufweist, also:

- Streng monoton steigend: für $x_1 < x_2 \Longrightarrow f(x_1) < f(x_2)$,

- Streng monoton fallend: für $x_1 < x_2 \Longrightarrow f(x_1) > f(x_2)$.

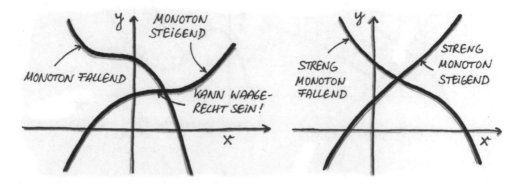

Abbildung 3.5: Monoton steigende und fallende Funktionen

---

[4]Herr Dr. Romberg sieht darin die eindeutige Bestätigung dafür, dass das Thema total langweilig ist…

3.5 Stetig grenzwertig: über Grenzwerte und Stetigkeit

3.5.1 Grenzwerte oder wenn eine Funktion an ihre Grenzen kommt

Mit dem Grenzwert oder Limes[5] [6] einer Funktion bezeichnen wir den Wert, dem eben diese Funktion beliebig nahe auf die Pelle rückt. Aber die Funktion erreicht diesen Wert niemals (der Mathematiker spricht dann davon, dass dieser Wert im Unendlichen erreicht wird), sofern die Funktion *konvergiert*, d. h. dass sich die Funktion tatsächlich immer mehr annähert.

So wird z. B. die Funktion

$$y = \frac{1}{x}$$

niemals „Null", ganz egal, wie groß x ist!

Konvergieren bedeutet hier übrigens, dass die Funktion nicht unendlich wird (was z. B. passieren kann, wenn irgendwo die Funktion durch Null geteilt wird). Wenn die Funktion also konvergiert (wie zum Beispiel bei x^{-1} für $x \to \infty$), sagen wir auch, dass der Grenzwert existiert. Ist das Gegenteil der Fall, d. h. die Funktion strebt von diesem Wert weg, so sagen wir, dass die Funktion *divergiert* bzw. dass der Grenzwert nicht existiert. Dann können wir davon ausgehen, dass die Funktion an der betrachteten Stelle gegen Unendlich geht. Dieser Fall tritt z. B. ein, wenn wir die Funktion

$$y = \frac{1}{x - 1}$$

an der Stelle $x \to 1$ betrachten wollen und dort den Grenzwert bilden. Der Nenner würde, je näher x an die 1 rückt, immer kleiner und damit der Bruch immer größer, bis er schließlich riesengroß wird, sprich, dass er gegen Unendlich geht. Da die Unendlichkeit die unangenehme Eigenschaft hat, niemals zu enden, erreicht der Bruch natürlich niemals diesen Wert, weil es ja immer noch eine Zahl gibt, die größer ist, denn wir können immer noch eine 1 hinzuzählen, egal wie weit im Unendlichen die Zahl liegt.

Ein Mathematiker und andere Sonderlinge (wie z. B. Ingenieure) schreiben den Grenzwert y_0 an der Stelle x_0 wie folgt:

$$y_0 = \lim_{x \to x_0} f(x).$$

Konkret heißt das: Wenn wir uns immer mehr der Stelle x_0 nähern, rückt der Funktionswert selbst immer näher an y_0 heran. In Mathematiker-Sprache[7] kann dies auch so ausgedrückt werden:

Eine Funktion $f(x)$ hat für $x \to x_0$ den Grenzwert y_0, wenn es für jede beliebig kleine Zahl $\varepsilon > 0$ eine Zahl $\mu > 0$ gibt, für die gilt:

---

[5]Das ist Latein und heißt „Grenze". Man kann sich das gut merken, wenn man an den gleichnamigen Grenzwall denkt, den die Römer nördlich der Alpen errichtet haben, um die Bayern aufzuhalten. So manch einer wünscht sich heute so etwas Ähnliches beim Fußball...

[6]Frau Dipl.-Ing. Dietlein weist darauf hin, dass die Unwirksamkeit des römischen Limes ein historischer Fakt ist.

[7]Frau Dipl.-Ing. Dietlein merkt an, dass, wenn man sich diese oft unverständlichen Zeichenketten als „Sprache der Mathematiker" denkt, es einem nicht mehr so unangenehm vorkommt!

$$0 < |x - x_0| < \mu \Rightarrow |f(x) - y_0| < \varepsilon. \tag{3.1}$$

Grafisch wird das noch einmal in Abbildung 3.6 anschaulich dargestellt.

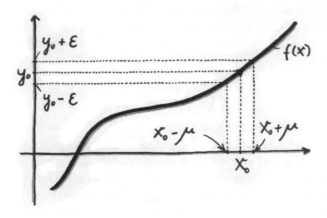

Abbildung 3.6: Die Epsilonumgebung einer Stelle (x_0, y_0)

Wenn wir uns nur von einer Seite der Stelle x_0 nähern, z. B. von x-Werten, die kleiner als x_0 sind, so nennen wir den Grenzwert auch *linksseitigen Grenzwert* und schreiben ihn so:

$$y_0 = \lim_{x \to x_0 - 0} f(x) \text{ bzw. } y_0 = \lim_{x \to x_0 -} f(x).$$

Nähern wir uns von größeren Zahlen her, bilden also den *rechtsseitigen Grenzwert*, dann schreibt sich das analog:

$$y_0 = \lim_{x \to x_0 + 0} f(x) \text{ bzw. } y_0 = \lim_{x \to x_0 +} f(x).$$

Oft werden wir uns dafür interessieren, wie sich eine Funktion verhält, wenn wir uns immer weiter vom Wert 0 entfernen, d. h. wenn wir uns anschauen wollen, wie sich die Funktion im Unendlichen verhält. In einigen Fällen wird sich die Funktion im Unendlichen einem bestimmten Funktionswert annähern. Dieser Funktionswert wird (Überraschung!) Grenzwert genannt und wir schreiben wieder:

$$y_0 = \lim_{x \to \infty} f(x).$$

Analog schreiben wir, wenn wir uns in negativer Richtung bewegen:

$$y_0 = \lim_{x \to -\infty} f(x).$$

3.5.1.1 Ein paar Beispiele

So ganz ohne Beispiele wollen wir nicht weitermachen.

Beispiel 1: $y_0 = \lim\limits_{x \to \infty} \frac{1}{x^2} = 0$

Anschaulich: Je größer x bzw. x^2, desto kleiner dann natürlich der Kehrwert. Wenn der Nenner nun riesengroß wird, wird der Bruch entsprechend winzig klein. Den gleichen Grenzwert erhalten wir, wenn wir x gegen $-\infty$ gehen lassen (wegen des Quadrats!). Wenn wir uns die Funktion (s. Abbildung 3.7) skizzieren, sehen wir deutlich, dass sich die Funktion der x-Achse immer weiter nähert, je weiter wir nach rechts (oder links für negative x-Werte) entlang des Zahlenstrahls wandern.

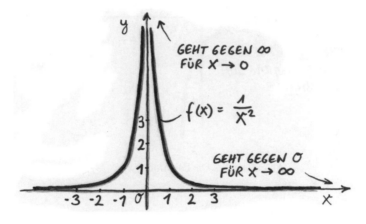

Abbildung 3.7: Die Funktion $f(x) = \frac{1}{x^2}$

Übrigens hat diese Funktion noch eine sogenannte *Polstelle*, nämlich bei $x = 0$, an dieser Stelle geht die Funktion gegen Unendlich (d. h. sie divergiert und somit existiert der Grenzwert an dieser Stelle nicht), je näher wir uns der Zahl 0 auf dem Zahlenstrahl nähern.

Beispiel 2: $y_0 = \lim\limits_{x \to 1} \frac{1}{x-1} = \infty$

Dieser Grenzwert existiert nicht, da die Funktion an dieser Stelle divergiert, d. h. in der Nähe von $x = 1$ sehr groß und bei $x = 1$ unendlich groß wird, da der Nenner gegen Null strebt. Am besten mal selbst skizzieren!

Beispiel 3: $y_0 = \lim\limits_{x \to -1} \frac{x+1}{x^2-1} = \lim\limits_{x \to -1} \frac{x+1}{(x+1)(x-1)} = \lim\limits_{x \to -1} \frac{1}{x-1} = -\frac{1}{2}$

Ursprünglich wäre der Nenner in der Nähe von $x = -1$ gegen Null gegangen, so dass der Bruch gegen Unendlich gestrebt hätte. Da hier jedoch der kritische Produktterm im Nenner mit dem Zähler gekürzt werden kann, existiert der Grenzwert. Dies ist nicht der Fall für $x \to 1$. Hier kann die kritische Stelle nicht weggekürzt werden und die Funktion strebt an dieser Stelle gegen $-\infty$, wenn wir uns dieser Stelle von links nähern (d. h. $\lim\limits_{x\to1-}\frac{x+1}{x^2-1}=-\infty$), und gegen $+\infty$, wenn wir uns ihr von rechts nähern (d. h. $\lim\limits_{x\to1+}\frac{x+1}{x^2-1}=+\infty$), siehe Skizze in Abbildung 3.8!

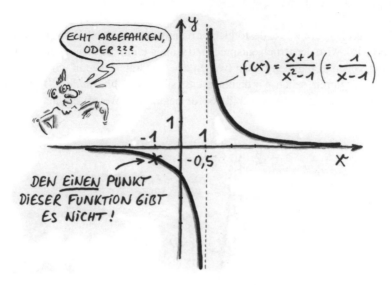

Abbildung 3.8: Die Funktion $f(x)=\frac{x+1}{x^2-1}$

Beispiel 4: $y_0=\lim\limits_{x\to-\infty}\frac{x^2+1}{x^2}=\lim\limits_{x\to-\infty}\left(1+\frac{1}{x^2}\right)=1$

Die Teilung des Bruchs mit dem Term der höchsten Potenz im Nenner ermöglicht hier die Bestimmung des wahren Grenzwerts. Im vorliegenden Beispiel konvergiert die Funktion gegen den Wert 1. Dagegen divergiert sie im folgenden Beispiel:

Beispiel 5: $y_0=\lim\limits_{x\to\infty}\frac{x^2+1}{x}=\lim\limits_{x\to\infty}\left(x+\frac{1}{x^2}\right)=\infty+0=\infty$

Hier lässt sich x nicht aus dem Zähler dividieren und die Funktion wächst über alle Grenzen an. Herr Dr. Romberg empfiehlt an dieser Stelle, auch diese beiden Funktionen aus Beispiel 4 und 5 einmal selbst zu skizzieren! Das ~~macht Spaß~~ ~~hält von anderem Unsinn ab~~ trägt zum Verständnis bei!

3.5.1.2 Einige Rechenregeln für Grenzwerte von Funktionen

In diesem Abschnitt möchten wir Euch den richtigen Umgang in Form von Rechenregeln mit dem Limes nahebringen.

Regel 1: Der Grenzwert einer konstanten Größe ist diese Größe selbst, also:

$$\lim a = a, \text{ wenn } a = \text{const.}$$

Regel 2: Der Grenzwert einer Summe (Differenz) ist gleich der Summe (Differenz) der einzelnen Grenzwerte, vorausgesetzt, sie existieren:

$$\lim_{x \to a}[f(x) + g(x) - h(x)] = \lim_{x \to a} f(x) + \lim_{x \to a} g(x) - \lim_{x \to a} h(x).$$

Regel 3: Der Grenzwert eines Produktes ist gleich dem Produkt der einzelnen Grenzwerte, sofern diese denn existieren:

$$\lim_{x \to a}[f(x) \cdot g(x) \cdot h(x)] = \lim_{x \to a} f(x) \cdot \lim_{x \to a} g(x) \cdot \lim_{x \to a} h(x).$$

Regel 4: Der Grenzwert eines Quotienten ist analog zum Grenzwert eines Produktes gleich dem Quotient aus dem Grenzwert des Zählers und dem Grenzwert des Nenners, sofern beide Grenzwerte existieren:

$$\lim_{x \to a} \frac{f(x)}{g(x)} = \frac{\lim\limits_{x \to a} f(x)}{\lim\limits_{x \to a} g(x)} \quad (\text{sofern } \lim_{x \to a} g(x) \neq 0).$$

Regel 5: Wenn die Werte einer Funktion $f(x)$ zwischen den Werten zweier anderer Funktionen $\varphi(x)$ und $\psi(x)$ liegt, d. h. wenn $\varphi(x) < f(x) < \psi(x)$, und wenn gilt:

$$\lim_{x \to a} \varphi(x) = c$$

und gleichzeitig

$$\lim_{x \to a} \psi(x) = c,$$

dann ist auch

$$\lim_{x \to a} f(x) = c.$$

Das kann sehr nützlich sein, wenn sich der Grenzwert von $f(x)$ nur schwer bestimmen lässt. Kennen wir zwei Funktionen, deren Grenzwert sich leicht bestimmen lässt, die unsere Funktion $f(x)$ sozusagen einrahmen (d. h. $f(x)$ liegt dazwischen), dann können wir damit den Grenzwert von $f(x)$ zumindest auf einen Bereich eingrenzen.

3.5.1.3 Krankenhausregel (auch L'Hospitalsche Regel genannt)

In einigen Fällen ergibt die Grenzwertbildung einen nicht eindeutigen Ausdruck der Formen $\frac{0}{0}$, $\frac{\infty}{\infty}, 0 \cdot \infty, \infty - \infty, 1^{\infty}$ oder ∞^0. In diesen Fällen wendet der gestandene Mathematiker oder Ingenieur die L'Hospitalsche Regel an, die da lautet:

Liegt eine Funktion der Form

$$f(x) = \frac{\varphi(x)}{\psi(x)}$$

vor, für die gilt, dass

$$\lim_{x \to a} \varphi(x) = 0 \text{ und } \lim_{x \to a} \psi(x) = 0$$

oder

$$\lim_{x \to a} \varphi(x) = \infty \text{ und } \lim_{x \to a} \psi(x) = \infty,$$

und sofern der Grenzwert überhaupt existiert, dann gilt auch, dass

$$\lim_{x \to a} f(x) = \lim_{x \to a} \frac{\varphi'(x)}{\psi'(x)}. \tag{3.2}$$

Die Terme $\varphi'(x)$ und $\psi'(x)$ stellen die Ableitungen der Funktion nach x dar. Wie wir die Ableitung bilden, zeigen wir in Kapitel 4. Jetzt einfach erst einmal darüber hinweggehen (oder sich an den Schulstoff erinnern).

Sollte übrigens nach der einmaligen Anwendung der L'Hospitalschen Regel immer noch ein unbestimmter Ausdruck entstehen, so kann die Regel einfach erneut angewandt werden.

Wir möchten Euch nun kurz zeigen, wie die verschiedenen Fälle, die zu einem der oben genannten unbestimmten Ausdrücke führen, so umgeformt werden können, dass die L'Hospitalsche Regel skrupellos angewandt werden kann.

Fall 1: Der unbestimmte Ausdruck ist von der Form $\frac{0}{0}$ oder $\frac{\infty}{\infty}$. In diesem Fall kann die Regel direkt angewandt werden.

Fall 2: Der unbestimmte Ausdruck ist von der Form $0 \cdot \infty$. Hier wird

$$\lim_{x \to a} f(x) = \lim_{x \to a} (\varphi(x) \cdot \psi(x))$$

auf

$$\lim_{x \to a} \frac{\varphi(x)}{\frac{1}{\psi(x)}}$$

oder

$$\lim_{x \to a} \frac{\psi(x)}{\frac{1}{\varphi(x)}}$$

umgeformt, sofern gilt, dass

$$\lim_{x \to a} \varphi(x) = 0 \text{ und } \lim_{x \to a} \psi = \infty$$

oder

$$\lim_{x \to a} \varphi(x) = \infty \text{ und } \lim_{x \to a} \psi = 0.$$

Wem das hier zu viel wird, der möge – gemeinsam mit Herrn Dr. Romberg – direkt zu Kapitel 3.5.2 springen (auf eigenes Risiko, wendet Frau Dipl.-Ing. Dietlein ein).

Fall 3: Der unbestimmte Ausdruck ist von der Form $\infty - \infty$. Auch hier bringen wir den Ausdruck auf die Form $\frac{0}{0}$ oder $\frac{\infty}{\infty}$, indem wir z. B. geschickt ausklammern:

Seien

$$\lim_{x \to a} \varphi(x) = \infty \text{ und } \lim_{x \to a} \psi(x) = \infty.$$

und sei der Grenzwert

$$\lim_{x \to a} f(x) = \lim_{x \to a}(\varphi(x) - \psi(x))$$

gesucht. Dann können wir wie folgt umrechnen:

$$\lim_{x \to a}(\varphi(x) - \psi(x)) = \lim_{x \to a} \frac{\frac{1}{\psi(x)} - \frac{1}{\varphi(x)}}{\frac{1}{\varphi(x)\psi(x)}} = \frac{\lim_{x \to a}\left(\frac{1}{\psi(x)} - \frac{1}{\varphi(x)}\right)}{\lim_{x \to a}\frac{1}{\varphi(x)\psi(x)}} = \frac{0 - 0}{0} = \frac{0}{0}.$$

Nun haben wir die Gleichung auf die Form gebracht, für die die Krankenhausregel angewandt werden kann. Wir leiten also den erhaltenen Ausdruck im Nenner und Zähler ab und bekommen

$$\lim_{x \to a}(\varphi(x) - \psi(x)) = \lim_{x \to a} \frac{\left(\frac{1}{\psi(x)} - \frac{1}{\varphi(x)}\right)'}{\left(\frac{1}{\varphi(x)\psi(x)}\right)'}.$$

Wie wir das konkret berechnen können, d. h. die Ableitungen bilden, sehen wir – wie erwähnt – in Kapitel 4.

Fall 4: Der unbestimmte Ausdruck ist von der Form 0^0, ∞^0 oder 1^∞. In diesem Fall bilden wir den Logarithmus der Funktion $f(x) = \varphi(x)^{\psi(x)}$ und berechnen dann zunächst den Logarithmus des gesuchten Grenzwerts:

$$a = \lim_{x \to a} \ln f(x) = \lim_{x \to a} \ln\left[\varphi(x)^{\psi(x)}\right] = \lim_{x \to a}[\psi(x) \ln \varphi(x)].$$

Wir können so den logarithmisierten Grenzwert auf den unbestimmten Ausdruck von der Form $0 \cdot \infty$ aus Fall 2 zurückführen. Nach Bestimmung von a brauchen wir nur noch die Exponentialfunktion für den erhaltenen Wert auszuwerten und der gesuchte Grenzwert ist dann einfach(!) e^a.

3.5.2 Stetigkeit oder wenn eine Funktion keine Lücke hat[8]

Der Begriff Stetigkeit wird uns immer wieder ~~quälen~~ beschäftigen, weshalb wir ihn hier genauer erläutern wollen. Stetig nennt man eine Funktion in einem Punkt P dann, wenn eine sehr kleine Abweichung von diesem Punkt nur eine sehr kleine Abweichung im Funktionswert zur Folge hat. Dies ist nicht der Fall, wenn die Funktion Lücken aufweist, z. B. wenn für einen bestimmten endlichen x-Wert die Funktion gegen Unendlich (oder gegen $-\infty$) geht. Oder wenn sie irgendwelche Sprünge hat. Anschaulich für Funktionen einer Variablen gilt in praktisch allen uns interessierenden Fällen, dass eine Funktion dann stetig ist, wenn wir ihre Kurve mit einem Stift durchgehend nachzeichnen können, ohne den Stift abzusetzen. Ein Knick in der Kurve bedeutet allerdings nicht(!)m dass die Funktion nicht stetig ist, da wir zum Zeichnen den Stift nicht absetzen müssen. Bild 3.9 verdeutlicht den Unterschied zwischen einer stetigen und einer an mehreren Stellen unstetigen Funktion. Darin deuten die Pfeilspitzen an den Kurvenendstücken an, dass der Punkt nicht mehr zur Kurve gehört, wogegen das Kreuz darauf hinweist, dass dieser Punkt dazugehört.

Ist eine Funktion innerhalb eines Intervalls stetig, das geschlossen, offen oder halboffen sein kann, dann sprechen wir auch von einer *auf diesem Intervall stetigen Funktion*. Die meisten Funktionen sind immerhin abschnittsweise stetig. Ist die Funktion über ihren ganzen Definitionsbereich stetig, der alle Punkte der Zahlengerade erfasst, so wird die Funktion als *überall stetig* bezeichnet.

Über folgende Eigenschaften stetiger Funktionen wollen wir uns noch gemeinsam freuen:

- Die Summe, Differenz, das Produkt und ein Quotient stetiger Funktionen ist ebenfalls

---

[8]Frau Dipl.-Ing. Dietlein merkt an, dass analog dazu Herrn Dr. Rombergs Gedächtnis stellenweise nicht stetig sei.

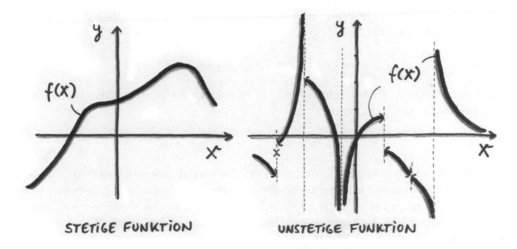

Abbildung 3.9: Gegenüberstellung einer stetigen (links) und unstetigen Funktion (rechts)

stetig. Für den Quotienten stetiger Funktionen gilt dies aber nur unter der Einschränkung, dass die stetige Funktion im Nenner nicht Null ist.

- Ist eine Funktion eine Funktion einer stetigen Funktion, so ist diese ebenfalls stetig. In Mathe-Sprache ausgedrückt: Ist $u(x)$ stetig, so ist auch $f(u(x))$ stetig.

- Alle elementaren Funktionen (siehe Abschnitt 3.7) sind an jedem Punkt stetig, für die sie definiert sind.

- Der Zwischenwertsatz besagt, dass, wenn wir die innerhalb eines Intervalls stetige Funktion $f(x)$ an zwei verschiedenen Punkten a und b innerhalb dieses Intervalls auswerten, die Funktionswerte jeden Wert zwischen $f(a)$ und $f(b)$ wenigstens einmal annehmen.

- Ist eine Funktion auf einem Intervall definiert, stetig und streng monoton steigend oder fallend, so existiert eine Umkehrfunktion, die ebenfalls stetig und streng monoton steigend oder fallend ist (ist logisch, weil die Umkehrfunktion eine Spiegelung an der Winkelhalbierenden des 1. und 3. Quadranten ist).

- Der Satz über die Beschränktheit einer Funktion besagt, dass, wenn eine Funktion auf einem geschlossenen Intervall definiert und stetig ist, sie auf diesem Intervall auch beschränkt ist. Das bedeutet, dass sie nirgendwo innerhalb dieses Intervalls gegen Unendlich strebt[9].

Ob eine Funktion an einer Stelle x_0 stetig ist oder nicht, weisen wir nach, indem wir den *linksseitigen* und *rechtsseitigen Limes* bilden. Für den linksseitigen Limes rücken wir der kritischen

---

[9]Frau Dipl.-Ing. Dietlein weist an dieser Stelle darauf hin, dass das ganze Kapitel Funktionen und deren Theorie hier ebenfalls nur sehr beschränkt dargestellt wird...

Stelle x_0 „von links" auf die Pelle und berechnen den Wert, d. h. wir suchen Werte für x, die kleiner als x_0 sind, aber sehr, sehr nahe dran liegen. Wir schreiben das so:

$$\lim_{x \to x_0-} f(x) = \lim_{h \to 0} f(x_0 - h)) \text{ mit } h > 0.$$

Analog dazu berechnen wir den rechtsseitigen Limes, indem wir x-Werte „rechts" von x_0 wählen, die aber „Hamma"-nah an x_0 liegen:

$$\lim_{x \to x_0+} f(x) = \lim_{h \to 0} f(x_0 + h) \text{ mit } h > 0.$$

Kommt in beiden Fällen der gleiche Wert heraus und es handelt sich nicht um eine Definitionslücke, dann ist die Funktion an dieser Stelle stetig. Existiert wenigstens einer der beiden Grenzwerte nicht (die Funktion geht hier gegen $+\infty$ oder $-\infty$) oder es kommt jeweils ein verschiedener Wert heraus, existiert dieser Grenzwert nicht und die Funktion ist dort nicht stetig.

Kommt an der Stelle der gleiche Wert heraus, aber es liegt genau dort eine Definitionslücke vor, können wir die Funktion *stetig ergänzen*, indem wir definieren, dass an dieser Stelle die Funktion den Wert des Grenzwerts annehmen soll.

Ein Beispiel: Die Funktion

$$f(x) = \frac{x^2 - 5x + 6}{x - 2}$$

hat bei $x_0 = 2$ eine Definitionslücke, weil dort der Nenner zu 0 wird. Wir wollen nun sehen, ob sich die Funktion stetig ergänzen lässt. Hierzu schreiben wir die Funktion um, indem wir durch den Nenner teilen:

$$f(x) = (x^2 - 5x + 6) : (x - 2) = x - 3.$$

Das dürfen wir freilich nur tun, wenn $x \neq 2$. Jetzt betrachten wir, wie sich die Funktion knapp links von $x_0 = 2$ verhält, indem wir den linksseitigen Grenzwert bilden:

$$\lim_{x \to x_0-} = \lim_{h \to 0} = (x_0 - h) - 3 = \lim_{h \to 0}(2 - h) - 3 = -1.$$

Analog dazu berechnen wir den rechtsseitigen Grenzwert:

$$\lim_{x \to x_0+} = \lim_{h \to 0} = (x_0 + h) - 3 = \lim_{h \to 0}(2 + h) - 3 = -1.$$

Wir erhalten in beiden Fällen denselben Wert. Damit können wir die Funktion stetig ergänzen, indem wir als zusätzliche Definition einführen, dass $f(x) = -1$ bei $x = 2$ gelten soll:

$$f(x) = \begin{cases} \frac{x^2 - 5x + 6}{x - 2} & \text{für } x \neq 2, \\ x = -1 & \text{für } x = 2. \end{cases}$$

Abbildung 3.10: Stetige Ergänzung

Noch ein Beispiel: Die Funktion

$$f(x) = \frac{\sqrt{4-x}-2}{x}$$

ist an der Stelle $x = 0$ nicht definiert, weil im Nenner 0 steht, die Auswertung ergibt den unbestimmten Ausdruck $\frac{0}{0}$. Der Grenzwert aber ist $\lim_{x \to 0} f(x) = -\frac{1}{4}$ (glaubt uns das hier bitte, oder einfach mal skizzieren mit den Werten um $x = 0$ herum!). Wir beheben die Unstetigkeitsstelle bei $x = 0$, indem wir den Funktionswert an dieser Stelle dem Grenzwert als gleich definieren. Wir schreiben also:

$$f(x) = \begin{cases} \frac{\sqrt{4-x}-2}{x} & \text{für } x \neq 0, \\ -\frac{1}{4} & \text{für } x = 0. \end{cases}$$

Als letztes Beispiel möchten wir Euch eine Funktion mit einem Sprung vorstellen:

$$f(x) = \begin{cases} x+2 & \text{für } x > 0, \\ x-1 & \text{für } x \leq 0. \end{cases}$$

Der linksseitige Grenzwert für $x_0 = 0$ ist

$$\lim_{x \to 0-} = \lim_{h \to 0}(x - 0 - h) - 1 = \lim_{h \to 0} -h - 1 = -1.$$

Dagegen ist der rechtsseitige Grenzwert bei $x_0 = 0$

$$\lim_{x\to 0+} = \lim_{h\to 0}(x - 0 + h) + 2 = \lim_{h\to 0} -h + 2 = 2.$$

Beide Werte sind verschieden und somit ist die Funktion definitiv unstetig an dieser Stelle und lässt sich erst recht nicht stetig ergänzen.

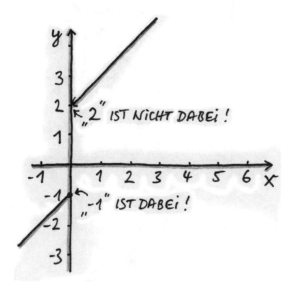

Abbildung 3.11: Unstetigkeitsstelle durch Sprung

3.6 Die ganze Wahrheit über reelle Zahlen

In diesem Abschnitt möchten wir Euch die reellen Zahlen nahebringen. Rein statistisch gesehen (und Statistiker sind meistens Mathematiker, [Oes14]) ist es nämlich sehr unwahrscheinlich, dass wir es bei einer ingenieurmäßigen Herausforderung mit natürlichen Zahlen zu tun haben.

Geometrisch stellen die reellen Zahlen alle Zahlen dar, die wir auf der Zahlengeraden „sehen" könnten. Diese Zahlengerade ist durchgezogen und reicht von $-\infty$ bis $+\infty$. Unter durchgezogen ist hier zu verstehen, dass, egal wie stark wir in die Zahlengerade „hineinzoomen", wir immer eine durchgehende Linie sehen würden, selbst mit einer unendlich mal vergrößernden Lupe. Mathematisch bedeutet das, dass wir prinzipiell jede beliebige reelle Zahl beliebig genau darstellen können, indem wir sie mit unendlich vielen Stellen hinter dem Komma aufschreiben[10].

Die reellen Zahlen umfassen zwei Untergruppen an Zahlen, und zwar die rationalen Zahlen (alle ganzen und die als Bruch darstellbaren, also gebrochenen Zahlen, im positiven wie im negativen und die Null) und die irrationalen Zahlen, welche *nicht durch einen Bruch dargestellt werden können* wie z. B. Wurzeln. Feste Konstanten wie $\pi = 3{,}141592653589...$ oder die Eulersche Zahl $e = 2{,}718281828459...$ gehören ebenfalls zu der Gruppe der reellen Zahlen und

---

[10]Herr Dr. Romberg wünscht Frau Dipl.-Ing. Dietlein dabei viel Spaß und genug Tapetenrollen zum Querlegen!

werden transzendente Zahlen genannt. Transzendent sind ebenfalls die dekadischen Logarithmen der ganzen Zahlen (mit Ausnahme der Zahlen 10^n mit $n \in \mathbb{N}_0$, da diese bereits die ganzen Zahlen darstellen) und die allermeisten trigonometrischen Funktionswerte eines Winkels. Transzendente Zahlen sind solche, die sich – vereinfacht ausgedrückt – nicht als Polynom eines beliebigen aber endlichen Grades darstellen lassen. Über Polynome sprechen wir in Abschnitt 3.7.

Die rationalen Zahlen haben vier wichtige Eigenschaften, die wir Euch nicht vorenthalten wollen:

- Die Menge der rationalen Zahlen sind geordnet, d. h. man kann zwei beliebige und verschiedene Zahlen aus dieser Menge nach ihrer Größe anordnen.

- Die Menge ist überall „dicht ", d. h. zu je zwei verschiedenen rationalen Zahlen a und b findet man immer eine weitere rationale Zahl c, die dazwischen liegt, also $a < c < b$, und zwar egal wie dicht diese beiden Zahlen a und b beieinander liegen.

- Jede der vier Grundrechenarten (arithmetische Operationen: Addition, Subtraktion, Multiplikation und Division) ergibt wieder eine rationale Zahl. Mit einer Ausnahme: Die Division durch 0 ist unmöglich. Die allgemein übliche Schreibweise $\frac{a}{0} = \infty$ drückt lediglich aus, dass der Bruch extrem groß wird, wenn der Nenner extrem klein wird. Korrekterweise müssten wir hier mit Hilfe des Limes diesen Sachverhalt darstellen (was manchmal aus Bequemlichkeit unterbleibt).

- Jede rationale Zahl kann in Form eines Dezimalbruches dargestellt werden (d. h. in Kommazahlen).

Die irrationalen Zahlen sind nun die verbleibenden reellen Zahlen, die sich nicht durch eine ganze Zahl oder einen Bruch darstellen kann und die benötigt werden, um den Zahlenstrahl zu vervollständigen. Hierzu zählen insbesondere die ganzzahligen reellen Wurzeln, also z. B. $\sqrt{5}$, $\sqrt[3]{17}$ oder $2014^{\frac{3}{7}} = \sqrt[7]{2014^3}$.

3.7 Ganz in unserem Element: Elementare Funktionen

Im vorliegenden Abschnitt werden die wichtigsten elementaren Funktionen und der Umgang mit ihnen vorgestellt. Das Adjektiv „elementar" trifft es dabei genau: Diese Funktionen sind elementar, weil sie elementar wichtig für viele Vorgänge, die wir mathematisch beschreiben wollen. Zu den elementaren Funktionen gehören die Polynome, Wurzelfunktionen, die trigonometrischen Funktionen inklusive ihrer Inversen, die Exponentialfunktionen, die logarithmischen Funktionen, sowie die Hyperbelfunktionen.

3.7.1 Polynome

Eine Funktion der Form

$$f(x) = a_0 + a_1 x + a_2 x^2 + \cdots + a_n x^n$$

wird Polynom (oder ganze rationale Funktion) n-ten Grades genannt. Der Grad n ist gleich der höchsten vorkommenden Potenz[11], während die Koeffizienten a_i in der Regel der Menge der reellen Zahlen entstammen (d. h. sie können auch den Wert 0 annehmen, mit Ausnahme des zum Glied mit der höchsten Potenz gehörenden Koeffizienten, da das Polynom sonst von niedrigerem Grad wäre).

Beispiel 1: $f(x) = a_1 x + a_0$ ist ein Polynom 1. Grades. Sein Graph, wenn aufgezeichnet, ergibt eine Gerade.

Beispiel 2: $f(x) = a_2 x^2 + a_1 x + a_0$ ist ein Polynom 2. Grades und stellt die Funktionsgleichung einer Parabel dar, deren Symmetrieachse parallel zur y-Achse verläuft.

Beispiel 3: $f(x) = a_3 x^3 + a_2 x^2 + a_1 x + a_0$ ist ein Polynom 3. Grades. In Abhängigkeit von den Koeffizienten verläuft der Graph unterschiedlich und weist entweder einen monotonen Verlauf auf oder wechselt zwischen steigendem und fallendem Verlauf.

Beispiel 4: $f(x) = a_0$ kann, wenn man wirklich unbedingt will, als Polynom 0. Grades aufgefasst werden, da $a_0 = a_0 x^0$. Aber lassen wir das...

Die *Nullstellen* eines Polynoms werden auch Wurzeln der algebraischen Gleichung genannt, die wir erhalten, wenn wir das Polynom gleich Null setzen, also:

$$f(x) = a_0 + a_1 x + a_2 x^2 + \cdots + a_n x^n = 0.$$

Ein fundamental wichtiges Fundament ist der Fundamentalsatz der Algebra:

---

[11] Hier verkneift sich Herr Dr. Romberg eine entsprechende Anmerkung seine Person betreffend.

Jedes Polynom n-ten Grades[*] mit reellen (oder komplexen) Koeffizienten lässt sich als ein Produkt von n Linearfaktoren $(x - x_i)$ schreiben:

$$f(x) = a_0 + a_1 x + a_2 x^2 + \cdots + a_n x^n = a_n(x - x_1)(x - x_2) \cdots (x - x_n).$$

Die Werte $x_1, x_2, \ldots, x_n$ sind die u. U. komplexen[**] Nullstellen des Polynoms. Tritt ein Linearfaktor dabei genau m-fach auf, so wird die zugehörige Wurzel m-fache Nullstelle des Polynoms genannt.

[*] Der *n-te Grad* hat dabei nichts mit der Populationsdichte von Breitschnabelgefieder auf stehenden Gewässern zu tun.

[**] Komplexe Zahlen müssen zwar nicht zum Psychiater, wir wollen sie dennoch behandeln, und zwar im Kapitel 6.

Keine Panik! Es folgt gleich ein Beispiel!

Für die meisten Polynome lassen sich die Nullstellen nur mit großem Aufwand berechnen und meistens gelingt dies nur numerisch oder durch Raten. Es existiert noch eine sehr komplizierte und aufwändige Formel für Polynome 3. Grades, für höhere Grade gibt es aber nichts allgemeines mehr. Dagegen lassen sich die Nullstellen für Polynome 2. Grades mittels einer allgemein gültigen Formel leicht berechnen. Hierzu setzen wir das Polynom gleich Null und erhalten so die *quadratische Gleichung*:

$$f(x) = ax^2 + bx + c = 0 \tag{3.3}$$

Wenn wir das Polynom durch den Koeffizienten des höchsten Grades a teilen, bekommen wir folgende Gleichung:

$$f(x) = x^2 + px + q = 0 \tag{3.4}$$

mit

$$p = \frac{b}{a}$$

und

$$q = \frac{c}{a}.$$

Die zwei zugehörigen Wurzeln (anderer Nerd-Term für „Nullstellen") bestimmen wir mittels der wichtigen *p,q-Formel*:

$$x_{1,2} = -\frac{p}{2} \pm \sqrt{\left(\frac{p}{2}\right)^2 - q}. \tag{3.5}$$

Bei Polynomen höheren Grades versuchen wir, eine Nullstelle x_i durch Ausprobieren zu erraten und teilen anschließend das Polynom durch den dazugehörigen Linearfaktor $x - x_i$ (was immer möglich ist, wenn x_i eine Nullstelle ist). Dies wiederholen wir so oft, bis nur noch eine quadratische Gleichung übrig ist, worauf wir Gleichung 3.5 anwenden können. Zwei Methoden zum Teilen von Polynomen durch einen Linearfaktor werden ausführlich und mit Beispielen in [Fel87] vorgestellt.

3.7.2 Wurzelfunktionen, nicht nur für Ökos oder Zahnärzte

Die Wurzelfunktion

$$f(x) = \sqrt[n]{x} = x^{\frac{1}{n}}, n \in \mathbb{N}$$

ist die Umkehrfunktion von $y = x^n$. Sie hat genau eine Nullstelle, und zwar bei $x = 0$.

Die Funktion $y = x^{\frac{m}{n}}$, $m \in \mathbb{Z}$, $n \in \mathbb{N}$ kann übrigens auch als das Potenzieren um m der Wurzel $\sqrt[n]{x}$, also $f(x) = (\sqrt[n]{x})^m$, aufgefasst werden.

3.7.3 Trigonometrische Funktionen oder wenn Zahlen Karussell fahren

Genau wie sich ein Karussell im Kreis dreht und jede Gondel nach einer bestimmten Zeit immer wieder an die selbe Stelle gelangt, sind die *Kreisfunktionen* (auch *Winkelfunktionen* oder *trigonometrische Funktion* genannt) periodisch und lassen sich am anschaulichsten über den *Einheitskreis* (Kreis mit Radius 1) vermitteln.

Abbildung 3.12: Der Einheitskreis ($\neq$ Gesprächskreis über die Einheit)

Die *Hypotenuse* des in den Einheitskreis eingezeichneten Dreiecks misst immer genau 1 und ist gegenüber der positiven x-Achse um den Winkel α im mathematisch positiven Sinne (gegen den Uhrzeigersinn[12][13]) gedreht. Außerdem weist es einen rechten Winkel gegenüber der Seitenlänge

---

[12]Frau Dipl.-Ing. Dietlein weist darauf hin, dass in Bayern bekanntlich die Uhren anders gehen, und behauptet, dass die bayerischen Uhren somit dem mathematisch positiven Sinn folgen.

[13]Frau Dipl.-Ing. Dietlein möchte damit eigentlich nur sagen, dass man mit einem bayerischen Abitur keinen Doktortitel benötigt und dass ein bayerisches Abitur in etwa einer Promotion in einem kleinen nördlichen Bundesland entspricht, was Herr Dr. Romberg aus einem kleinen nördlichen Bundesland indirekt bestätigt.

der Länge 1, dem Radius des Kreises, auf. Damit lassen sich die zwei wichtigen trigonometrischen Funktionen wie folgt definieren (vgl. Abbildung 3.13):

- Der Sinus: $\sin \alpha = \frac{\text{Gegenkathete } a}{\text{Hypotenuse } c}$,

- Der Cosinus: $\cos \alpha = \frac{\text{Ankathete } b}{\text{Hypotenuse } c}$.

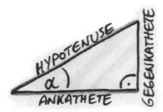

Abbildung 3.13: Zuordnung von Winkel, Hypotenuse, An- und Gegenkathete

Als Merkhilfe für die Zuordnung von Gegenkathete, Ankathete und Hypotenuse im rechtwinkligen Dreieck merkt Euch, dass die GegenKathete immer gegenüber dem Winkel α und die AnKathete am Winkel α liegt. Die Hypotenuse liegt weder gegenüber noch am Winkel α, sondern gegenüber dem rechten Winkel des Dreiecks.

Zeichnen wir beide Funktionen auf, so sehen wir, dass sie periodisch sind, d. h. dass sie sich mit zunehmenden Winkel α (auch gerne als *Argument* bezeichnet) in regelmäßigen Abständen wiederholen, sprich den gleichen Verlauf haben (siehe Abbildung 3.14).

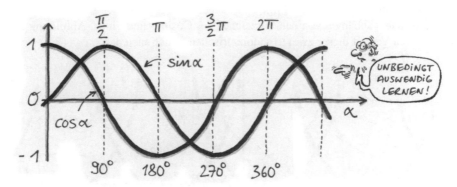

Abbildung 3.14: Verlauf von Cosinus und Sinus

Wir sehen außerdem, dass die Funktionswerte des Cosinus identisch sind mit denen des Sinus, aber parallel zur x-Achse um $-90°$ verschoben sind, was im Einheitskreis genau $-\frac{\pi}{2}$ entspricht. Wir können nämlich anstelle der Angabe des Winkels in Grad auch den entsprechenden Bogenabschnitt des Einheitskreises angeben. Der Umfang des Einheitskreises ist ja bekanntlich

$$U = 2\pi r \text{ mit } r = 1,$$

also

$$U = 2\pi.$$

Der Winkel 360° entspricht folglich dem gesamten Umfang des Einheitskreises 2π, der Winkel 180° dem halben Umfang π, usw. Das zum Winkel α gehörende Bogensegment ist zur Verdeutlichung bereits in Abbildung 3.12 eingezeichnet.

Beide Funktionen sind sehr hilfreich, wenn wir eine Seitenlänge eines rechtwinkligen Dreiecks und einen Winkel kennen. Mithilfe der trigonometrischen Funktionen lassen sich dann ganz einfach die zwei fehlenden Seitenlängen bestimmen. Wenn wir zum Beispiel Koordinatentransformationen durchführen sollen, d. h. wenn ein Punkt oder Vektor, dessen Koordinaten in einem kartesischen (d. h. rechtwinkligen) Koordinatensystem bekannt sind, in einem anderen dazu verdrehten kartesischen Koordinatensystem dargestellt werden soll, dann machen wir davon regen Gebrauch. Recht allgemein werden Koordinatentransformationen im Bronstein [Bro93] erklärt (nicht zwangsläufig sehr anschaulich).

Aus diesen beiden trigonometrischen Funktionen lassen sich die anderen trigonometrischen Funktionen einfach ableiten:

- Der Tangens: $\tan\alpha = \frac{\sin\alpha}{\cos\alpha}$,

- Der Cotangens: $\cot\alpha = \frac{\cos\alpha}{\sin\alpha} = \frac{1}{\tan\alpha}$.

Vorsicht: Der Tangens geht gegen ∞ oder $-\infty$, wenn der Cosinus gegen 0 geht. Das tut der Cosinus aber nur, wenn der Winkel 90° oder eben $-90°$ ist (bzw. ein ungeradzahliges Vielfaches davon wie z. B. $\pm270°$). Der Sinus dagegen ist positiv bei 90° und negativ bei $-90°$. Mit anderen Worten: Ist der Winkel ein ungeradzahliges Vielfaches von 90°, läuft der Tangens gegen $\pm\infty$, das Vorzeichen ist dabei abhängig von den Vorzeichen des Cosinus und Sinus. Abbildung 3.15 stellt den prinzipiellen Verlauf dieser zwei trigonometrischen Funktionen dar.

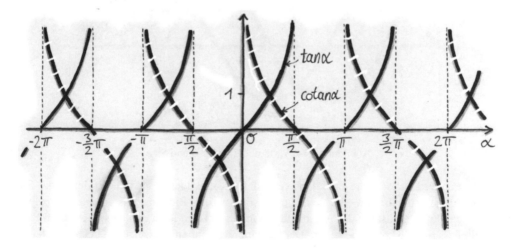

Abbildung 3.15: Verlauf des Tangens und Cotangens

Ein nützlicher Zusammenhang lässt sich aus dem Einheitskreis unter Zuhilfenahme des Satzes von Pythagoras ($c^2 = a^2 + b^2$) ableiten, also Hypotenuse quadriert = Summe der Katheten zum Quadrat:

$$\sin^2 \alpha + \cos^2 \alpha = 1. \tag{3.6}$$

Dieser Zusammenhang ergibt sich aus der Gleichung für den Kreis: $x^2 + y^2 = r^2$, wobei r für den Radius steht und für den Einheitskreis den Wert 1 annimmt. Entsprechend der Abbildung 3.12 ist $x = r \cdot \cos \alpha$ und $y = r \cdot \sin \alpha$. Deshalb werden die trigonometrischen Funktionen auch immer wieder mal die Kreisfunktionen genannt.

Die Autoren empfehlen hier, um im Rombergschen Idiom zu bleiben, sich diesen Zusammenhang richtig tief reinzuziehen, weil er für das „Verständnis" der komplexen Zahlen (siehe Kapitel 6) total wichtig ist! Die Beherrschung der trigonometrischen Funktionen ist für den in der Praxis konstruktiv tätigen Ingenieur (aber nicht nur die), was Mathe angeht, fast das Wichtigste. Und im Ingenieur steckt ja bekanntlich das Wort „Genie".

3.7.4 Die inversen trigonometrischen Funktionen

Die inversen oder umgekehrten trigonometrischen Funktionen erlauben die Bestimmung der Winkel eines rechtwinkligen Dreiecks, wenn wir wenigstens zwei Seitenlängen davon kennen. Sie werden auch gerne Arcusfunktionen genannt.

Die wichtigsten Arcusfunktionen sind:

- Der Arcussinus: $\alpha = \arcsin \frac{\text{Gegenkathete}}{\text{Hypothenuse}}$,

- Der Arcuscosinus: $\alpha = \arccos \frac{\text{Ankathete}}{\text{Hypotenuse}}$,

- Der Arcustangens: $\alpha = \arctan \frac{\text{Gegenkathete}}{\text{Ankathete}}$,

- Der Arcuscotangens: $\alpha = \text{arccot} \frac{\text{Ankathete}}{\text{Gegenkathete}}$.

Gelegentlich wird statt $\arccos \alpha$, $\arcsin \alpha$ und $\arctan \alpha$ auch $\text{asin} \alpha$, $\text{acos} \alpha$, $\text{atan} \alpha$ bzw. $\text{acot} \alpha$ geschrieben.

3.7.5 Die Exponentialfunktionen und logarithmischen Funktionen

Der Logarithmus ist die Umkehrung des Prozesses der Potenzbildung, d. h. es kann mit dessen Hilfe die zu einer bestimmten Basis dazugehörende Potenz ermittelt werden, welche die vorgegebene Zahl ergibt. So erhalten wir aus der Zahl 8 die Potenz 3, wenn wir den Logarithmus zur Basis 2 bilden, also:

$$\log_2 8 = 3,$$

weil ja eben

$$2^3 = 8.$$

Mit dem Logarithmus berechnen wir, wie oft wir eine Zahl (die Basis, hier 2) mit sich selbst multiplizieren müssen, um die gegebene Zahl (hier 8) zu erhalten. In unserem Beispiel müssen wir das dreimal tun.

Als den Logarithmus mit der Basis a bezeichnen wir ganz allgemein

$$\log_a a^x = x.$$

Es gelten folgende Rechenregeln:

$$\boxed{\begin{aligned} &\log_a(x \cdot y) = \log_a x + \log_a y, \\ &\log_a \tfrac{x}{y} = \log_a x - \log_a y, \\ &\log_a x^y = y \cdot \log_a x. \\ &\log_a 1 = 0 \end{aligned}}$$

Für den Logarithmus mit der Basis 10 wird im Allgemeinen die Angabe der Basis weggelassen und wir schreiben einfach:

$$\log_{10} x = \log x.$$

Leute, die sich gerne kompliziert ausdrücken wollen, nennen ihn auch gerne den *dekadischen Logarithmus*.

Als *natürlichen Logarithmus* bezeichnen wir Logarithmen mit der Basis e (Euler-Zahl[14], e = 2,718281828459045235...) und schreiben dann einfach ln anstatt umständlich $\log_e$. Also:

$$\ln e = 1,$$

da $e^1 = e$. Die Rechenregeln bleiben dieselben.

Als logarithmische Funktion mit der Basis a bezeichnen wir die Zuordnung

$$y = \log_a x.$$

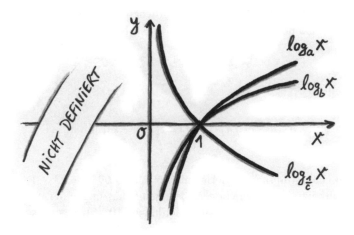

Abbildung 3.16: Verlauf von Logarithmus-Funktionen für verschiedene Basen

Wie wir aus Abbildung 3.16 entnehmen können, ist jeder Logarithmus 0 bei $x = 1$. Dies rührt daher, dass für alle möglichen Basen a (außer für $a = 0$) die Potenzierung mit 0 den Wert 1 ergibt (wie z. B. $1^0, 0,2^0, 999^0, \ldots$).

Wir können ganz leicht von der Basis a auf die Basis b umrechnen, indem wir folgende Formel verwenden (am besten merken!):

$$\log_b x = \frac{\log_a x}{\log_a b}. \tag{3.7}$$

Die Umkehrfunktion zur logarithmischen Funktion mit der Basis a wird Exponentialfunktion mit der Basis a genannt:

$$y = a^x.$$

Speziell definieren wir die Exponentialfunktion (mit der natürlichen Basis e, der altbekannten

---

[14]Das Besondere an e ist u. a., dass bei der Funktion e^x der Funktionswert immer genau der Steigung an der Stelle entspricht (wie wir die Steigung berechnen, sehen wir in Kapitel 4)! Cool, oder? Deshalb kommt e in Natur und Technik so häufig vor, wegen des Coolness-Faktors!

Euler-Zahl[15]):

$$y = \mathrm{e}^x.$$

Der Vollständigkeit halber wollen wir auch ihre Reihenentwicklung angeben, wobei wir als praktisch denkende Menschen natürlich normalerweise den Taschenrechner mit der praktischen e-Taste benutzen:

$$\mathrm{e}^x = 1 + x + \frac{x^2}{2!} + \frac{x^3}{3!} + \frac{x^4}{4!} + \cdots = \sum_{k=0}^{\infty} \frac{x^k}{k!}.$$

Anmerkung: Das Ausrufezeichen hinter einer natürlichen (positiven) Zahl nennen wir, wie bereits erklärt, *Fakultät* und berechnen das für z. B. 4 wie folgt:

$$4! = 4 \cdot 3 \cdot 2 \cdot 1 = 24,$$

ganz allgemein also:

$$n! = n \cdot (n-1) \cdot (n-2) \cdots 1 = \prod_{k=0}^{n-1} (n-k), \text{ mit } n \in \mathbb{N}^+,$$

wobei $0! = 1$ gilt.

Das mit der Fakultät ist übrigens der Hammer: 69!, also $69 \cdot 68 \cdot 67 \cdots 1$ (also nur von 1 bis 69 miteinander multipliziert!) entspricht nach heutigen Schätzungen der Anzahl der Elementarteilchen im Universum (!)[16], ungefähre Größenordnung: 10^{80}. Das sind sogar zwei Hämmer, oder?

3.7.6 Die Hyperbelfunktionen und ihre Inversen

Analog zu den Kreisfunktionen, die die Kreisgleichung erfüllen, erfüllen die Hyperbelfunktionen die Gleichung für die Hyperbel:

$$\frac{x^2}{a^2} - \frac{y^2}{b^2} = 1$$

für

$$a = 1 \text{ und } b = 1 \text{ bzw. } x^2 - y^2 = 1.$$

Sie werden gekennzeichnet, indem an die Entsprechungen der Kreisfunktionen ein „h" angehängt wird. Sie sind wie folgt definiert:

$$\sinh x := \frac{1}{2}(\mathrm{e}^x - \mathrm{e}^{-x}) \tag{3.8}$$

und

---

[15]Diese Ergänzung wird in der Regel nicht gesondert erwähnt.
[16]Das Ausrufezeichen ist bei der Fakultät wirklich gut gewählt!

$$\cosh x := \frac{1}{2}(e^x + e^{-x}).\qquad(3.9)$$

Wir sagen dabei *Hyperbel-Sinus* und *Hyperbel-Cosinus*, oder *Sinus-Hyperbolicus* bzw. *Cosinus-Hyperbolicus*.

Das := bedeutet übrigens, dass der links stehende Ausdruck den rechts stehenden Ausdruck zur Definition hat. Denkt Euch da aber einfach ein =, ist nämlich nur reiner Formalismus.

Analog zum Tangens und Cotangens sind die hyperbolischen Entsprechungen definiert:

$$\tanh x = \frac{\sinh x}{\cosh x}$$

und

$$\cotanh x = \frac{\cosh x}{\sinh x}.$$

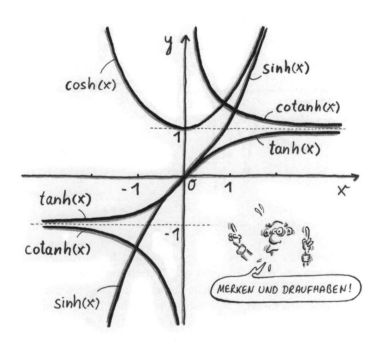

Abbildung 3.17: Verlauf der Hyperbelfunktionen

Folgende Formeln solltet Ihr Euch merken, sie können das Herumrechnen erheblich vereinfachen:

$$\cosh^2 x - \sinh^2 x = 1$$

$$\sinh(-x) = -\sinh x$$

$$\cosh(-x) = \cosh x$$

$$\sinh x + \cosh x = e^x$$

Ähnlich wie auch bei den Kreisfunktionen fügen wir ein „ar" vor die Bezeichnung der Hyperbelfunktion, wenn wir ihre Inverse bezeichnen wollen, also:

$$\operatorname{arcosh} x, \ \operatorname{arsinh} x, \ \operatorname{artanh} x \ \text{und} \ \operatorname{arcotanh} x.$$

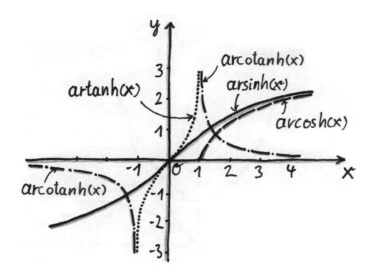

Abbildung 3.18: Verlauf der inversen Hyperbelfunktionen

Hier könnte dann schon mal die Frage auftauchen, wozu man diese hyperbolischen und trigonometrischen Funktionen braucht. Antwort: Natur und Technik verhalten sich nach solchen Funktionen, z. B. hängt eine wäschelose Wäscheleine herum wie ein gezeichneter $\sinh x$! Oder die Eigenform einer schwingenden Gitarrensaite entspricht solchen Funktionen. Aber man braucht das nicht nur in der Wäscheleinen- oder Musikindustrie…, also zieht Euch das rein!

4 Alles im Wunderland der Blitz-Ableitung

Im Abschnitt über die Grenzwertbildung (L'Hospitalsche Regel, siehe Abschnitt 3.5.1.3) haben wir bereits den Begriff der Ableitung eingeführt ohne genauer zu erklären, was das überhaupt ist. Das wollen wir hier nachholen und dabei darauf hinweisen, dass Ableitungen ein weiter gefasstes Anwendungsfeld haben als nur die Bestimmung von Grenzwerten mit der Krankenhausregel.

Aus mathematischer Sicht können wir mit der Ableitung (oder *Differentiation*) die *Steigung* einer Kurve bzw. einer Funktion an einer Stelle bestimmen. Die Steigung sagt aus, wie stark eine Funktion an einer Stelle ansteigt oder abfällt. Dabei bedeutet eine positive Steigung, dass die Funktion bzw. die Kurve ansteigt und eine negative Steigung, dass die Kurve abfällt.

Ganz konkret sagt die Steigung aus, wie stark sich die Funktion in der nächsten Umgebung der untersuchten Stelle ändert. Stellen wir uns beispielsweise vor, dass Herr Dr. Romberg abends nach getaner Arbeit (oder was auch immer Herr Dr. Romberg so als Arbeit bezeichnet) mit dem Auto zu seiner Stammkneipe fährt und wir tragen die Strecke, die er dabei zurücklegt über die Zeit auf. Betrachten wir nun einen beliebigen Zeitpunkt (z. B. den Moment, an dem Herr Dr. Romberg einen Blitzer passiert). Je stärker sich der Wert der Strecke um diesen Zeitpunkt herum ändert, d. h. je größer die Steigung der Funktion an dieser Stelle ist, desto größer war zu diesem Zeitpunkt Herrn Dr. Rombergs Geschwindigkeit. Hat Herr Dr. Romberg zu einem bestimmten Zeitpunkt seiner Fahrt dagegen an einer roten Ampel gestanden, so ändert sich die Strecke solange nicht und die Funktion verläuft dort horizontal, d. h. ihre Steigung ist 0, wie seine Geschwindigkeit. Die Geschwindigkeit können wir also erhalten, indem wir die Funktion *Strecke* $= f(t)$ „nach der Zeit t" ableiten. Wie wir das anstellen, sehen wir in diesem Kapitel.

4.1 Allgemeine Berechnung der Ableitung

Die Steigung wird gemessen, indem wir an der uns „interessierenden" Stelle die Tangente legen und den kleinen Winkel γ (siehe Abbildung 4.1) bestimmen, den diese Tangente mit der x-Achse einschließt. In der Mathematik ist es jedoch üblich, für die Angabe der Steigung anstelle des Winkels dessen Tangens zu verwenden. Wir können also einfach den kleinen Winkel ausmessen und davon den Tangens nehmen.

Jetzt möchten wir aber an *jeder Stelle* einer Kurve deren Steigung bestimmen und da ist das Einzeichnen der Tangente und Ausmessen des Winkels ausgesprochen umständlich und es würde schnell unübersichtlich werden. Wir werden daher zeigen, wie wir diese Aufgabe „elegant" und rechnerisch erschlagen können.

Für die rechnerische Behandlung der Steigungsbestimmung ist es sinnvoll, wenn wir die Beziehungen zwischen dem Tangens und den Seitenlängen des *Steigungsdreiecks* verwenden. Gemäß Abbildung 4.1 gehen wir von der Stelle x, an der wir die Tangente gelegt haben, ein Stückchen Δx auf der x-Achse nach rechts und bestimmen an dieser neuen Stelle den y-Wert der Tangente $g(x)$. Die Differenz dieses y-Wertes und dem Funktionswert an der Stelle x, also $f(x)$ nennen wir Δy:

$$\Delta y = g(x + \Delta x) - f(x),$$

wobei $g(x)$ die Funktionsgleichung der Tangente darstellt. Die Steigung erhalten wir durch die Berechnung der

$$\text{Steigung bei } x = \tan\gamma = \frac{\Delta y}{\Delta x} = \frac{g(x + \Delta x) - f(x)}{\Delta x}. \tag{4.1}$$

Der Funktionswert der Funktion $f(x)$ an der Stelle x ist dabei identisch mit dem Funktionswert der Tangente $g(x)$ an exakt dieser Stelle, wo die Tangente die Funktion berührt.

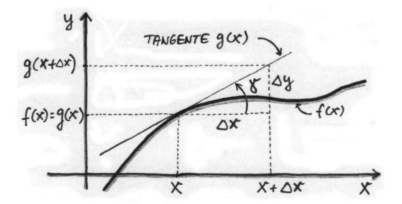

Abbildung 4.1: Die Tangente und das zugehörige Steigungsdreieck

Die Frage ist: Wie können wir die Tangentengleichung $g(x)$ bestimmen, die wir für Gleichung 4.1 benötigen, obwohl wir doch nur die Funktionsgleichung $f(x)$ haben?

Wir können damit anfangen zu versuchen, eine Gerade aus der Funktion $f(x)$ an einer Stelle

x herzuleiten, die der Tangente recht nahe kommt, d. h. wir versuchen es erst einmal mit einer Annäherung an die gesuchte Tangente. Hierzu gehen wir wie folgt vor:

1. Wir betrachten in einer eher kleinen Entfernung Δx rechts von der uns interessierenden Stelle x eine Stelle $x + \Delta x$.

2. Wir bestimmen den Funktionswert $f(x + \Delta x)$ und verbinden nun die Punkte (x, y) und $(x + \Delta x, f(x + \Delta x))$ zu einer Geraden. Diese Gerade verwenden wir, um die Tangente anzunähern.

3. Die Steigung dieser Geraden, welche die Näherung für die wahre Tangente an $f(x)$ darstellt (siehe Abbildung 4.2), ist dann:

$$\frac{\Delta y}{\Delta x} = \frac{f(x + \Delta x) - f(x)}{x + \Delta x - x} = \frac{f(x + \Delta x) - f(x)}{\Delta x}.$$

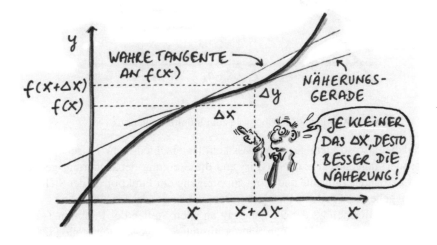

Abbildung 4.2: Annäherung an die Tangente

In der Regel wird diese Gerade und damit die so berechnete Steigung von der tatsächlichen Tangente bzw. der wahren Steigung an der Stelle x merklich abweichen. Wir können eine Näherungsgerade erhalten, die näher an der gesuchten Tangente liegt, je näher wir der Stelle x auf die Pelle rücken, d. h. je kleiner wir Δx wählen. Wir können Δx auch winzigstkleinst festlegen. Damit wird Δx so klein, dass die Mathematiker dafür dx schreiben. Ebenso wird Δy damit zu dy. Sie nennen das dann auch *infinitesimal klein*, also unendlichst klein! Es muss mit anderen Worten der Grenzübergang gebildet werden ($dx \to 0$), wobei der Abstand auf der x-Achse zwischen der uns interessierenden Stelle und der nur infinitesimal weiter rechts gelegenen Stelle im Folgenden mit h angegeben wird. Der Abstand h ist dabei immer positiv (es gibt keine negativen Abstände) und formal der Betrag aus der Differenz zwischen der Stelle, an der wir die Steigung berechnen wollen, und der nur infinitesimal rechts daneben liebenden Stelle. Für den Grenzübergang lassen wir h gegen 0 gehen. Dadurch rückt die zweite Stelle bei $x + h$ immer näher an x heran, so dass der Unterschied zwischen der Näherungsgeraden und der gesuchten Tangente immer kleiner wird. Das dazugehörige Steigungsdreieck aus Δx und Δy wird damit zu dem infinitesimal kleinen Steigungsdreieck aus dx und dy und der $\tan\gamma$ folglich zu

$$\tan\gamma = \frac{dy}{dx} = \lim_{h \to 0} \frac{f(x+h) - f(x)}{x+h-x} = \lim_{h \to 0} \frac{f(x+h) - f(x)}{h}. \tag{4.2}$$

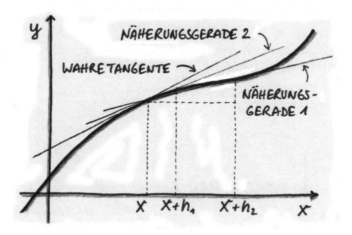

Abbildung 4.3: Übergang zum Infinitesimalen: $\Delta x \to h$

Das h wird dabei also so klein gemacht, dass kein Unterschied mehr zwischen der Näherungsgeraden und der Tangente auszumachen ist und die Steigung der Näherungsgeraden wird zur Steigung der gesuchten Tangente und somit zur Steigung der Funktion an der Stelle x. Wir lassen also h gegen 0 gehen und bedienen uns des Grenzübergangs (des Limes!).

Die Berechnungsformel 4.2 der Steigung gilt an allen Stellen der Funktion $f(x)$, für welche die Steigung existiert[1] und nicht nur an einer bestimmten ausgewählten Stelle (x, y). Um dies zu verdeutlichen, ersetzten wir y durch $f(x)$ und schreiben:

$$\frac{df(x)}{dx} = \lim_{h \to 0} \frac{f(x+h) - f(x)}{h}. \tag{4.3}$$

Der Term $\frac{df(x)}{dx}$ heißt *Ableitung der Funktion $f(x)$ nach x* und wird gerne mit $f'(x)$ (ausgesprochen als „f Strich") abgekürzt.

Ein paar Beispiele sollen das Vorgehen verdeutlichen.

Beispiel 1: Wir sollen die Geradengleichung $f(x) = 3x + 5$ ableiten. Wir verwenden dafür Gleichung 4.3:

$$f'(x) = \lim_{h \to 0} \frac{3(x+h) + 5 - (3x+5)}{h} = \lim_{h \to 0} \frac{3h}{h} = \lim_{h \to 0} 3 = 3.$$

---

[1] Die Steigung existiert nicht an Stellen, an denen die Funktion unstetig ist, also Sprünge oder Stufen hat und auch nicht dort, wo die Funktion Knicke hat.

Beispiel 2: Die Ableitung der einfachen Parabel $f(x) = x^2$ berechnen wir wie folgt:

$$f'(x) = \lim_{h \to 0} \frac{(x+h)^2 - x^2}{h} = \lim_{h \to 0} \frac{x^2 + 2xh + h^2 - x^2}{h} = \lim_{h \to 0} \frac{2xh + h^2}{h} = \lim_{h \to 0} (2x + h) = 2x.$$

Beispiel 3: Die Ableitung des Polynoms 3. Grades $f(x) = 2x^3 + 4x^2 - x + 7$ ist:

$$\begin{aligned}
f'(x) &= \lim_{h \to 0} \frac{2(x+h)^3 + 4(x+h)^2 - (x+h) + 7 - (2x^3 + 4x^2 - x + 7)}{h} \\
&= \lim_{h \to 0} \frac{2(x^3 + 3x^2h + 3xh^2 + h^3) + 4(x^2 + 2xh + h^2) - (x+h) + 7 - (2x^3 + 4x^2 - x + 7)}{h} \\
&= \lim_{h \to 0} \frac{6x^2h + 6xh^2 + 2h^3 + 8xh + 4h^2 - h}{h} \\
&= \lim_{h \to 0} (6x^2 + 6xh + 2h^2 + 8x + 4h - 1) = 6x^2 + 8x - 1.
\end{aligned}$$

Gar nicht so schwer, oder?

4.2 Von Extrema, Krümmungen und anderen Dingen

Wir haben gesehen, dass und wie wir mit Hilfe der Ableitung die Steigung einer Kurve berechnen können, solange die betrachteten Stellen der Funktion keine Stetigkeitslücken sind. Wir können also, wenn wir die Ableitung bestimmt haben, eine Aussage über den Verlauf der Funktion machen, d. h. wir wissen, an welchen Stellen die Kurve wie stark steigt oder fällt oder eben horizontal verläuft. Und das bereits bevor wir den Graphen gezeichnet haben!

Die Ableitung selbst ist wiederum eine Funktion, die wir in der Regel auch noch einmal ableiten können, d. h. wir können meistens auch noch die zweite Ableitung bilden, was gerne, sofern nach x abgeleitet wird, mit einem weiteren Strich gekennzeichnet wird also $f''(x)$. Formal wird die zweite Ableitung auch so geschrieben:

$$\frac{\mathrm{d}}{\mathrm{d}x} \left(\frac{\mathrm{d}f(x)}{\mathrm{d}x} \right) = \frac{\mathrm{d}^2 f(x)}{\mathrm{d}x^2} = \frac{\mathrm{d}^2}{\mathrm{d}x^2} f(x) = f''(x).$$

Weitere, höhere Ableitungen, also die dritte ($f'''(x)$), vierte ($f''''(x) = f^{(4)}(x)$) etc., können gebildet werden, und zwar so lange wie die abzuleitende Funktion ableitbar, d. h. die abgeleitete Funktion stetig ist. Ist sie konstant, machen alle weiteren Ableitungen keinen Sinn mehr, da nur noch 0 herauskommt (konstante Funktionen verlaufen horizontal, haben also die Steigung 0).

Nun erinnern wir uns, dass eine Ableitung aussagt, wie stark sich die abgeleitete Funktion an einer betrachteten Stelle ändert. Mit anderen Worten: Die Ableitung der Ableitung (die 2. Ableitung) gibt uns Hinweise, wie stark sich die Steigung der ursprünglichen Funktion an einer betrachteten Stelle ändert. Graphisch bedeutet das, wie stark die ursprüngliche Funktion an dieser Stelle gekrümmt ist. Ist die 2. Ableitung positiv, heißt das, dass die Steigung zunimmt, d. h. die Ausgangsfunktion krümmt sich nach „oben"(sie macht graphisch eine Linkskurve). Ist die

2. Ableitung negativ, so nimmt die Steigung ab, sie ist „nach unten" gekrümmt (graphische Rechtskurve). Ist die 2. Ableitung 0, so ändert sich die Steigung an dieser Stelle nicht, d. h. die Ausgangsfunktion ist zumindest in der näheren Umgebung der betrachteten Stelle gerade. Den Zusammenhang zwischen der Ausgangsfunktion und der ersten sowie zweiten Ableitung für ein Polynom 3. Grades zeigt Abbildung 4.4.

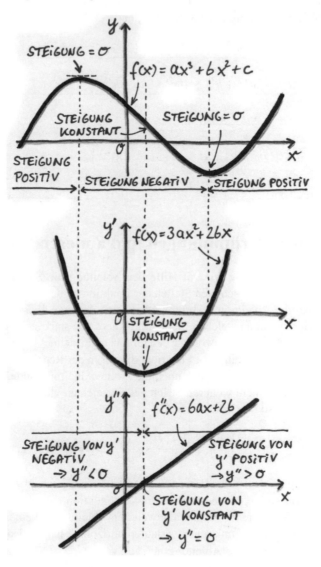

Abbildung 4.4: Zusammenhang zwischen der Funktion $f(x) = ax^3 + bx^2 + c$ und der 1. sowie 2. Ableitung

Mit Hilfe nur der ersten beiden Ableitungen lassen sich auch weitere Erkenntnisse über die Funktion rein rechnerisch gewinnen. Betrachten wir noch einmal das Polynom aus Abbildung 4.4. Die gezeichnete Kurve hat links einen „Berg" und rechts ein „Tal"[2]. Der Mathematiker (und manchmal auch der Ingenieur) nennt den Berg ein *lokales Maximum* und das Tal ein *lokales Minimum*. Lokal deshalb, weil die Funktion an anderer Stelle durchaus noch größer als das lokale Maximum oder kleiner als das lokale Minimum sein kann. Die Funktion kann auch mehrere lokale Maxima oder Minima haben. Letztendlich sagt das nur aus, dass die Funktion, wenn wir sie in einer Umgebung um das (relative) Extremum (dieser Begriff umfasst lokale Maxima und Minima) betrachten, eben genau da maximal bzw. minimal ist.

Wir erkennen aus der Abbildung auch, dass die Steigung an der Stelle des lokalen Maximums und Minimums 0 ist. Darüber hinaus sehen wir, dass in der Umgebung des lokalen Maximums die Steigung abnimmt, d. h. die zweite Ableitung ist an dieser Stelle negativ. Umgekehrt ist die 2. Ableitung an der Stelle des lokalen Minimums positiv, d. h. die Steigung nimmt zu.

Betrachten wir nun ein weiteres Polynom 3. Grades, und zwar $f(x) = ax^3$, s. Abbildung 4.5.

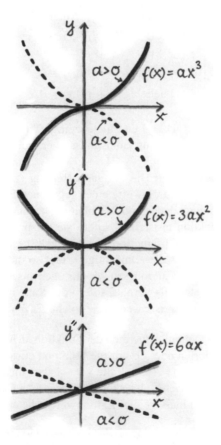

Abbildung 4.5: Zusammenhang zwischen der Funktion $f(x) = ax^3$ und der 1. sowie 2. Ableitung

---

[2]Das ist eine allgemeine, aber rein willkürlich hingezeichnete Form eines Polynom 3. Grades. Aber Achtung: Nicht alle Polynome 3. Grades schauen genau so aus. Manche haben ein „Tal" links und den „Berg" rechts. Manche haben nur eine horizontale Stelle und nehmen sonst ständig zu oder ab. Und manche haben noch nicht einmal das.

Wir sehen sofort, dass kein lokales Extremum vorhanden ist, allerdings haben wir eine Stelle mit horizontaler Steigung ($f'(x) = 0$). Links und rechts davon nimmt für $a > 0$ die Funktion ständig zu, für $a < 0$ ständig ab. Einen solchen Punkt nennen wir *Sattelpunkt*. Betrachten wir die 2. Ableitung an dieser Stelle, so sehen wir, dass sie dort ebenfalls 0 ist.

Eine Stelle wird als *Wendepunkt* bezeichnet, an der links davon die Steigung der Kurve abnimmt (zunimmt) und rechts davon zunimmt (abnimmt). Dabei kann die Steigung selbst an dieser Stelle 0 oder $\neq 0$ sein (der Sattelpunkt ist also ein besonderer Wendepunkt)

Zusammengefasst können wir schlussfolgern, dass wir mit Hilfe der 1. und 2. Ableitung Aussagen über die Existenz von lokalen Extrema (auch *relative Extrema* genannt) oder Sattelpunkten machen können. Das Ganze ist noch einmal in Tabelle 4.1 zusammengefasst.

Tabelle 4.1: Bestimmungsgleichung für lokale Extrema und Sattelpunkte

Typ	1. Ableitung	2. Ableitung	3. Ableitung
lokales Minimum	$f'(x) = 0$	$f''(x) > 0$	$f'''(x)$ beliebig
lokales Maximum	$f'(x) = 0$	$f''(x) < 0$	$f'''(x)$ beliebig
Sattelpunkt	$f'(x) = 0$	$f''(x) = 0$	$f'''(x)$ beliebig
Wendepunkt	$f'(x)$ beliebig	$f''(x) = 0$	$f'''(x) \neq 0$

Anmerkung: Ist für eine Stelle $f''(x) = 0$ und gleichzeitig $f'''(x) = 0$, so heißt das nicht, dass kein Wendepunkt vorliegt. Darüber hinaus kann (muss aber nicht) ein Sattelpunkt gleichzeitig ein Wendepunkt sein!

Wichtiger Hinweis zu den Extrema: Die Aufgabenstellung (z. B. in Matheprüfungen, aber nicht nur da) lautet oft: Suche die Extremwerte einer gegebenen Funktion! Wie wir gelernt haben, können wir durch die Bildung der 1. und 2. Ableitung schon einiges über die Existenz von Minima und Maxima der Funktion feststellen, sofern sie entsprechend oft ableitbar ist. Allerdings kommt es oft vor, dass wir die Funktion nur innerhalb bestimmter Intervalle betrachten sollen (weil vorgegeben oder weil es der allmächtige Prüfer so möchte) oder weil die Funktion nicht überall definiert ist. In diesem Fall müssen wir uns auch ansehen, wie sich die Funktion an den Rändern der betrachteten Intervalle verhält, sofern der Rand auch Teil des Intervalls selbst ist. Hier die schrittweise Vorgehensweise, wenn eine solche *Extremwertaufgabe* vorliegt.

Schritt 1: Wir bestimmen den Definitionsbereich der Funktion, d. h. wir untersuchen, ob wir alle x-Werte einsetzen dürfen oder ob wir die Funktion einschränken müssen. So müssen z. B. für die Funktion $f(x) = \sqrt{x+1}$ alle $x \geq -1$ sein, unser Definitionsbereich ist also $\mathbb{D} = \{x | x \in [-1; \infty[\}$ (sprich: „alle x für $-1 \leq x < \infty$"). Der Punkt $x = -1$ gehört zum Definitionsbereich und muss bei der Extremwertsuche ebenfalls überprüft werden.

Schritt 2: Wir bilden die 1. und 2. Ableitung (falls ableitbar) und überprüfen, an welchen Stellen ein Maximum oder Minimum vorliegt, falls es überhaupt eines gibt. Wir ignorieren im Folgenden alle Maxima und Minima, die außerhalb unseres Definitionsbereichs liegen. Die übriggebliebenen Extrema sind unsere relativen Extrema.

Schritt 3: Wir setzen die Ränder des Definitionsbereichs bzw. der vorgegebenen Intervalle ein, sofern die Ränder dazu gehören. Die Funktion $\frac{1}{x}$ hat z. B. den Definitionsbereich $\mathbb{D} = \{x \mid x \in\,]-\infty; 0[\, \cap x \in\,]0; \infty[\}$. Der Wert 0 gehört also nicht zum Definitionsbereich.

Schritt 4: Wir setzen die Punkte in die Funktion ein, an denen die 1. Ableitung und/oder die 2. Ableitung nicht gebildet werden kann. Sofern diese Punkte zu unserem Definitionsbereich bzw. den vorgegebenen Intervallen gehören, kommen sie als Kandidaten für das absolute Maximum oder Minimum in Frage. Die Funktion $|x|$ z. B. hat bei $x = 0$ keine 1. Ableitung (und damit natürlich auch keine 2.), da die Steigung für $x < 0$ negativ ist und für $x > 0$ positiv ist, für $x = 0$ gibt es daher keine eindeutige Lösung, obwohl die Funktion dort definiert ist. Dennoch weist sie genau dort ihr absolutes Minimum auf mit $f(0) = 0$.

Schritt 5: Wir vergleichen die Funktionswerte aller berücksichtigten Extrema aus Schritt 2 und alle Werte aus Schritt 3. Der niedrigste aller dieser Werte ist das *absolute Minimum*, der größte aller Werte ist das *absolute Maximum*.

4.3 Einige Standardableitungen

Das Berechnen der Ableitung mittels des Grenzübergangs aus Gleichung 4.3 wird spätestens bei komplexeren Funktionen sehr umständlich. Zum Glück gibt es eine ganze Serie von Standardableitungen, die wir blind verwenden können und uns die Berechnung des Limes ersparen.

Aus Beispiel 3 in Abschnitt 4.1 können wir eine erste Gesetzmäßigkeit ableiten, die wir immer wieder benötigen! Denn verallgemeinert dürfen wir eine Funktion, deren Variable als Potenz vorkommt und mit einer konstanten Zahl multipliziert ist, wie folgt ableiten:

$$\frac{\mathrm{d}}{\mathrm{d}x}ax^n = n \cdot ax^{n-1}, \text{ für alle } n \text{ mit } n > 0 \text{ oder } n < 0. \tag{4.4}$$

Das gilt, wenn n aus der Menge der ganzen Zahlen $\mathbb{N}$ ist (auch für $n = 0$, in diesem Fall ist die abzuleitende Funktion eine Konstante a und ihre Ableitung folglich 0 bzw. $\frac{\mathrm{d}}{\mathrm{d}x}ax^0 = 0 \cdot ax^{0-1} = 0$).

Das gilt ebenfalls für alle n aus der Menge der ganzrationalen Zahlen, wenn also $n = \frac{k}{l}$, wobei k und l ganze Zahlen sind. Zahlen, deren Exponent eine ganzrationale Zahl (wie z. B. $\frac{2}{5}$, $\frac{8}{3}$, usw.) ist, stellen Wurzeln dar (z. B. $x^{\frac{3}{4}} = \sqrt[4]{x^3}$). Dennoch können sie genau wie normale potenzierte Variablen abgeleitet werden. Wir können also jede beliebige unter einer Wurzel stehende Variable einfach in die Variable mit einem entsprechenden ganzrationalen Exponenten umwandeln und wie gehabt ableiten:

$$\frac{\mathrm{d}}{\mathrm{d}x}a\sqrt[l]{x^k} = ax^{\frac{k}{l}} = a \cdot \frac{k}{l}x^{\frac{k}{l}-1} = a \cdot \frac{k}{l}x^{\frac{k-l}{l}} = a \cdot \frac{k}{l}\sqrt[l]{x^{k-l}}. \tag{4.5}$$

Hier gilt, dass k und l aus der Menge der ganzen Zahlen sind, mit $l \neq 0$. Ist $k = 0$, d. h. es handelt sich wieder um eine konstante Zahl a, so ist die Ableitung 0.

Steht die Variable, nach der abgeleitet werden soll, im Nenner eines Bruches, brauchen wir ihn nur ein wenig umzuschreiben, um das Ableiten wieder mit der gleichen Methode durchzuführen:

$$\frac{\mathrm{d}}{\mathrm{d}x}\frac{a}{x^b} = \frac{\mathrm{d}}{\mathrm{d}x}ax^{-b} = -b\cdot ax^{-b-1} = -\frac{ab}{x^{-(b+1)}}.$$

Wir erinnern uns: Ändert sich die Funktion an einer Stelle nicht, so ist die Steigung 0 und damit auch ihre Ableitung. Das gilt natürlich auch, wenn die Funktion sich überall nicht ändert, also für horizontale Geraden.

Tabelle 4.2 gibt eine Übersicht der gängigsten Standardableitungen, die man ruhig schon mal parat haben sollte.

Tabelle 4.2: Ableitung einiger grundlegender Funktionen (merken!)

Funktion $f(x)$	Ableitung $f'(x)$
ax^b	abx^{b-1}
$\frac{a}{x^b}$	$-\frac{ab}{x^{-(b+1)}}$
$\sqrt[r]{x^s}$	$\frac{s}{r}\sqrt[r]{x^{s-r}}$
$\ln x$	$\frac{1}{x}$
$\sin x$	$\cos x$
$\cos x$	$-\sin x$
e^x	e^x

Noch ein Tipp: In der (Ingenieur-)Mathematik ist eine pragmatische ingenieurmäßige Erbsen-zähler-Vorgehensweise die halbe Miete! Also immer gaaaaaanz ruhig und langsam vorgehen, jeden kleinen Schritt genau und konzentriert abarbeiten und nicht schludern, denn die Verwechs-lung eines einzigen Buchstabens kann zu einem völlig anderen Sachverhalt führen!

4.4 Rechenregeln für Ableitungen

Wir haben die Ableitung einfacher Funktionen kennengelernt. Allerdings ist das, was Mathematikprofessoren und ihre Helfershelfer für Prüfungen aushecken, in der Regel komplizierter. Glücklicherweise gibt es auch hierfür Regeln, die uns helfen, ihnen ein Schnippchen zu schlagen und die volle Punktzahl einzufahren (vorausgesetzt wir verrechnen uns nicht). Diese Regeln sind so wichtig, dass Ihr sie am Besten in- und auswendig lernt.

Ableitungsregel 1: Die Ableitung einer Summe ist gleich die Summe der Ableitungen:

$$[f(x) + g(x)]' = f'(x) + g'(x). \tag{4.6}$$

Zum Beispiel:

$$f(x) = 2x^3 + x^2 - 5x + 1 \rightarrow f'(x) = 6x^2 + 2x - 5.$$

Ableitungsregel 2: Die Ableitung des Vielfachen einer Funktion ist gleich dem Vielfachen der Ableitung:

$$[cf(x)]' = cf'(x). \tag{4.7}$$

Also zum Beispiel:

$$f(x) = 3\sin x \rightarrow f'(x) = 3\cos x.$$

Ableitungsregel 3: Die Produktregel. Die beiden Produktterme werden abwechselnd abgeleitet und dann wird addiert:

$$[f(x)g(x)]' = f'(x)g(x) + f(x)g'(x). \tag{4.8}$$

Also:

$$f(x) = x^2 \sin x \rightarrow f'(x) = 2x\sin x + x^2 \cos x.$$

Ableitungsregel 4: Die Quotientenregel. Das ist ein wenig komplizierter, aber es lohnt sich trotzdem, es auswendig zu lernen.

$$\left[\frac{f(x)}{g(x)}\right]' = \frac{f'(x)g(x) - f(x)g'(x)}{g(x)^2} \text{ für } g(x) \neq 0. \tag{4.9}$$

Beispiel:

$$f(x) = \frac{x}{x+1} \rightarrow f'(x) = \frac{1 \cdot (x+1) - x \cdot 1}{(x+1)^2} = \frac{1}{(x+1)^2} \text{ für } x \neq -1.$$

Ableitungsregel 5: Die Kettenregel. Diese Regel kommt zur Anwendung, wenn wir es mit verschachtelten Funktionen zu tun haben, wie z. B. $\sin(x^2)$, $e^{\frac{1}{x}}$ oder $\ln(3x^3 + x^2 - 5x + 1)$. Bei solchen Funktionen sagen wir auch, dass wir *nachdifferenzieren* müssen. Und zwar leiten wir die Funktion „von außen nach innen" ab, d. h. wir ignorieren den „inneren" Term zunächst einmal und leiten die „äußere" Funktion ab. Dann leiten wir den „inneren" Term ab und multiplizieren ihn mit der zuvor abgeleiteten „äußeren" Funktion:

$$[f(g(x))]' = \underbrace{f'(g(x))}_{\text{äußere Abl.}} \cdot \underbrace{g'(x)}_{\text{innere Abl.}} . \tag{4.10}$$

Dazu drei Beispiele:

Beispiel 1:

$$f(x) = \cos(2x^2 + 1) \rightarrow f'(x) = [-\sin(2x^2 + 1)] \cdot 4x = -4x\sin(2x^2 + 1).$$

Beispiel 2:

$$f(x) = \ln\frac{1}{x} \rightarrow f'(x) = \frac{1}{\frac{1}{x}} \cdot -\frac{1}{x^2} = -\frac{1}{x}.$$

(Tipp: Dieses Beispiel kann man auch schneller und eleganter lösen, aber dann wäre es kein schönes Beispiel mehr für die Kettenregel!)

Beispiel 3:

$$f(x) = e^{x^2 - 1} \rightarrow f'(x) = e^{x^2 - 1} \cdot 2x = 2xe^{x^2 - 1}.$$

Abschließend noch eine Anmerkung: Es ist noch kein Ingenieur vom Himmel gefallen[3], also üben, üben, üben! Hier verweisen wir wieder auf die Aufgaben am Ende des Buches.

---

[3] Außer am Ende der Apollo-Missionen oder anderen bemannten Raumflügen.

5 Vektoren

Für viele Anwendungen sind Vektoren ein gaaaaanz tolles Hilfsmittel, um technische und natürlich auch natürliche Vorgänge zu beschreiben. Wo Größen wie Temperatur, Dichte und Druck
mit der Angabe einer Zahl eindeutig beschrieben sind, ist für andere Größen wie Kraft, Geschwindigkeit oder Drehmoment neben ihres Wertes auch deren Wirkrichtung von Belang. So
hat die Kraft, die in Richtung der Bewegung eines Körpers wirkt, zur Folge, dass dieser Körper
beschleunigt, also die Geschwindigkeit vergrößert, während eine Kraft, die der Geschwindigkeit
entgegenwirkt, bewirkt, dass der Körper gebremst wird[1]. Zur Kennzeichnung solcher physikalischen Größen samt ihrer Wirkrichtung verwenden wir *Vektoren*. Diese können wir als Pfeile
aufzeichnen, dessen Richtung die Wirkrichtung und dessen Länge die „Stärke", also den Wert
oder den Betrag der Größe angibt.

Vektoren in Symbolschreibweise wollen wir so kennzeichnen, dass wir einen Pfeil über einen
kleinen lateinischen Buchstaben schreiben. Andere Bücher bevorzugen die Fettschreibung der
Vektorplatzhalter, manche benutzen dafür sogar Schriftzeichen einer untergegangenen Kultur
(z. B. die gotische Schrift)[2], was gar nicht so ungewöhnlich ist, wenn man bedenkt, wie häufig
auch heute noch römische Zahlen verwendet werden.

Wir schreiben also zum Beispiel

$$\vec{a}$$

für den Vektor, den wir a nennen wollen.

---

[1] Wer würgt, wirkt!

[2] Frau Dipl.-Ing. Dietlein ist froh, dass die Mathematiker bislang noch nicht auf die Idee verfallen sind, ägyptische
Hieroglyphen zu verwenden.

Folgende Eigenschaften von Vektoren sind seeeeeeehr wichtig:

- Ein positiver Wert zu einem Vektor bedeutet, dass seine „wahre" Richtung in der angegebenen Pfeilrichtung verläuft, wogegen ein negativer Wert besagt, dass die tatsächliche Wirkrichtung genau entgegengesetzt ist.

- Mathematisch ist ein Vektor beliebig parallel verschiebbar, d. h. seine Richtung und Größe bleiben gleich, aber sein Anfangspunkt ändert sich. Für manche Anwendungen aber ist auch der Anfangspunkt wichtig, so dass eine Verschiebung nicht so ohne weiteres vorgenommen werden kann. Dies ist z. B. in der Mechanik für Kraftvektoren der Fall. Eine Verschiebung ist hier nur dann zulässig, wenn ein zusätzliches Drehmoment eingeführt wird. Hierzu konsultiere der interessierte Student das Referenzwerk der Mechanik [Rom11][3].

Ein Tipp: Wenn Ihr mit einer Aufgabe konfrontiert seid, die den Einsatz von Vektoren erfordert (also z. B. wenn es um Kräfte- und Momentengleichgewichte geht oder aber um Bahnbewegungen aufgrund von äußeren Kräften), dann zeichnet die gegebene Situation auf, sprich die einzelnen Vektoren (die für die Kräfte, Momente oder Geschwindigkeiten stehen) als Pfeile. Dabei ist es erst einmal egal, an welches Ende Ihr die Pfeilspitze setzt. Rechnet dann weiter, wobei Ihr annehmt, dass die Größen die Richtung haben, wie Ihr sie gezeichnet habt. Erhaltet Ihr dann für die Größe einen negativen Wert, bedeutet das dann lediglich, dass ihre tatsächliche Wirkrichtung entgegen der von Euch eingezeichneten Richtung ist.

5.1 Komponentendarstellung von Vektoren

Für die Darstellung der Vektoren benötigen wir ein Koordinatensystem, dass aus mindestens zwei Achsen besteht. Für unsere Zwecke wollen wir uns auf zwei oder drei Dimensionen (je Dimension eine Koordinatenachse!) beschränken, auch wenn Kollegen wie Albert Einstein[4] usw. steif und fest behaupten, dass die Welt aus mindestens vier Dimensionen bestünde.

Jeder Punkt in einem solchen Koordinatensystem kann durch seine Koordinaten beschrieben werden: $P = (a_1, a_2, a_3)$. Wenn wir nun einen Vektor vom Ursprung des Koordinatensystems (d. h. seinem Nullpunkt) zu diesen Punkt legen, so nennen wir ihn den *Ortsvektor* und schreiben hierfür $\vec{a} = \overrightarrow{OP}$. Der Pfeil oberhalb der zwei Buchstaben, die für den Ursprung O (engl. „origin") respektive den Punkt P stehen, deutet an, dass der Vektor in O beginnt und bei P endet. Ein Vektor von P nach O schreiben wir demnach entsprechend $\overrightarrow{PO}$, wobei gilt, dass

$$\overrightarrow{PO} = \overleftarrow{OP} = -\overrightarrow{OP}.$$

Jeden Vektor, dessen Anfangspunkt in O liegt, nennen wir Ortsvektor. Dieser Ortsvektor ist eindeutig durch die Koordinaten des Punktes P beschrieben, so dass wir den Ortsvektor $\overrightarrow{OP}$ mit

---

[3]Herr Dr. Romberg möchte an dieser Stelle korrigierend einwenden, dass es sich bei [Rom11] um die „Bibel der Mechanik" handelt!

[4]Frau Dipl.-Ing. Dietlein bezeichnet „Albert" gern als Kollegen.

diesen Koordinaten ebenfalls eindeutig beschreiben können. Zur Unterscheidung zur Koordinatendarstellung eines Punktes schreiben wir üblicherweise die Koordinaten eines Vektors in Spaltenform und nennen diese Koordinaten a_1, a_2 und a_3 die „Komponenten" des Vektors $\overrightarrow{OP}$, also

$$\overrightarrow{OP} = \begin{pmatrix} a_1 \\ a_2 \\ a_3 \end{pmatrix}.$$

Hat der Punkt P z. B. die Koordinaten $(1, 2, 3)$, so lautet sein Ortsvektor:

$$\overrightarrow{OP} = \begin{pmatrix} 1 \\ 2 \\ 3 \end{pmatrix}.$$

Alle Vektoren, die parallel zu $\overrightarrow{OP}$ sind, in die gleiche Richtung zeigen und dieselbe Länge haben, werden ebenfalls mit diesen Komponenten beschrieben.

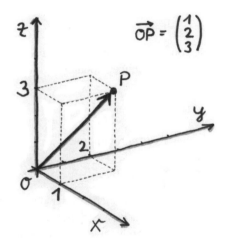

Abbildung 5.1: Die Komponentendarstellung von Vektoren

Wie wir bereits in der Einführung zu diesem Kapitel geschrieben haben, können wir (also rein mathematisch) die Vektoren beliebig parallel verschieben. Somit können wir jeden beliebigen Vektor in den Nullpunkt verschieben und dazu den identischen Ortsvektor identifizieren, der eindeutig durch seine Komponenten dargestellt wird. Also können wir diesen beliebigen Vektor auch eindeutig durch diese Komponenten beschreiben. Mit anderen Worten: Jeder beliebige Vektor $\vec{v}$, der parallel zu dem Ortsvektor

$$\overrightarrow{OP} = \begin{pmatrix} a_1 \\ a_2 \\ a_3 \end{pmatrix}$$

und genau so lang ist, kann mit diesen Komponenten dargestellt werden, d. h. wir können schreiben:

$$\vec{v} = \begin{pmatrix} a_1 \\ a_2 \\ a_3 \end{pmatrix}.$$

Der Nullvektor (den wir im nächsten Abschnitt genauer erklären) kann übrigens auch mit seinen Komponenten dargestellt werden:

$$\vec{0} = \begin{pmatrix} 0 \\ 0 \\ 0 \end{pmatrix}.$$

Da wir jetzt wissen, wie wir einen Vektor in Komponentendarstellung schreiben, können wir Euch nun endlich zeigen, wie Ihr dessen Länge berechnen könnt:

$$|\vec{v}| = \sqrt{a_1^2 + a_2^2 + a_3^2}. \tag{5.1}$$

Wir nennen das auch „den Betrag von $\vec{v}$". Das Ganze kann man sich wie einen „dreidimensionale Pythagoras" vorstellen. Im Falle eines zweidimensionalen Vektors

$$\vec{c} = \begin{pmatrix} c_1 \\ c_2 \end{pmatrix}$$

hat man es sogar mit dem klassischen Pythagoras zu tun:

$$|\vec{c}| = \sqrt{c_1^2 + c_2^2}.$$

Wie in der eben vorgestellten Beziehung kennzeichnen wir den Betrag symbolmäßig dadurch, dass wir das Vektorsymbol mit zwei senkrechten Strichen umrahmen. Darüber hinaus wollen wir noch anmerken, dass sich die Berechnung nicht ändert, wenn wir mehr als drei Dimensionen behandeln. In so einem Fall würden wir einfach das Quadrat jeder zusätzlichen Komponente als Summenterm mit unter die Wurzel schreiben, allgemein also

$$|\vec{v}| = \sqrt{a_1^2 + a_2^2 + a_3^2 + a_4^2 + \cdots + a_n^2}.$$

Da jeder Vektor sich als Ortsvektor zu einem Punkt mit den Koordinaten beschreiben lässt, die den Komponenten des Vektors entsprechen, ist jeder Vektor, der die gleichen Komponenten hat, mit diesem identisch. Aber das ergibt sich eigentlich direkt aus der Tatsache, dass wir in der Mathematik uns einen feuchten Kehricht darum kümmern, wo genau der Vektor sich gerade im Raum befindet. Es zählt allein seine Richtung und Länge.

5.2 Die Addition von Vektoren und Vektoren auf der Streckbank (Produkt mit einem Skalar)

In vielen Fällen stehen wir vor der Aufgabe, zwei oder mehr Vektoren zu addieren, z. B. wenn auf einen Körper zwei Kräfte, die unterschiedliche Richtung haben, wirken. Zeichnerisch können wir die Addition zweier Vektoren $\vec{a}$ und $\vec{b}$ wie folgt lösen:

1. Wir zeichnen den Vektor $\vec{a}$ hin, also mit seiner Richtung und seiner Länge.

2. Dann zeichnen wir den Vektor $\vec{b}$ so hin, dass sein Anfangspunkt im Endpunkt von Vektor $\vec{a}$, d. h. dessen Pfeilspitze, liegt. Wir müssen dabei nur die Richtung und Länge des Vektors $\vec{b}$ beibehalten. Die Richtung von $\vec{b}$ erhalten wir, wenn wir ihn im Ursprung beginnen lassen und seinen Endpunkt in den Punkt, der durch seine Koordinaten angegeben ist, setzen. Nun verschieben wir diesen Vektor nur noch parallel in den Endpunkt von Vektor $\vec{a}$.

3. Nun verbinden wir den Anfangspunkt von $\vec{a}$ mit dem Endpunkt von $\vec{b}$ und markieren das Ende, das im Endpunkt von Vektor $\vec{b}$ liegt, mit einer Pfeilspitze. Das ist unser Summenvektor $\vec{c} = \vec{a} + \vec{b}$.

Der so auf zeichnerische Weise erhaltene Vektor $\vec{c}$ zeigt die resultierende Richtung an und wir können seine Länge einfach mit dem Lineal ausmessen.

Am besten stellt man sich das so vor, als wenn man gleich hintereinander zwei direkte, gerade Strecken in unterschiedlichen Richtungen abläuft. Die Vektoraddition bzw. der sich ergebende Vektor ist dann mit der direkten Abkürzung des zurückgelegten Wegs zu vergleichen!

Die Subtraktion zweier Vektoren funktioniert genauso, nur dass wir die Richtung des Vektors, der abgezogen werden soll, umdrehen, denn die Subtraktion ist ja nichts anderes als das Hinzuzählen eines negativen Wertes bzw. eines mit -1 multiplizierten Wertes (oder Vektors in diesem Fall). Abbildung 5.2 veranschaulicht die Addition und Subtraktion.

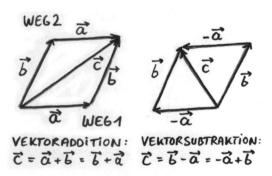

Abbildung 5.2: Die Vektoraddition und -subtraktion

Wenn wir einen Vektor mit einem Skalar (ein anderes Wort für eine reelle Zahl, das verwendet wird, um ausdrücklich auszudrücken, dass es sich bei dieser Zahl eben *nicht* um einen Vektor handelt) multiplizieren, so strecken oder stauchen wir dessen Länge, je nachdem, ob dieser Skalar größer oder kleiner 1 ist (daher das Wort „skalieren" für eine Streckung oder Stauchung einer geometrischen Form unter Beibehaltung derselbigen). Eine Multiplikation mit 1 hat dagegen keine Auswirkung auf die Länge. Ist dieser Skalar negativ, so kehrt sich zusätzlich die Richtung des Vektors um und eine Multiplikation mit 0 lässt die Länge des Vektors auf 0 schrumpfen.

Bitte beachtet, dass sich nur die Richtung umkehrt, wenn der Skalar negativ ist, mit dem der Vektor multipliziert wird. Der Vektor behält aber seinen ursprünglichen Ausrichtung bei (die Pfeilspitze kommt einfach an das andere Ende).

Abbildung 5.3: Die Multiplikation mit einem Skalar = Streckung oder Verkürzung des Vektors

Wie bei der Multiplikation mit Skalaren können wir Klammern ausmultiplizieren oder ausklammern, je nachdem, was gerade gefragt ist. Also:

$$(k_1 + k_2)\vec{c} = k_1\vec{c} + k_2\vec{c}$$

und

$$k(\vec{b} + \vec{c}) = k\vec{b} + k\vec{c}.$$

In Komponentendarstellung führen wir diese beiden Operationen wie folgt aus. Beginnen wir mit der Vektoraddition.

$$\vec{a} = \begin{pmatrix} a_1 \\ a_2 \\ a_3 \end{pmatrix}, \vec{b} = \begin{pmatrix} b_1 \\ b_2 \\ b_3 \end{pmatrix}$$

ist die Summe aus $\vec{a}$ und $\vec{b}$

$$\vec{c} = \begin{pmatrix} c_1 \\ c_2 \\ c_3 \end{pmatrix} = \begin{pmatrix} a_1 \\ a_2 \\ a_3 \end{pmatrix} + \begin{pmatrix} b_1 \\ b_2 \\ b_3 \end{pmatrix} = \begin{pmatrix} a_1 + b_1 \\ a_2 + b_2 \\ a_3 + b_3 \end{pmatrix}.$$

Wir sagen auch, diese Operation wird „komponentenweise" durchgeführt, um anzudeuten, dass sie für jede einzelne Komponente durchgeführt wird.

Die Multiplikation mit einem Skalar wird ebenfalls komponentenweise vollzogen. Sei k also ein Skalar, dann berechnet sich der Vektor $k\vec{a}$ wie folgt:

$$\vec{b} = k\vec{a} = \begin{pmatrix} ka_1 \\ ka_2 \\ ka_3 \end{pmatrix}.$$

Wir wollen Euch nun zeigen, dass dieser Vektor tatsächlich nur verkürzt oder verlängert wurde oder allenfalls die Richtung umkehrt. Hierzu berechnen wir die Länge von $\vec{b}$ mit Formel 5.1:

$$|\vec{b}| = \sqrt{(ka_1)^2 + (ka_2)^2 + (ka_3)^2} = \sqrt{k^2(a_1^2 + a_2^2 + a_3^2)} = k\sqrt{a_1^2 + a_2^2 + a_3^2}.$$

Die Wurzel $\sqrt{a_1^2 + a_2^2 + a_3^2}$ ist nun aber gerade der Betrag des Vektors $\vec{a}$ und damit dessen Länge, also:

$$\sqrt{a_1^2 + a_2^2 + a_3^2} = |\vec{a}|.$$

Somit können wir schreiben, dass

$$|\vec{b}| = |k\vec{a}| = |k| \cdot \sqrt{a_1^2 + a_2^2 + a_3^2} = |k||\vec{a}|. \tag{5.2}$$

Also ist der Vektor $\vec{b}$ genau k mal so groß ist wie Vektor $\vec{a}$. Der skalare Faktor k kann also beim Betragnehmen ausgeklammert werden. Beachtet aber dabei, dass Ihr vom Skalar den Betrag nehmt, da die Länge bei negativem k negativ würde, was ja nicht sein kann. Und Vorsicht: Der Austausch eines einzigen Buchstabens kann schnell aus einem Betrag einen Betrug machen!

Mit Hilfe der Multiplikation und des Betrags eines Vektors können wir auch die sogenannten *Einheitsvektoren* berechnen, deren Länge genau 1 ist. Ein Einheitsvektor[5] hat im Folgenden den Index „0".

$$\vec{a}_0 = \frac{1}{|\vec{a}|}\vec{a}.$$

Diese Operation nennen wir auch gelegentlich die „Normierung des Vektors $\vec{a}$", wobei der Vektor (und somit alle Komponenten) durch den Vektorbetrag geteilt wird.

Die Vektoraddition und Multiplikation mit einem Skalar erlaubt uns, Geraden und Ebenen im Raum mit Hilfe von Vektoren darzustellen. Beginnen wir mit der vektoriellen Darstellung einer Geraden:

$$g\colon \vec{x} = \vec{a} + t\vec{b}, \text{ mit } t \in \mathbb{R}.$$

Hier ist $\vec{a}$ der Ortsvektor zu einem Punkt A auf der Geraden und der Vektor $\vec{b}$ gibt die Richtung der Geraden an. Der Ergebnisvektor $\vec{x}$ ist der Ortsvektor zu *jedem* beliebigen Punkt auf der Geraden, wenn man t entsprechend variiert, wenn wir also von Punkt A entlang des Vektors $\vec{b}$ eine Strecke der Länge $t \cdot |\vec{b}|$ zurücklegen, wobei wir in Richtung des Vektors $\vec{b}$ gehen, wenn $t > 0$ und in entgegengesetzter Richtung für $t < 0$. Wir gehen nirgendwohin, wenn $t = 0$ und verharren auf Punkt A, denn dieser Punkt gehört ja auch zur Geraden g!

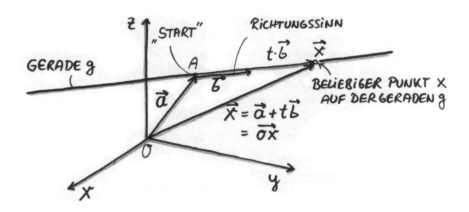

Abbildung 5.4: Die Geradendarstellung mit Hilfe von Vektoren

Haben wir zwei Punkte P_1 und P_2 gegeben, die eine Gerade bilden und wir ihre Vektorgleichung aufstellen wollen, bedienen wir uns einfach der Ortsvektoren und schreiben z. B.:

$$g\colon \vec{x} = \overrightarrow{OP_1} + t(\overrightarrow{OP_2} - \overrightarrow{OP_1}).$$

Natürlich dürfen wir auch P_1 mit P_2 vertauschen, wir würden uns dann nur für gleiches Vorzeichen von t in die andere Richtung bewegen als mit der hier explizit angeführten Darstellung.

---

[5]Hinweis von Frau Dipl.-Ing. Dietlein: Den Einheitsvektor gab es schon vor dem Mauerfall!

Probiert das mal aus, dann wird es ganz klar!

Bei der Ebene E läuft es genauso, nur geht man dann vom Stützpunkt A aus nicht nur vor und zurück, sondern meist auch noch zur Seite. Für die vektorielle Darstellung einer Ebene im Raum benötigen wir also zwei nicht parallele Vektoren, um die Ebene aufzuspannen und einen weiteren Vektor (einen Ortsvektor) zu einem Stützpunkt auf dieser Ebene. Dabei darf dieser Ortsvektor der Nullvektor sein, sofern der Ursprung des Koordinatenvektors in dieser Ebene liegt. Wichtig ist, dass die zwei die Ebene aufspannenden Vektoren nicht parallel sind, d. h. sie müssen *linear unabhängig* sein (zur Erklärung der Begriffe *linear unabhängig* und *linear abhängig* kommen wir auch gleich im nächsten Abschnitt, also keine Panik!). Nun schreiben wir aber auch endlich die Ebenengleichung hin:

$$E : \vec{x} = \vec{a} + \mu\vec{b} + \nu\vec{c}, \text{ mit } \mu, \nu \in \mathbb{R},$$

also statt t hier μ und ν.

Auch hier können wir aus der Kenntnis der Koordinaten dreier Punkte P_1, P_2 und P_3, die auf der Ebene liegen, mit Hilfe ihrer Ortsvektoren die Vektordarstellung der Ebene gewinnen:

$$E : \vec{x} = \overrightarrow{OP_1} + \mu(\overrightarrow{OP_2} - \overrightarrow{OP_1}) + \nu(\overrightarrow{OP_3} - \overrightarrow{OP_1}).$$

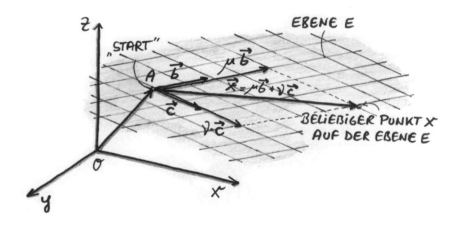

Abbildung 5.5: Die Ebenendarstellung mit Hilfe von Vektoren

5.3 Ich linearkombiniere, Dr. Watson!

Wie bereits im Zusammenhang mit der Vektoraddition erwähnt, kann ein Vektor als geradliniger Weg von einem Punkt zu einem anderen aufgefasst werden, wobei der Endpunkt auch durch alternative geradlinige Wege erreicht werden kann (krumme Wege lassen wir hier mal außen vor, weil wir uns ja mit Vektoren beschäftigen wollen[6]!).

So kann der Vektor $\vec{a}$ auch erhalten werden, wenn wir verschiedene Vektoren addieren und diese dabei nach Bedarf strecken oder stauchen durch eine Multiplikation mit einem Skalar. Also:

$$\vec{a} = k_1\vec{a}_1 + k_2\vec{a}_2 + \cdots + k_n\vec{a}_n.$$

Wir nennen dann diese Summe eine *Linearkombination der Vektoren* $\vec{a}_i$, wenn die Skalare k_i reelle Zahlen sind. Insbesondere ist jeder Vektor eine Linearkombination aus den Einheitsvektoren parallel zu den Koordinatenachsen:

$$\vec{a} = \begin{pmatrix} a_1 \\ a_2 \\ a_3 \end{pmatrix} = a_1\begin{pmatrix} 1 \\ 0 \\ 0 \end{pmatrix} + a_2\begin{pmatrix} 0 \\ 1 \\ 0 \end{pmatrix} + a_3\begin{pmatrix} 0 \\ 0 \\ 1 \end{pmatrix} = a_1\vec{i} + a_2\vec{j} + a_3\vec{k}$$

mit den Einheitsvektoren

$$\vec{i} = \begin{pmatrix} 1 \\ 0 \\ 0 \end{pmatrix}, \vec{j} = \begin{pmatrix} 0 \\ 1 \\ 0 \end{pmatrix} \text{ und } \vec{k} = \begin{pmatrix} 0 \\ 0 \\ 1 \end{pmatrix}.$$

Die Vektoren $\vec{a}_i$ heißen linear unabhängig, wenn ihre Linearkombination $k_1\vec{a}_1 + k_2\vec{a}_2 + \cdots + k_n\vec{a}_n$ nur dann den Nullvektor ergibt, wenn $k_1 = k_2 = \cdots = k_n = 0$ ist. Der Mathematiker sagt auch, die Lösung sei „trivial". Ist diese Bedingung nicht erfüllt, so heißen die Vektoren dagegen *linear*

---

[6]Obwohl Frau Dipl.-Ing. Dietlein darauf hinweist, dass Herr Kollege Einstein den vierdimensionalen Raum mit sämtlichen Vektoren gekrümmt hat!

abhängig. Sind Vektoren linear abhängig, so lässt sich jeder Vektor aus dieser Gruppe durch die anderen mittels einer Linearkombination darstellen. Das ist anschaulich dann der Fall, wenn z. B. zwei Vektoren auf einer Geraden liegen (d. h. sie sind parallel) oder wenn drei Vektoren in einer Ebene liegen. Beschränken wir uns auf drei Dimensionen, so sind mehr als drei Vektoren immer linear abhängig.

Die Autoren empfehlen bei verstärktem Interesse an diesem Themengebiet, die einschlägige Literatur wie z. B. [Mey93] zu Rate zu ziehen.

5.4 Tolle Produkte aus Ihrem Vektormarkt!

In diesem Abschnitt möchten wir Euch noch drei einschlägig bekannte Produkte aus dem Reich der Vektoren vorstellen, die Ihr immer wieder brauchen werdet.

5.4.1 Das Skalarprodukt

Das einfachste, aber dennoch seeeehr wichtige und nützliche Produkt ist das *Skalarprodukt* oder auch *skalare Produkt* (bitte NICHT mit der Multiplikation mit einem Skalar verwechseln, siehe oben!). Mit seiner Hilfe können wir den kleineren Winkel zwischen zwei Vektoren bestimmen, daher ist es so nützlich:

$$\vec{a} \cdot \vec{b} = |\vec{a}||\vec{b}| \cos \alpha, \text{ mit } \alpha = \angle(\vec{a}, \vec{b}). \tag{5.3}$$

Das Skalarprodukt zweier Vektoren wird üblicherweise mit einem Punkt wie das klassische Multiplikationszeichen gekennzeichnet, aber es ist durchaus auch gängig, diesen Punkt auch wegzulassen.

Der Winkel α ist dabei, wie bereits erwähnt, der kleinere der beiden Winkel, die von beiden Vektoren aufgespannt werden. Gelegentlich wird dieses Produkt übrigens auch das *innere Produkt* genannt.

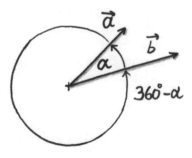

Abbildung 5.6: Der Winkel zwischen zwei Vektoren im Skalarprodukt

Aus Gleichung 5.3 sehen wir übrigens, dass das Skalarprodukt 0 ist, wenn beide Vektoren senkrecht aufeinander stehen, weil ja $\cos 90° = \cos 270° = 0$ ist.

Mit Gleichung 5.3 können wir also den kleineren Winkel α (und damit indirekt auch den größeren) bestimmen:

$$\alpha = \arccos \frac{\vec{a} \cdot \vec{b}}{|\vec{a}||\vec{b}|}.$$

Zur Berechnung des Winkels müssen wir jetzt noch wissen, wie wir das Produkt $\vec{a} \cdot \vec{b}$ auswerten können. Das ist aber ganz einfach, denn wir multiplizieren die beiden Vektoren komponentenweise und bilden die Summe daraus. Also:

$$\vec{a} \cdot \vec{b} = \begin{pmatrix} a_1 \\ a_2 \\ a_3 \end{pmatrix} \cdot \begin{pmatrix} b_1 \\ b_2 \\ b_3 \end{pmatrix} = a_1 b_1 + a_2 b_2 + a_3 b_3 \tag{5.4}$$

Ist einer der beiden Vektoren der Nullvektor, dann ist das Skalarprodukt $\vec{a} \cdot \vec{b} = 0$ (aber nicht nur dann!).

Für das Skalarprodukt gelten folgende Rechenregeln:

$$\vec{a} \cdot \vec{b} = \vec{b} \cdot \vec{a} \ (Kommutativgesetz)$$
$$(k\vec{a})\vec{b} = \vec{a}(k\vec{b}) = k(\vec{a} \cdot \vec{b}) \ (Distributivgesetz)$$
$$\vec{a} \cdot (\vec{b} + \vec{c}) = \vec{a} \cdot \vec{b} + \vec{a} \cdot \vec{c}$$
$$\vec{a} \cdot \vec{a} = \vec{a}^2 = |\vec{a}|^2$$

5.4.2 Es ist ein Kreuz mit dem Kreuzprodukt!

Auch dieses Produkt ist enorm wichtig für den Ingenieur. Es wird z. B. benötigt, wenn wir aus Kraft und Kraftangriffspunkt das Moment berechnen wollen oder bei einer Drehbewegung aus dem Ortsvektor und der Geschwindigkeit die Rotationsgeschwindigkeit. Mit Hilfe dieses Produktes können wir nämlich einen Vektor berechnen, der orthogonal, also senkrecht, auf zwei Vektoren steht und dessen Länge exakt der Fläche des von diesen zwei Vektoren aufgespannten Parallelogramms entspricht. Wir kennzeichnen das *Kreuzprodukt* aus zwei Vektoren $\vec{a}$ und $\vec{b}$, indem wir als Multiplikationszeichen ein $\times$ verwenden:

$$\vec{c} = \vec{a} \times \vec{b}.$$

Dieses Produkt hat zudem die sehr vorteilhafte Eigenschaft, zusammen mit den beiden Vektoren, aus denen das Kreuzprodukt gebildet wird, ein *Rechtssystem*, zu bilden. Ein Rechtssystem liegt dann vor, wenn für deren drei beteiligten Vektoren die „rechte-Hand-Regel" angewendet werden kann. Streckt man Daumen, Zeigefinger und Mittelfinger (bitte gleichzeitig!) der rechten Hand[7]

---

[7]Die Autoren übernehmen an dieser Stelle keine Garantie dafür, dass diese Geste in anderen Kulturkreisen nicht als beleidigende Geste verstanden wird. Die Benutzung geschieht auf eigene Gefahr, dennoch empfehlen wir den Gebrauch in der Matheklausur, sofern Bedarf besteht. Herr Dr. Romberg wirft ein, dass das Praktizieren der rechte-Hand-Regel

und ordnet die Finger in der Reihenfolge Daumen → Zeigefinger → Mittelfinger den Vektoren des Kreuzprodukts in genau der Reihenfolge $\vec{a} \to \vec{b} \to \vec{c}$ zu, also dem Daumen den ersten Produktterm $\vec{a}$, dem Zeigefinger den zweiten Produktterm $\vec{b}$ und dem Mittelfinger das Ergebnis $\vec{c}$ (analog zu $\vec{a} \times \vec{b} = \vec{c}$).

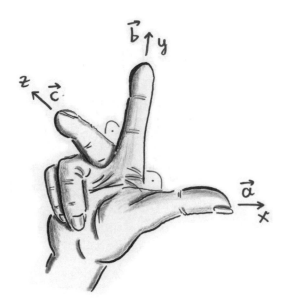

Abbildung 5.7: Die rechte-Hand-Regel: Richtung des Vektors aus dem Kreuzprodukt

Mit Hilfe der rechten Hand kennen wir sofort die Richtung des Vektors $\vec{c}$. Sehen wir die jeweilige Fingerwurzel als den Anfangspunkt des Vektorpfeils und die dazugehörige Fingerspitze als die Pfeilspitze des Vektors, dann zeigt der Mittelfinger die Richtung des Vektors $\vec{c}$ an.

Ihr solltet Euch auch folgende Formel merken, denn sie erlaubt ähnlich wie das Skalarprodukt die Berechnung des Winkels zwischen zwei Vektoren (wobei in der Regel aber das Skalarprodukt einfacher zu berechnen ist):

$$|\vec{a} \times \vec{b}| = |\vec{a}||\vec{b}| \sin \alpha, \text{ mit } \alpha = \angle(\vec{a}, \vec{b}). \tag{5.5}$$

Das Kreuzprodukt wird übrigens nur dann als Ergebnis den Nullvektor haben, wenn wenigstens einer der beiden Vektoren $\vec{a}$ und $\vec{b}$ der Nullvektor ist oder aber beide Vektoren parallel sind, also $\vec{a} = k\vec{b}$, mit $k \in \mathbb{R}$.

Damit wir überhaupt damit arbeiten können, müssen wir noch wissen, wie wir $\vec{c}$ nun berechnen. Das ist leider ein wenig komplizierter als beim Skalarprodukt, aber trotzdem unbedingt merken!

(bei evtl. chronologischer Fingerfolge) in einer Prüfung eine gute Gelegenheit bietet, dem Prüfer bei zu schweren Aufgaben seine (vorzeichenbehaftete) Sympathie mitzuteilen.

$$\vec{c} = \vec{a} \times \vec{b} = \begin{pmatrix} a_1 \\ a_2 \\ a_3 \end{pmatrix} \times \begin{pmatrix} b_1 \\ b_2 \\ b_3 \end{pmatrix} = \begin{pmatrix} a_2 b_3 - a_3 b_2 \\ a_3 b_1 - a_1 b_3 \\ a_1 b_2 - a_2 b_1 \end{pmatrix}. \qquad (5.6)$$

Hier ein kleines Beispiel:

$$\vec{c} = \vec{a} \times \vec{b} \text{ mit } \vec{a} = \begin{pmatrix} 1 \\ 2 \\ 2 \end{pmatrix}, \vec{b} = \begin{pmatrix} 2 \\ 0 \\ -1 \end{pmatrix},$$

$$\begin{pmatrix} 1 \\ 2 \\ 2 \end{pmatrix} \times \begin{pmatrix} 2 \\ 0 \\ -1 \end{pmatrix} = \begin{pmatrix} 2 \cdot -1 - 2 \cdot 0 \\ 2 \cdot 2 - 1 \cdot -1 \\ 1 \cdot 0 - 2 \cdot 2 \end{pmatrix} = \begin{pmatrix} -2 - 0 \\ 4 + 1 \\ 0 - 4 \end{pmatrix} = \begin{pmatrix} -2 \\ 5 \\ -4 \end{pmatrix}.$$

Auch hierfür gibt es ein paar nützliche Rechenregeln:

$$\boxed{\begin{aligned} &\vec{a} \times \vec{b} = -(\vec{b} \times \vec{a}) \\ &(k \cdot \vec{a}) \times \vec{b} = \vec{a} \times (k \cdot \vec{b}) = k(\vec{a} \times \vec{b}) \\ &(\vec{a} + \vec{b}) \times \vec{c} = \vec{a} \times \vec{c} + \vec{b} \times \vec{c} \\ &\vec{a} \times (\vec{b} \times \vec{c}) = (\vec{a} \cdot \vec{c}) \cdot \vec{b} - (\vec{a} \cdot \vec{b}) \cdot \vec{c} \end{aligned}}$$

5.4.3 Das Spagat-... äh Spatprodukt

Das Spatprodukt wird nicht ganz so häufig verwendet, aber wir wollen es Euch dennoch nicht vorenthalten. Daran beteiligt sind drei Vektoren, die mittels Kreuz- und Skalarprodukt miteinander verknüpft sind. Mit Hilfe des Spatproduktes lässt sich das Volumen eines von diesen drei Vektoren aufgespannten „Spats" berechnen (ein Spat ist ein mehr oder weniger windschiefer Quader, siehe Abbildung 5.8).

Zunächst wollen wir Euch die Rechenanweisung an die Hand geben. Das Spatprodukt wollen wir übrigens mit spitzen Klammern kennzeichnen, also:

$$\langle \vec{a}, \vec{b}, \vec{c} \rangle.$$

Das Spatprodukt berechnen wir dann wie folgt:

$$\langle \vec{a}, \vec{b}, \vec{c} \rangle = \vec{a} \cdot (\vec{b} \times \vec{c}).$$

Wir können es aber auch so berechnen:

$$\langle \vec{a}, \vec{b}, \vec{c} \rangle = (\vec{a} \times \vec{b}) \cdot \vec{c} = (\vec{c} \times \vec{a}) \cdot \vec{b}.$$

Das Spatprodukt ist demnach ein Skalar, also eine Zahl!

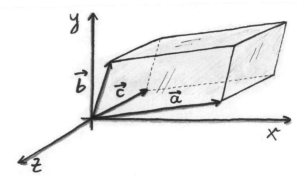

Abbildung 5.8: Das Spatprodukt

Es gibt noch eine weitere Möglichkeit, das Spatprodukt zu berechnen, aber dazu benötigen wir die Determinanten, die wir erst im Kapitel 8 erläutern. Deshalb lassen wir das hier.

Das Volumen des bereits erwähnten Spats berechnen wir einfach, indem wir den Betrag der Zahl nehmen, die sich aus dem Spatprodukt ergibt:

$$V_{Spat} = |\langle \vec{a}, \vec{b}, \vec{c} \rangle|.$$

Interessieren wir uns nur für das Volumen des Tetraeders (also die von den drei Vektoren aufgespannte mehr oder weniger windschiefe dreiseitige Pyramide), dann teilen wir V_{Spat} einfach durch 6:

$$V_{Tetraeder} = \frac{1}{6} V_{Spat}.$$

5.5 Die Darstellung von Vektoren mit Hilfe von Polarkoordinaten

Bisher haben wir unsere Vektoren immer in einem Koordinatensystem dargestellt, das als *kartesisches Koordinatensystem* bezeichnet wird. Die Einheitsvektoren, die seine Achsen darstellen, haben eine normierte Länge von 1 und stehen *alle drei zueinander senkrecht*.

Neben dem kartesischen Koordinaten erfreuen sich aber auch *Polarkoordinaten* (damit sind nicht die Koordinaten der Polarkappen gemeint) ungeheurer Beliebtheit. Während kartesische Koordinaten den Abstand zu den Achsen beschreiben, um den Ort eines Punktes im Raum anzugeben wie z. B. beim Schiffe-Versenken im zweidimensionalen Fall, beruhen Polarkoordinaten auf einer *Richtungs- und Entfernungsangabe* eines festen Punkts.

Bevor wir Euch die verschiedenen Darstellungsarten in Polarkoordinaten näher bringen, möchten wir Euch noch folgende wichtige Regel hinter die Ohren schreiben (bzw. macht es besser selbst):

Wir können Vektoren in Polarkoordinaten schreiben, aber wir dürfen sie dann auf gar keinen

Fall einfach addieren, wie wir es von Vektoren in kartesischen Koordinaten gewohnt sind! Bitte macht das niemals! Sonst ist ALLES AUS! Im folgenden Abschnitt zeigen wir Euch auch, warum das so ist.

5.5.1 Die Kreiskoordinaten oder Polarkoordinaten in der Ebene

Haben wir es mit einer Problemstellung[8] in der Ebene zu tun, dann greifen wir für die *Polardarstellung* auf den Kreis zurück, um einen Punkt der Ebene zu lokalisieren. Hierzu benötigen wir die Angabe eines Ursprungs und einer Referenzlinie (z. B. die Horizontale), von „wo aus es losgeht". Um einem beliebigen Punkt P Polarkoordinaten (bzw. *Kreiskoordinaten* für ebene Probleme) zu verpassen, ziehen wir einen Kreis um den Ursprung O, der durch unseren zu lokalisierenden Punkt geht, und verbinden darüber hinaus unseren Punkt mit dem Ursprung. Nun können wir angeben, in welcher Richtung (= der Winkel φ zwischen der Verbindungsgeraden Ursprung-Punkt und unserer Referenzlinie) und in welchem Abstand (= der Radius r des Kreises durch den Punkt P) der Punkt P liegt (s. Abbildung 5.9). Zur Erinnerung: Positive Winkel drehen <u>gegen</u> den Uhrzeigersinn, d. h. „im mathematisch positiven Sinne".

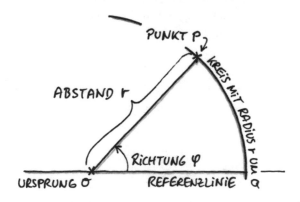

Abbildung 5.9: Die Kreiskoordinaten

Wir haben also unseren Punkt als Vektor in Polarkoordinaten:

$$\overrightarrow{OP} = \begin{pmatrix} r \\ \varphi \end{pmatrix},$$

wobei $\overrightarrow{OP}$ den Vektor, also den „Pfeil" vom Ursprung O nach P darstellt.

Jetzt zeigen wir, wie wir zwischen kartesischen Koordinaten und den Kreiskoordinaten umrechnen können. Es ist ganz einfach. Betrachten wir dazu Abbildung 5.10, in welcher der Zusammenhang zwischen den Kreiskoordinaten (ebene Polarkoordinaten) und den kartesischen Koordinaten aufgezeichnet ist.

---

[8]Herr Dr. Romberg möchte an dieser Stelle zum wiederholten(!) Male betonen, dass Ingenieure keine Probleme kennen, sondern nur Herausforderungen!

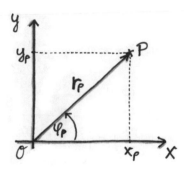

Abbildung 5.10: Umrechnung zwischen kartesischen Koordinaten und Kreiskoordinaten

Umrechnung von kartesischen Koordinaten nach Kreiskoordinaten

Haben wir einen Vektor eines Punktes P

$$\vec{x}_P = \begin{pmatrix} x_P \\ y_P \end{pmatrix}$$

gegeben, können wir ihn ganz einfach in Kreiskoordinaten unter der Voraussetzung, dass die Ursprünge beider Koordinatensysteme identisch sind, umrechnen mit Hilfe des „Pythagoras"

$$r_P = \sqrt{x_P^2 + y_P^2} \tag{5.7}$$

und

$$\varphi_P = \arctan \frac{y_P}{x_P}. \tag{5.8}$$

Die x-Achse des kartesischen Koordinatensystems fungiert dabei als unsere Referenzlinie für das Kreiskoordinatensystem.

Die Gleichung 5.8 hat dummerweise den Nachteil, dass der Bruch im Arcustangens für $x_P = 0$ gegen ∞ oder $-\infty$ geht, was allerdings nicht weiter dramatisch ist, weil wir ja wissen, dass der Grenzübergang (s. Gleichung 3.7.4)

$$\varphi_P = \lim_{x_P \to 0} \arctan \frac{y_P}{x_P} = \begin{cases} \frac{\pi}{2} & \text{für } x_P = 0, y_P > 0, \\ -\frac{\pi}{2} & \text{für } x_P = 0, y_P < 0, \\ \varphi_P & \text{nicht definiert für } x_P = 0, y_P = 0 \ (P \text{ liegt im Ursprung}). \end{cases} \tag{5.9}$$

Haben wir aber bereits den Radius r ausgewertet, können wir auch eine der anderen inversen trigonometrischen Funktionen verwenden, die keine Definitionslücke aufweisen, sofern $r \neq 0$, also

$$\varphi_P = \arccos \frac{x_P}{r_P} = \arccos \frac{x_P}{\sqrt{x_P^2 + y_P^2}} \tag{5.10}$$

oder

$$\varphi_P = \arcsin \frac{y_P}{r_P} = \arcsin \frac{y_P}{\sqrt{x_P^2 + y_P^2}}.$$ (5.11)

Unser Vektor in Kreiskoordinaten ist dann z. B.

$$\overrightarrow{OP} = \vec{r}_P = \begin{pmatrix} r_P \\ \varphi_P \end{pmatrix} = \begin{pmatrix} \sqrt{x_P^2 + y_P^2} \\ \arccos \frac{x_P}{\sqrt{x_P^2+y_P^2}} \end{pmatrix}.$$ (5.12)

Das sieht erst einmal wieder wild aus, ist aber reiner Formalismus ohne tiefen Sinn! Einfach langsam, stur und ganz pragmatisch aufschreiben! Natürlich muss man dabei manchmal seinen inneren Schweinehund überwinden und hart bleiben!

Umrechnung von Kreiskoordinaten nach kartesischen Koordinaten

Das ist auch nicht wirklich schwerer. Hierzu verwenden wir wieder die trigonometrischen Funktionen, um den Vektor, gegeben in Kreiskoordinaten

$$\vec{r}_P = \begin{pmatrix} r_P \\ \varphi_P \end{pmatrix}$$

in einen Vektor in kartesischen Koordinaten der Form $\vec{x}_P = \begin{pmatrix} x_P \\ y_P \end{pmatrix}$ umzuwandeln. Die Gleichungen sind

$$x_P = r_P \cdot \cos \varphi_P$$ (5.13)

und

$$y_P = r_P \cdot \sin \varphi_p.$$ (5.14)

Unser Vektor schreibt sich dann in kartesischen Koordinaten wie folgt:

$$\vec{x}_P = r_P \cdot \begin{pmatrix} \cos \varphi_P \\ \sin \varphi_p \end{pmatrix}. \tag{5.15}$$

Warum wir Vektoren in Polarkoordinaten nicht einfach addieren dürfen

Wie eingangs erwähnt, dürfen wir Vektoren, wenn ihre Komponenten in Polarkoordinaten geschrieben sind, nicht einfach so addieren. Die Folge wäre ein fataler (wenn auch nicht tödlicher) Fehler, der einem die Prüfung (und damit den ganzen Tag!) verhageln kann.

Nehmen wir zwei beliebige Vektoren in der Ebene, geschrieben in kartesischen Koordinaten:

$$\vec{v_1} = \begin{pmatrix} x_1 \\ y_1 \end{pmatrix} \text{ und } \vec{v_2} = \begin{pmatrix} x_2 \\ y_2 \end{pmatrix}.$$

Bilden wir die Summe, erhalten wir

$$\vec{v} = \begin{pmatrix} x_1 + x_2 \\ y_1 + y_2 \end{pmatrix}.$$

Transformieren wir ihn in Kreiskoordinaten mit Hilfe der Gleichung 5.12:

$$\vec{v} = \begin{pmatrix} \sqrt{(x_1 + x_2)^2 + (y_1 + y_2)^2} \\ \arccos \frac{x_1 + x_2}{\sqrt{(x_1 + x_2)^2 + (y_1 + y_2)^2}} \end{pmatrix}.$$

Würden wir unsere beiden Vektoren erst in Kreiskoordinaten schreiben und dann addieren, erhalten wir für die Summe

$$\begin{pmatrix} \sqrt{x_1^2 + y_1^2} \\ \arccos \frac{x_1}{\sqrt{x_1^2 + y_1^2}} \end{pmatrix} + \begin{pmatrix} \sqrt{x_2^2 + y_2^2} \\ \arccos \frac{x_2}{\sqrt{x_2^2 + y_2^2}} \end{pmatrix} = \begin{pmatrix} \sqrt{x_1^2 + y_1^2} + \sqrt{x_2^2 + y_2^2} \\ \arccos \frac{x_1}{\sqrt{x_1^2 + y_1^2}} + \arccos \frac{x_2}{\sqrt{x_2^2 + y_2^2}} \end{pmatrix}$$

erhalten. Das ist aber nun überhaupt nicht identisch mit unserem zuvor erhaltenen Ergebnis, für das wir erst die Summe in kartesischen Koordinaten gebildet und dann die Transformation durchgeführt haben. Wir kommen also durch die Addition zweier Vektoren in Polardarstellung zu einem völlig falschen Ergebnis! Und das gilt übrigens auch für die anderen Arten der Polardarstellung!

5.5.2 Die Polardarstellung im Raum

Wir wissen jetzt, wie wir mit Hilfe von Polarkoordinate einen Punkt in der Ebene lokalisieren können. Aber wie sieht es im Raum aus, wenn unser Punkt also nicht in einer Ebene liegt?

Dafür gibt es zwei Möglichkeiten: die *Zylinderkoordinaten* und die *Kugelkoordinaten*. Fangen wir mit den Zylinderkoordinaten an.

5.5.2.1 Die Darstellung mit Zylinderkoordinaten

Diese Koordinatendarstellung wird gerne gewählt, wenn Rotationssymmetrie vorliegt. Als Referenzvorgaben brauchen wir hier eine Achse im Raum und eine zu dieser Achse senkrechten Ebene. Unser Ursprung entspricht dann dem Schnittpunkt der Achse mit dieser Referenzebene. Darüber hinaus benötigen wir wieder eine Referenzlinie, „von wo aus es losgeht", die durch den Ursprung geht und in der Referenzebene liegt. Um unserem Punkt nun Zylinderkoordinaten zu geben, zeichnen wir einen Zylinder, dessen Rotationsachse identisch ist mit der Referenzachse und dessen Mantelfläche den Punkt P enthält. Als Koordinatenangaben unseres Punktes P verwenden wir nun den Abstand z (entspricht der „Höhe" von P über der Referenzebene), den Radius r des Zylinders und den Winkel zwischen der Referenzlinie und einer Ebene durch die Referenzachse und den Punkt P wie Abbildung 5.11 darstellt.

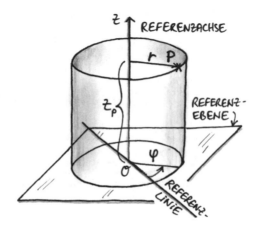

Abbildung 5.11: Die Zylinderkoordinaten

Haben wir einen Vektor im Raum in kartesischen Koordinaten gegeben, können wir ihn sehr einfach in zylindrische Koordinaten umrechnen. Hierzu erklären wir die z-Achse unseres kartesischen Koordinatensystems zu unserer Referenzachse, die xy-Ebene zur Referenzebene und die x-Achse zur Referenzlinie. Der Ursprung des Zylinderkoordinatensystems fällt dann mit dem des kartesischen Koordinatensystems zusammen. Der Radius r und der Winkel φ berechnet sich damit auf absolut gleicher Weise wie bei den Kreiskoordinaten (s. Abschnitt 5.5.1), während die „Höhe" z wir einfach aus den kartesischen Koordinaten ablesen können. Damit wird ein Vektor in kartesischen Koordinaten

$$\vec{x}_P = \begin{pmatrix} x_P \\ y_P \\ z_P \end{pmatrix}$$

zu

$$\vec{r}_P = \begin{pmatrix} r_P \\ \varphi_p \\ z_P \end{pmatrix} = \begin{pmatrix} \sqrt{x_P^2 + y_P^2} \\ \arccos \frac{x_P}{\sqrt{x_P^2 + y_P^2}} \\ z_P \end{pmatrix}. \tag{5.16}$$

Die Umrechnung von zylindrischen Koordinaten in kartesische ist (vgl. Kreiskoordinaten):

$$\vec{x}_P = \begin{pmatrix} r_P \cos \varphi_P \\ r_P \sin \varphi_p \\ z_P \end{pmatrix}. \tag{5.17}$$

5.5.2.2 Die Darstellung mit Kugelkoordinaten

Wie bei den Kreiskoordinaten geben wir mittels der Kugelkoordinaten den Abstand von einem Ursprung und eine Richtung an, diesmal im Raum, um einen Punkt zu beschreiben. Als Referenzen verwenden wir neben dem Ursprung und einer Referenzlinie durch den Ursprung zusätzlich eine Ebene, die den Ursprung und die Referenzlinie enthält. Wir zeichnen jetzt eine Kugel mit Mittelpunkt um den Ursprung, wobei der Punkt auf der Kugeloberfläche liegt. Als Koordinatenangaben verwenden wir dann den Abstand r (= Radius unserer Kugel) des Punkts P vom Ursprung O, den Winkel γ zwischen der Verbindungsgeraden vom Ursprung zum Punkt und unserer Referenzebene sowie den Winkel φ zwischen unserer Referenzlinie und einer gedachten Ebene, die den Punkt P enthält und senkrecht auf der Referenzebene steht. Das ist anschaulich in Abbildung 5.12 dargestellt. Der Rest ist wieder simple Geometrie.

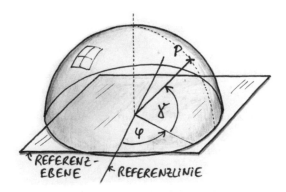

Abbildung 5.12: Die Kugelkoordinaten

Zum Umrechnen von kartesischen Koordinaten nach Kugelkoordinaten definieren wir unsere x-Achse zur Referenzlinie, die xy-Ebene zur Referenzebene und behalten den Ursprung bei. Der Zusammenhang zwischen beiden Koordinatensystemen ist in Abbildung 5.13 dargestellt.

Der Abstand r_P vom Ursprung berechnet sich einfach mit der Betragsformel für $\vec{x}_P$:

$$r_P = \sqrt{x_P^2 + y_P^2 + z_P^2}. \tag{5.18}$$

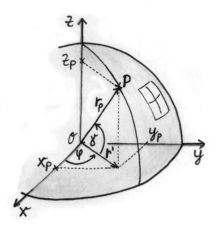

Abbildung 5.13: Umrechnung zwischen kartesischen Koordinaten und Kugelkoordinaten

Um nicht wieder mit den Definitionslücken des Arcustangens zu kämpfen, wollen wir eine der beiden anderen inversen trigonometrischen Funktionen verwenden. Dafür müssen wir aber als Zwischenschritt die Projektion r' der Verbindungslinie $\overline{OP}$ auf unsere Referenzebene berechnen:

$$r' = \sqrt{x_P^2 + y_P^2}.$$

Jetzt können wir auch den Winkel φ_P ganz einfach ausrechnen:

$$\varphi_P = \arccos \frac{x_P}{r'} = \arcsin \frac{y_P}{r'}$$

bzw.

$$\varphi_P = \arccos \frac{x_P}{\sqrt{x_P^2 + y_P^2}} = \arcsin \frac{y_P}{\sqrt{x_P^2 + y_P^2}}. \tag{5.19}$$

Zur Vervollständigung der Darstellung in Kugelkoordinaten fehlt nur noch der Winkel γ_P:

$$\gamma_P = \arcsin \frac{z_P}{r_P} = \arcsin \frac{z_P}{\sqrt{x_P^2 + y_P^2 + z_P^2}}. \tag{5.20}$$

Liegt P im Ursprung, d. h. $r_P = 0$, dann ist weder φ_P noch γ_P definiert (bzw. uns völlig schnurz), weshalb wir in diesem Fall (im Gegensatz zu so manchem motivierten Mathe-Prof) auf eine unsinnige Berechnung verzichten.

Zusammengefasst ist unser Vektor $\vec{x}_P$ in Kugelkoordinaten dargestellt:

$$\vec{r}_P = \begin{pmatrix} r_P \\ \varphi_P \\ \gamma_P \end{pmatrix} = \begin{pmatrix} \sqrt{x_P^2 + y_P^2 + z_P^2} \\ \arcsin \frac{y_P}{\sqrt{x_P^2 + y_P^2}} \\ \arcsin \frac{z_P}{\sqrt{x_P^2 + y_P^2 + z_P^2}} \end{pmatrix}. \tag{5.21}$$

Zum Rückrechnen von Kugelkoordinaten in kartesische Koordinaten benötigen wir wieder als Zwischenschritt die Projektion r' der Verbindungslinie $\overline{OP}$ auf unsere Referenzebene:

$$r' = r_P \cos \gamma_P.$$

Damit haben wir für die Umrechnung von Kugelkoordinaten in kartesische Koordinaten:

$$x_P = r' \cos \varphi_P = r_P \cos \gamma_P \cos \varphi_P, \tag{5.22}$$

$$y_P = r' \cos \varphi_P = r_P \cos \gamma_P \sin \varphi_P \tag{5.23}$$

und

$$z_P = r_P \sin \gamma_P. \tag{5.24}$$

Der Vektor ist dann

$$\vec{x}_P = r_P \cdot \begin{pmatrix} \cos \gamma_P \cos \varphi_P \\ \cos \gamma_P \sin \varphi_P \\ \sin \gamma_P \end{pmatrix}. \tag{5.25}$$

Wir haben Euch hier eine Möglichkeit vorgestellt, Kugelkoordinaten zu definieren und dann umzurechnen. Wird eine andere Definition der Winkel verwendet, können sich die hier vorgestellten Ausdrücke für die Winkel anders darstellen. Deswegen gilt wie immer: In der Prüfung genau verstehen, was gefragt ist, dann klappt es auch mit einer korrekten Antwort, um die Punkte abzukassieren!

6 Zahlen nicht nur für die Couch: komplexe Zahlen

In diesem Kapitel möchten wir uns mit dem Thema der komplexen Zahlen befassen. Das hört sich erstmal komplex an, ist es aber nicht. Nur merkwürdig. Mit Hilfe dieser Zahlen lassen sich plötzlich Dinge lösen, die ohne sie nicht sinnvoll lösbar wären. Und das Spannende daran ist, dass die komplexen Zahlen, obwohl seltsam, für technische und naturwissenschaftliche Anwendungen sogar sehr viel Sinn ergeben!

Wir haben gelernt, wenn wir eine Zahl quadrieren, dass das Ergebnis immer positiv ist, weil wir ja damit eigentlich zwei Zahlen mit dem gleichen Vorzeichen multiplizieren („Plus mal Plus gleich Plus" und „Minus mal Minus gleich Plus"). Also sollte unter der quadratischen Wurzel auch etwas positives stehen, denn die Zahl unter der Wurzel stellt ja eine quadrierte Zahl dar. Bei der Beschreibung technischer oder naturwissenschaftlicher Zusammenhänge (aber nicht nur da) kommt es jedoch manchmal vor, dass wir, obwohl wir ja sowas von richtig gerechnet haben, eine negative Zahl unter der Wurzel erhalten, wenn wir z. B. die p,q-Formel anwenden. Was dann tun? An dieser Stelle haben sich ein paar Leute vor langer Zeit einen Trick einfallen lassen: Sie definierten einfach, dass

$$i = \sqrt{-1}, \tag{6.1}$$

bzw.

$$i^2 = -1. \tag{6.2}$$

Das sogenannte „Element" i wird *imaginäres Element* genannt.

Also anstelle $\sqrt{-1}$ zu schreiben, ersetzen wir einfach die Wurzel aus -1 durch einen Buchstaben, so dass wir diese blöde negative Wurzel nicht mehr sehen müssen! Aus den Augen, aus dem Sinn (naja, besser nicht „aus dem Sinn", es ist schon wichtig sich zu merken, wie merkwürdig i ist und das ist jetzt nicht diskriminierend gegenüber dem neunten Buchstaben des lateinischen Alphabets gemeint).

Jede beliebige negative Zahl, die unter einer Wurzel steht, können wir also mit dem *imaginären Element* einfach umwandeln, z. B.

$$\sqrt{-1{,}234} = \sqrt{-1 \cdot 1{,}234} = \sqrt{-1} \cdot \sqrt{1{,}234} = i \cdot \sqrt{1{,}234}.$$

An dieser Stelle solltet Ihr erst einmal darüber hinwegsehen, dass das den bislang gelernten Regeln widerspricht (nicht umsonst sind diese Zahlen komplexbehaftet, sie sind einfach nicht normal!), aber sie sind in der Technik und der Mathematik überraschenderweise seeeeehr nützlich! Wir werden noch Beispiele zeigen.

Eine komplexe Zahl bekommt üblicherweise das Symbol „z" und besteht immer aus zwei Teilen: einmal dem Realteil $Re(z)$, der eine ganz normale reelle Zahl ist, und dem Imaginärteil

$Im(z)$, der ein (oft „krummes") Vielfaches des imaginären Elements ist. Beide sind über eine Summe miteinander verknüpft:

$$z = a + i \cdot b, \tag{6.3}$$

mit

$$(a, b) \in \mathbb{R} \text{ und } z \in \mathbb{C}.$$

Das Symbol $\mathbb{C}$ ist dabei die Menge aller komplexen Zahlen, so wie $\mathbb{R}$ die Menge aller reellen Zahlen ist. Vergleicht hierzu auch einmal Tabelle 3.1 auf S. 13. Diese Art der Darstellung komplexer Zahlen wird auch *kartesische Darstellung* oder *algebraische Darstellung* genannt. Weitere Darstellungsweisen lernen wir etwas später noch kennen.

Wir können uns das so denken, dass die Mathematiker die komplexen Zahlen einfach in zwei Teile aufspalten: einem Teil (dem realen), mit dem wir normal rechnen können, wie wir es gewohnt sind, und einem (dem imaginären), dem eine Sonderbehandlung zuteil wird. Da wir ja alle Zahlen als eine Summe zweier Zahlen darstellen können, wird diese Aufspaltung einfach als Summe durchgeführt. Alles klar, oder?

Bevor wir weitermachen, noch eine kleine Anmerkung: Im ersten Kapitel im Abschnitt über reelle Zahlen (siehe 3.6) haben wir erklärt, dass wir uns die reellen Zahlen aufgereiht auf dem Zahlenstrahl vorstellen können. Das genügt nun nicht mehr, wir müssen diese Vorstellung um eine Dimension erweitern, indem wir uns die komplexen Zahlen als „neben" dem Zahlenstrahl liegend denken! Darauf kommen wir aber noch zurück, wenn wir die komplexe Ebene vorstellen.

6.1 Komplexes Rechnen ohne Komplexe

Bevor wir anfangen, komplex zu rechnen, möchten wir noch zwei Dinge vorausschicken:

- Zwei komplexe Zahlen $z_1 = a_1 + ib_1$ und $z_2 = a_2 + ib_2$ sind identisch, wenn $a_1 = a_2$ und <u>gleichzeitig</u> $b_1 = b_2$.

- Den „Betrag" einer komplexen Zahl $z = a + ib$ berechnen wir so: $|z| = \sqrt{a_1^2 + b^2}$.

Rechnen können wir mit diesen Zahlen ganz ohne Komplexe, d. h. wie gehabt, nur dass wir beim Addieren und Subtrahieren zweier komplexer Zahlen jeweils nur die Realteile und die Imaginärteile getrennt miteinander verrechnen. Also

$$z_1 + z_2 = a_1 + i \cdot b_1 + a_2 + i \cdot b_2 = (a_1 + a_2) + i \cdot (b_1 + b_2).$$

Wollen wir zwei komplexe Zahlen miteinander multiplizieren, multiplizieren wir ganz normal, nur denken wir uns die beiden Zahlen innerhalb einer Klammer, so dass wir diese ausmultiplizieren müssen:

$$z_1 \cdot z_2 = (a_1 + i \cdot b_1) \cdot (a_2 + i \cdot b_2) = a_1 a_2 + i \cdot a_1 b_2 + i \cdot b_1 a_2 + i^2 \cdot b_1 b_2.$$

Da ja gilt, dass $i^2 = -1$, ergibt sich für das Produkt zweier komplexer Zahlen

$$z_1 \cdot z_2 = (a_1 + i \cdot b_1) \cdot (a_2 + i \cdot b_2) = (a_1 a_2 - b_1 b_2) + i \cdot (a_1 b_2 + b_1 a_2).$$

Wollen wir den Quotienten aus zwei komplexen Zahlen berechnen, müssen wir ein wenig vorgreifen und die *konjugiert komplexe Zahl* einführen, die nichts anderes ist als die zugehörige komplexe Zahl, bei der das Vorzeichen des Imaginärteils umgedreht wurde. Die beiden konjugiert komplexen Zahlen liegen sich neben dem Zahlenstrahl quasi gegenüber. Die Konjugierte wird dann mit einem Oberstrich gekennzeichnet, also für $z = a + i \cdot b$ ist ihre *Konjugierte*

$$\bar{z} = a - i \cdot b.$$

Im Abschnitt 6.3 erläutern wir die *Konjugierte* ausführlicher.

Warum die Konjugierte übrigens so heißt, wie sie heißt, ist der Tatsache geschuldet, dass gerade verwirrende Dinge einen Namen brauchen, um längliche Umschreibungen zu vermeiden. Aber Namen sind Schall und Rauch und bedeuten gar nichts.

Mit Hilfe der Konjugierten können wir den Quotienten berechnen, indem wir den Bruch um die Konjugierte erweitern. Ist der Bruch

$$z = \frac{z_1}{z_2},$$

mit

$$z_1 = a_1 + ib_1 \text{ und } z_2 = a_2 + ib_2$$

sowie mit der zu z_2 konjugiert komplexen Zahl

$$\bar{z}_2 = a_2 - ib_2,$$

dann rechnen wir

$$z = \frac{z_1}{z_2} = \frac{z_1}{z_2} \cdot \frac{\bar{z}_2}{\bar{z}_2} = \frac{a_1 + ib_1}{a_2 - ib_2} \cdot \frac{a_2 - ib_2}{a_2 - ib_2} = \frac{(a_1 + ib_1)(a_2 + ib_2)}{a_2^2 + b_2^2}.$$

Multiplizieren wir noch den Zähler aus, dann erhalten wir

$$z = \frac{z_1}{z_2} = \frac{a_1 a_2 - b_1 b_2 + i(a_1 b_2 + a_2 b_1)}{a_2^2 + b_2^2}.$$

Wie wir sehen, ist der Nenner eine schlichte reelle Zahl und das Ergebnis können wir in einen Realteil und einen Imaginärteil aufspalten, so dass wir eine neue komplexe Zahl erhalten:

$$z = \frac{z_1}{z_2} = \frac{a_1 a_2 - b_1 b_2}{a_2^2 + b_2^2} + i \frac{a_1 b_2 + a_2 b_1}{a_2^2 + b_2^2}.$$

Das Wurzelziehen lässt sich „sehr" einfach mit der Eulerschen Darstellung komplexer Zahlen durchführen, die wir Euch im nächsten Abschnitt vorstellen möchten.

6.2 Verschiedene Darstellungsweisen komplexer Zahlen

Wie schon erwähnt kann jede reelle Zahl als Punkt auf dem Zahlenstrahl dargestellt werden. Komplexe Zahlen werden hingegen in der sogenannten *komplexen Ebene* dargestellt, d. h. jede komplexe Zahl stellt einen Punkt in dieser Ebene dar. Der Realteil wird dabei wie gehabt entsprechend seiner Position auf dem Zahlenstrahl, der sogenannten *reale Achse* (horizontal hingezeichnet) und der Imaginärteil gemäß seiner Position auf der sogenannten *Imaginärachse* aufgetragen, die wir vertikal aufzeichnen. Anders ausgedrückt: Wir können uns die komplexe Zahl als einen Vektor in der komplexen Ebene vorstellen, wobei der Realteil die x-Komponente und der Imaginärteil die Entsprechung für die y-Komponente ist. In Abbildung 6.1 ist das Prinzip für die komplexen Zahlen $z_1 = 2 + i$ und $z_2 = 1 - 2i$ grafisch gezeigt.

Wir können diesen „Vektor" aber auch in Polarkoordinaten eindeutig darstellen, d. h. durch die Länge und den Winkel, den er mit der *realen Achse* einschließt:

$$z = r(\cos \varphi + i \sin \varphi), \tag{6.4}$$

wobei die Länge des „Vektors" mit der uns bekannten Betragsfunktion eines Vektors berechnet werden kann, also

$$r = |z| = \sqrt{Re(z)^2 + Im(z)^2} \tag{6.5}$$

und der Winkel einfach mit Hilfe des Tangens:

$$\varphi = arg(z) = \arctan\left(\frac{Im(z)}{Re(z)}\right), \tag{6.6}$$

oder besser noch mit dem Cosinus, weil wir dann nicht berücksichtigen müssen, wann der Nenner zu 0 wird, sofern $r = |z| \neq 0$:

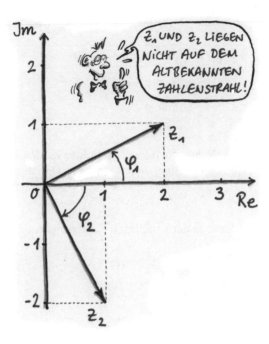

Abbildung 6.1: Die komplexe Ebene

$$\varphi = \arccos\left(\frac{Re(z)}{r}\right). \tag{6.7}$$

Der Winkel φ wird im Zusammenhang mit komplexen Zahlen *Argument von z*, hingeschrieben als *arg(z)*, genannt. Die Länge r heißt *Betrag von z*. Diese Art der Darstellung wird auch als *Polardarstellung* bezeichnet.

Es gibt noch eine dritte Darstellungsform, die sogenannte *Eulersche Darstellung*. Auch hierfür benötigen wir das Argument und den Betrag von z. Nach Euler können wir schreiben, dass

$$z = r(\cos\varphi + i\sin\varphi) = re^{i\varphi}. \tag{6.8}$$

Der Zusammenhang zwischen der komplexen e-Funktion und dem Sinus und Cosinus wird hier eingeführt, weil er das Handhaben von komplexen Zahlen erheblich vereinfachen kann. Seine Herleitung wird meist später behandelt. Ihr könnt jetzt das einfach so hinnehmen und Euch einfach merken oder, falls Ihr es wirklich wissen wollt, im Anhang B nachlesen (wofür Ihr aber die Taylor-Reihe benötigt, die wir erst im nächsten Kapitel behandeln).

Mit dieser Darstellung gestaltet sich die Multiplikation zweier komplexer Zahlen sehr einfach. Sie funktioniert wie die normale Multiplikation potenzierter Zahlen, also wie z. B. $2^4 \cdot 2^5 = 2^{4+5} = 2^9$. Dazu verwenden wir die *Formeln von de Moivre* (siehe [Mey93]) aus Tabelle 6.1.

Die Multiplikation zweier komplexer Zahlen ist in der Eulerschen Darstellung nicht nur einfach, sondern lässt sich unter Zuhilfenahme der Darstellung in der komplexen Ebene obendrein

Tabelle 6.1: Die Formeln von de Moivre

$$
\begin{aligned}
&e^{i\varphi}e^{i\psi} = e^{i(\varphi+\psi)}, \text{ mit } \varphi, \psi \in \mathbb{R} \\
&(e^{i\varphi})^n = e^{in\varphi}, \text{ mit } n \in \mathbb{N}, \varphi \in \mathbb{R} \\
&e^{-i\varphi} = \frac{1}{e^{i\varphi}}, \text{ mit } \varphi \in \mathbb{R}
\end{aligned}
$$

auch noch schön interpretieren. Nehmen wir zwei komplexe Zahlen in der Eulerschen Darstellung, $z_1 = r_1 e^{i\varphi_1}$ und $z_2 = r_2 e^{i\varphi_2}$ und multiplizieren wir sie, so erhalten wir

$$z = r_1 r_2 e^{i(\varphi_1 + \varphi_2)}.$$

Das Ergebnis ist also ein „Vektor" in der komplexen Zahlenebene, dessen Betrag

$$|z| = r_1 r_2$$

ist und der einen Winkel von

$$arg(z) = \varphi_1 + \varphi_2$$

mit der reellen Achse einschließt. Die Multiplikation der komplexen Zahl z_1 mit der Zahl z_2 entspricht also einer Streckung um r_2 und einer Drehung um φ_2. Das ist noch einmal in Abbildung 6.2 veranschaulicht.

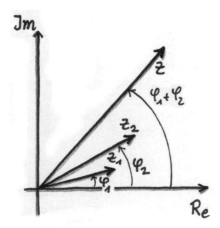

Abbildung 6.2: Die Multiplikation zweier komplexen Zahlen in der Eulerschen Darstellung

Das Dividieren zweier komplexer Zahlen ist in der Eulerschen Darstellung ebenfalls recht einfach:

$$z = \frac{v}{w} = \frac{r_1 e^{i\varphi_1}}{r_2 e^{i\varphi_2}} = \frac{r_1}{r_2} e^{i(\varphi_1 - \varphi_2)}.$$

Entsprechend lässt sich die Multiplikation in Polarkoordinaten schreiben als

$$z = v \cdot w = r_1(\cos\varphi_1 + i\sin\varphi_1) \cdot r_2(\cos\varphi_2 + i\sin\varphi_2) = r_1 r_2 e^{i(\varphi_1 + \varphi_2)}$$
$$= r_1 r_2 [\cos(\varphi_1 + \varphi_2) + i\sin(\varphi_1 + \varphi_2)].$$

Analog dazu ist die Division in der Polarkoordinatendarstellung

$$z = \frac{v}{w} = \frac{r_1(\cos\varphi_1 + i\sin\varphi_1)}{r_2(\cos\varphi_2 + i\sin\varphi_2)} = \frac{r_1}{r_2} e^{i(\varphi_1 - \varphi_2)} = \frac{r_1}{r_2}[\cos(\varphi_1 - \varphi_2) + i\sin(\varphi_1 - \varphi_2)].$$

Wie versprochen wollen wir Euch noch zeigen, wie wir mit Hilfe der Eulerschen Darstellung ganz bequem Wurzeln ziehen aus komplexen Zahlen. Die n-te Wurzel aus $z = re^{i\varphi}$ ist ja nichts anderes als

$$\sqrt[n]{z} = \sqrt[n]{re^{i\varphi}} = \sqrt[n]{r} \cdot \sqrt[n]{e^{i\varphi}} = \sqrt[n]{r} \cdot e^{i\frac{\varphi}{n}}. \tag{6.9}$$

Ganz einfach, oder?

Allerdings ist das nur eine der n Wurzeln, denn es gibt auch hierzu eine Formel von de Moivre. Demnach hat jede komplexe Zahl $\neq 0$ genau n Wurzeln, nämlich

$$\sqrt[n]{z} = \sqrt[n]{re^{i\varphi}} = \sqrt[n]{r} \cdot e^{i(\frac{\varphi}{n} + \frac{2k\pi}{n})}, \text{ mit } k = 0, 1, \ldots, n-1. \tag{6.10}$$

Auch wenn wir diese Weisheit nicht täglich brauchen, es handelt sich immerhin um eine logisch begründete Aussage!

6.3 Die konjugiert komplexe Zahl

Jede komplexe Zahl hat eine negative komplexe Zwillingsschwester, die wir eine *konjugiert komplexe Zahl* nennen. Sie ist nichts anderes als der an der reellen Achse („Zahlenstrahl") gespiegelte Vektor der zugehörigen komplexen Zahl, siehe Abbildung 6.3.

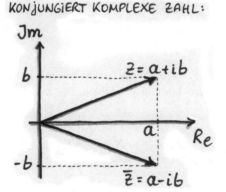

Abbildung 6.3: Die konjugierte komplexe Zahl in der komplexen Ebene

Wir erhalten die konjugiert komplexe Zahl rechnerisch dadurch, dass wir das Vorzeichen des Imaginärteils der konjugierten Zahl umdrehen. Die *Konjugierte* wird allgemein durch einen Querstrich gekennzeichnet. Wenn also die komplexe Zahl

$$z = a + i \cdot b$$

ist, so ist ihre Konjugierte:

$$\bar{z} = a - i \cdot b.$$

In der Eulerschen Darstellungsweise wird aus

$$z = re^{i\varphi}$$

die Konjugierte

$$\bar{z} = re^{-i\varphi}.$$

Tabelle 6.2 zeigt ein paar wenige praktische Beziehungen, die im Umgang mit konjugierten komplexen Zahlen hilfreich sind.

6.4 Funktionen komplexer Zahlen

Bei Funktionen reeller Zahlen handelt es sich um die Abbildung der Menge der Zahlen, die sich auf dem Zahlenstrahl befinden. Wir ordnen also damit jedem beliebigen Punkt auf dem

Tabelle 6.2: Rechnen mit Konjugierten

$$\overline{z+w} = \overline{z} + \overline{w}$$
$$\overline{z \cdot w} = \overline{z} \cdot \overline{w}$$
$$z \cdot \overline{z} = |z|^2$$

Zahlenstrahl durch die Funktion einen anderen reellen Wert zu. Das lässt sich auch grafisch sehr einfach darstellen mithilfe eines Achsenkreuzes, dessen x-Achse unseren Zahlenstrahl darstellt und die y-Werte diejenigen Werte, die wir den x-Werten über eine Funktion (z. B. $f(x) = 2x^2$) zuordnen.

Das Gleiche können wir auch mit den Werten aus der komplexen Ebene machen, indem wir über eine Funktion komplexe Werte den Punkten auf der komplexen Ebene zuordnen. Das lässt sich leider nicht ganz so einfach grafisch darstellen, aber das Prinzip ist wirklich dasselbe. Um zu kennzeichnen, dass unsere Variable eine komplexe Zahl ist, verwenden wir dabei meistens den Buchstaben z (das Äquivalent zum x reeller Funktionen)[1].

Das Gebiet der Funktionen komplexer Zahlen ist so umfangreich wie das Gebiet der reellen Funktionen und kann hier daher nur angeschnitten werden. Für die ~~Heißdüsen~~ geneigten Leser empfehlen wir deshalb bei Bedarf den Gebrauch der einschlägigen Fachliteratur (siehe [Mey97]). Hier möchten wir Euch nur kurz die Polynome über $\mathbb{C}$ vorstellen ($\mathbb{C}$ stellt die Menge der komplexen Zahlen dar).

Diese Polynome über dem komplexen Zahlenraum $\mathbb{C}$ schauen genauso aus wie die Polynome über $\mathbb{R}$, außer, dass wir eben den Buchstaben z als Platzhalter für die komplexen Zahlen verwenden:

$$f(z) = a_0 + a_1 z + a_2 z^2 + \cdots + a_{n-1} z^{n-1} + a_n z^n, \text{ mit } z, a_i \in \mathbb{C}. \tag{6.11}$$

Das Praktische ist, dass wir mit diesen Polynomen genauso umgehen können wie mit reellen Polynomen, nur dass wir dabei nicht vergessen dürfen, dass die a_i und z für komplexe Zahlen stehen. Wir können also genauso addieren, subtrahieren, multiplizieren oder was auch immer machen, wie wir es bei den reellen Polynomen gewohnt sind.

Jedes Polynom hat Nullstellen (sofern $n \geq 1$ und $a_n \neq 0$), und zwar genau n (n ist der Grad des Polynoms), sofern wir auch Nullstellen berücksichtigen wollen, die selbst komplex sind. Eine Nullstelle w ist eine Zahl, für die gilt:

$$f(w) = 0, \text{ mit } w \in \mathbb{C}.$$

Das ist vereinfacht ausgedrückt der *Fundamentalsatz der Algebra*, den wir Euch mathematisch korrekt ausgeschrieben hier ersparen wollen.

Anmerkung: Lassen wir nur reelle Nullstellen zu, so kann es (muss aber nicht!) vorkommen, dass die Zahl der (reellen) Nullstellen geringer als der Grad des Polynoms ist! Ansonsten gilt immer, dass die Zahl der Nullstellen gleich dem Grad des Polynoms ist.

---

[1]Das kann man sich merken, wenn man beachtet, dass ein z wie ein Zickzack aussieht, ein Zickzack durch Verwirrung entstehen kann und die Verwirrung schließlich ihre Ursache in den komplexen Zahlen haben kann!

Bevor wir weitermachen, ein paar Erläuterungen vorweg. Polynome entstehen, wenn wir Terme der Form $x - a_i$ miteinander multiplizieren, wobei die a_i reell oder komplex sein können. Ein quadratisches Polynom entsteht z. B. aus der Multiplikation zweier dieser sogenannten *Linearfaktoren*, z. B.

$$(x - 3) \cdot (x + 1) = x^2 - 2x - 3.$$

Ein Polynom 3. Grades entsteht aus drei Linearfaktoren, z. B.

$$[x - (1 + 2i)] \cdot [x - (1 - 2i)] \cdot (x + 2) = x^3 + x + 10.$$

Ein Polynom ist also nichts anderes als ein Produkt. Dieses Produkt wird 0, wenn wenigstens eins seiner Faktoren selbst 0 wird, wenn also $x = a_i$ wird. Im Falle unseres Polynoms 3. Grades aus dem gerade eben gezeigten Beispiel also, wenn $x = 1 + 2i$, $x = 1 - 2i$ oder $x = -2$. Diese x-Werte werden *Nullstellen* des Polynoms genannt. Umgekehrt, haben wir ein Polynom gegeben und wir kennen seine Nullstellen, können wir das Polynom auch als Produkt aus diesen Linearfaktoren schreiben.

Oft sind jedoch nicht alle Nullstellen bekannt. Kennen wir allerdings eine (z. B. durch Raten oder Ausprobieren), so können wir das Polynom durch den zugehörigen Linearfaktor teilen und erhalten dann ein Produkt aus diesem Linearfaktor und dem verbleibenden Restpolynom.

Machen wir das mal für die erste Nullstelle unseres komplexen Polynoms. In „ganzheitlicher", also allgemeiner Darstellung heißt das:

$$f(z) = (z - w_1)^{v_1} g(z), \text{ mit } v_1 \geq 1, g(w_1) \neq 0.$$

Die Potenz v_1 des Linearfaktors $z - w_1$ wird *Vielfachheit der Nullstelle* w_1 genannt und besagt nichts anderes, als dass diese Nullstelle w_1 genau v_1 mal vorkommt. Mit anderen Worten: Wir können das Polynom $f(z)$ genau v_1 mal durch $z - w_1$ teilen. Das komplexe Polynom $g(z)$ ist das Polynom, das dann übrig bleibt und nicht mehr durch $z - w_1$ geteilt werden kann.

Da laut dem Fundamentalsatz auch $g(z)$ ebenfalls so viele Nullstellen hat wie sein Grad, können wir diese entsprechend ebenfalls ausklammern, wobei das übrigbleibende komplexe Polynom wiederum ebenfalls Nullstellen hat und so weiter und so fort. Wenn wir dann alle ausgeklammert haben, erhalten wir die *Faktorisierung* des Polynoms $f(z)$:

$$f(z) = a_n(z - w_1)^{v_1}(z - w_2)^{v_2} \cdots (z - w_k)^{v_k}. \tag{6.12}$$

Die Nullstellen $w_i \in \mathbb{C}$ haben dabei die Vielfachheit $v_1 \geq 1$, wobei gilt, dass $v_1 + v_2 + \cdots + v_k = n$, d. h. das komplexe Polynom $f(z)$ hat genau n Nullstellen (wir müssen dabei aber die Vielfachheit berücksichtigen, d. h. z. B. eine doppelte Nullstelle auch zweimal mitzählen. Keine Panik! Es folgt gleich ein Beispiel).

Ein reelles Polynom können wir uns übrigens als Untergruppe der komplexen Polynome vorstellen, wenn wir den Imaginärteil der Koeffizienten a_i weglassen bzw. zu 0 setzen (ein Spezialfall also). Fordern wir zudem, dass auch die Variablen ausschließlich reell sein sollen, dann kann es allerdings passieren, dass die vollständige Faktorisierung nicht mehr möglich ist, weil die verbleibenden Nullstellen komplex wären. Dann haben wir eine Faktorisierung, die aus Linearfaktoren und quadratischen Polynomen besteht, also:

$$f(x) = a_n(x - k_1)^{n_1}(x - k_2)^{n_2} \cdots$$
$$\cdots (x - k_r)^{n_r} \cdot (x^2 + 2l_1x + l_1^2)^{m_1}(x^2 + 2l_2x + l_2^2)^{m_2} \cdots (x^2 + 2l_sx + l_s^2)^{m_s}, \qquad (6.13)$$

mit $a_n, k_i, l_j \in \mathbb{R}$. Der Index s gibt dabei die Anzahl der quadratischen Polynome an, die wir nicht weiter zerlegen können, ohne komplex zu werden.

Aber Vorsicht mit den vielen Indizes! Hier kann man leicht etwas verwechseln!

Würden wir mit Hilfe der p,q-Formel versuchen, auch die Nullstellen der quadratischen Polynome zu lösen, würden wir für jedes einzelne quadratische Polynom ein konjugiert komplexes Nullstellenpaar erhalten, und zwar mit einer Vielfachheit m_j.

Und weil das gar so unangenehm theoretisch war, kommt jetzt ein Zahlenbeispiel. Wir bestimmen die Nullstellen des komplexen Polynoms mit reellen Koeffizienten (also den komplexen Koeffizienten mit Imaginärteil $= 0$):

$$f(z) = z^4 + z^3 - 5z^2 + 23z - 20.$$

Da die Autoren (nach eigenen Angaben) über gottgleiches Allwissen verfügen, können wir die erste Nullstelle gleich hinschreiben:

$$w_1 = -4.$$

Normalerweise hätten wir diese Nullstelle entweder durch Raten oder Ausprobieren (was insbesondere mühselig ist, wenn wir uns nicht auf reelle Nullstellen beschränken) oder durch geeignete (z. B. numerische) Verfahren, die es irgendwo da draußen in der Literatur gibt, bestimmen müssen. Diese Nullstelle ist praktischerweise in unserem Beispiel eine reelle Zahl bzw. eine komplexe Zahl mit Imaginärteil $= 0$.

Unser erster Linearfaktor lautet also $z - (-4) = z + 4$. Diesen klammern wir aus und erhalten als Restpolynom ein Polynom dritten Grades:

$$f(x) = (z+4)(z^3 - 3z^2 + 7z - 5).$$

Die nächste Nullstelle (ebenfalls reell bzw. ... Ihr wisst schon) identifizieren wir entweder durch gottgleiches Allwissen oder mit anderen Verfahren zu

$$w_2 = 1$$

und klammern auch den dazugehörenden Linearfaktor $z - 1$ aus:

$$f(x) = (z+4)(z-1)(z^2 - 2z + 5).$$

Beim Restpolynom ganz rechts wenden wir die p,q-Formel (siehe 3.5) an und erhalten das konjugiert komplexe Nullstellenpaar (Imaginärteil $\neq 0$):

$$w_{3,4} = 1 \pm 2i.$$

Würden wir komplexe Nullstellen ausschließen, würden wir mit der Faktorisierung an dieser Stelle aufhören. Für unser Beispiel wollen wir das aber nicht tun und können mit allen bekannten Nullstellen die Faktorisierung vollständig hinschreiben:

$$f(x) = (z+4)(z-1)[z - (1+2i)][z - (1-2i)].$$

Wegen des Plusminus-Zeichens in der p,q-Formel treten komplexe Nullstellen übrigens immer als konjugiert komplexes Nullstellenpaar auf! Diese Tatsache ist seeeehr wichtig, prägt sie Euch also am Besten fest ein!

6.5 Darstellung harmonischer Schwingungen mit Komplexen

Um das komplexe Kapitel abzuschließen, möchten wir Euch noch kurz zeigen, wie wir mit Hilfe komplexer Zahlen das Thema „harmonische Schwingungen" sehr einfach behandeln können.

Davor aber klären wir die Frage, was harmonische Schwingungen eigentlich sind, wobei wir natürlich keine Mechanik-Vorlesung (oder -Nachlesung in der entsprechenden Literatur) ersetzen wollen, weshalb wir auf die Feinheiten hier verzichten. Als Schwingung werden Verläufe bezeichnet, die periodisch, d. h. in Form einer Sinusschwingung wiederkehrend sind. Was nichts anderes bedeutet, dass in bestimmten Zeitabschnitten die gleichen Werte erreicht werden. Mathematisch werden solche Verläufe mit Hilfe der trigonometrischen Funktionen dargestellt, wobei per Konvention der Cosinus üblich ist:

$$s(t) = A\cos(\omega t + \varphi). \tag{6.14}$$

Hierin stellt

- t die Zeit dar,

- A die Amplitude. Sie entspricht dem Maximalausschlag, also z. B. bei einem schwingen-den Pendel die maximale Auslenkung vom Ruhepunkt.

- ω die Kreisfrequenz, also wie oft pro Sekunde ein voller Zyklus durchlaufen wird (ausge-drückt in *radiant/s*), und

- φ die Phasenverschiebung oder Nullphase dar. Das entspricht dem Ausschlagswinkel zur Zeit $t = 0$, also z. B. beim Pendel dessen Auslenkung vom Ruhezustand zu Beginn des Schwingvorgangs.

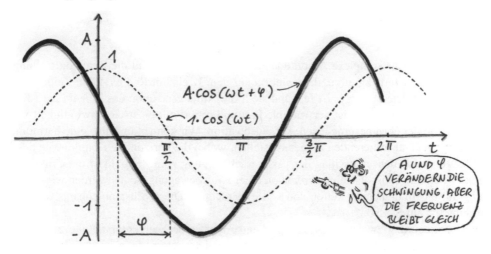

Abbildung 6.4: Die Cosinus-Schwingung

Sinusförmige Schwingungen, deren Amplitude A, Kreisfrequenz ω und Phasenverschiebung φ sowohl reell als auch konstant sind, werden *harmonische Schwingungen* genannt. Weitere wich-tige Kennwerte von Schwingungen lassen sich aus diesen Werten berechnen, sind aber für unsere Zwecke nebensächlich:

- Die Schwingungsdauer oder Periode $T = \frac{2\pi}{\omega}$ und

- die Schwingungszahl bzw. Frequenz $\nu = \frac{1}{T} = \frac{\omega}{2\pi}$.

Natürlich kann dieselbe Schwingung auch als Sinusschwingung beschrieben werden, wobei wir aber darauf achten müssen, dass der Sinus gegenüber dem Cosinus phasenverschoben ist, er „eilt dem Cosinus um $\frac{\pi}{2}$ hinterher". Der Verlauf lautet dann:

$$s(t) = A\sin(\omega t + \varphi + \frac{\pi}{2}).$$

Überlagern sich zwei Schwingungen, so können sie aufgrund des sogenannten *Superpositionsprinzips* addiert werden, also

$$s(t) = s_1(t) + s_2(t) = A_1 \cos(\omega_1 t + \varphi_1) + A_2 \cos(\omega_2 t + \varphi_2).$$

Es muss dabei beachtet werden, dass die Überlagerung zweier harmonischer Schwingungen meistens <u>nicht</u> mehr periodisch ist!

Das Superpositionieren gestaltet sich wesentlich einfacher, wenn wir zur komplexen Schreibweise von harmonischen Schwingungen übergehen. Hierzu schreiben wir die Schwingung in folgender Form (bitte merken!):

$$z(t) := A \cos(\omega t + \varphi) + iA \sin(\omega t + \varphi) = A e^{i(\omega t + \varphi)} = (A e^{i\varphi}) e^{i\omega t} = a e^{i\omega t}, \qquad (6.15)$$

mit

$$a = A e^{i\varphi}.$$

Wir fassen dabei a als komplexe Amplitude auf. Wenn wir wieder auf die Zeigerdarstellung der komplexen Zahlen zurückgreifen, dann stellt a auf dem Kreis mit Radius A den Zeiger dar, der um φ gedreht ist. Dieser Zeiger ist fest und stellt die Anfangsposition des Zeigers dar (d. h. für $t = 0$). Der zweite Term $e^{i\omega t}$ ist der variable Part und rotiert mit einer Geschwindigkeit von ω, ausgehend von der eben besprochenen Anfangsposition. Wir können uns also eine harmonische Schwingung auch als rotierenden Zeiger vorstellen, wobei die horizontale Komponente des Zeigers (der Realteil!) dem Ausschlag der Cosinusschwingung zum Zeitpunkt t entspricht. Unser bekanntes Schwingen ist also eine *Projektion* einer Kreisbewegung, so als würden wir eine Markierung auf einem drehbaren Reifen von *vorne* betrachten! Dieser Zusammenhang verdeutlicht Abbildung 6.5 auf S. 95.

Eine Überlagerung zweier Schwingungen entspricht in der Zeigerdarstellung einer Vektoraddition. Haben beide Schwingungen die gleiche Kreisfrequenz, dann ist die sich ergebende Schwingung ebenfalls eine harmonische Schwingung, denn

$$z(t) = z_1(t) + z_2(t) = A_1 e^{i(\omega t + \varphi_1)} + A_2 e^{i(\omega t + \varphi_2)} = (A_1 e^{i\varphi_1} + A_2 e^{i\varphi_2}) e^{i\omega t} = A e^{i\omega t}.$$

Der Term $A = A_1 e^{i\varphi_1} + A_2 e^{i\varphi_2}$ ist konstant und somit sind alle Bedingungen für eine harmonische Schwingung erfüllt, da auch ω, φ_1 und φ_2 konstant sind (sonst wären bereits die beiden ursprünglichen Schwingungen nicht harmonisch).

Sind die beiden Kreisfrequenzen aber verschieden, müssen wir ein wenig in die Trickkiste greifen. Wir zeigen, wie das geht:

Wir möchten also folgende Schwingungen superpositionieren und bedienen uns dabei der Eulerschen Darstellung:

$$z_1(t) = A_1 e^{i(\omega_1 t + \varphi_1)} = A_1 e^{i\varphi_1} e^{i\omega_1 t} = a_1 e^{\omega_1 t}$$

und

$$z_2(t) = A_2 e^{i(\omega_2 t + \varphi_2)} = A_2 e^{i\varphi_2} e^{i\omega_2 t} = a_2 e^{\omega_2 t}.$$

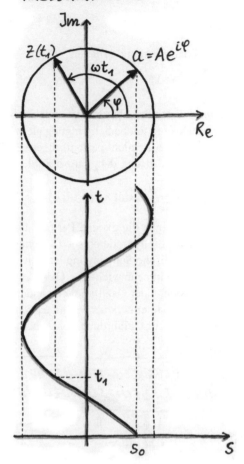

Abbildung 6.5: Der Zusammenhang zwischen der Kreisschwingung und der Cosinus-Schwingung

Wir möchten jetzt beide Schwingungen überlagern:

$$z(t) = z_1(t) + z_2(t) = a_1 e^{i\omega_1 t} + a_2 e^{i\omega_2 t}. \tag{6.16}$$

Und nun der Trick: Wir schreiben ω_1 und ω_2 wie folgt:

$$\omega_1 = \frac{\omega_1 + \omega_2}{2} + \frac{\omega_1 - \omega_2}{2}$$

und

$$\omega_2 = \frac{\omega_1 + \omega_2}{2} - \frac{\omega_1 - \omega_2}{2}.$$

Beide Formulierungen setzen wir in Gleichung 6.16 ein und erhalten

$$z(t) = a_1 e^{i\left(\frac{\omega_1+\omega_2}{2}+\frac{\omega_1-\omega_2}{2}\right)t} + a_2 e^{i\left(\frac{\omega_1+\omega_2}{2}-\frac{\omega_1-\omega_2}{2}\right)t}.$$

Wir können den Term $e^{i\frac{\omega_1+\omega_2}{2}t}$ ausklammern und erhalten

$$z(t) = \left(a_1 e^{i\frac{\omega_1-\omega_2}{2}t} + a_2 e^{-i\frac{\omega_1-\omega_2}{2}t}\right) e^{i\frac{\omega_1+\omega_2}{2}t}. \tag{6.17}$$

Eine solche Schwingung wird *modulierte Schwingung* genannt. ihre Amplitude *modulierte Amplitude*. Sie ist nicht konstant, weshalb eine solche Schwingung <u>nicht</u> harmonisch ist. In der Regel ist eine solche modulierte Schwingung leider nicht periodisch, es sei denn, das Verhältnis beider Kreisfrequenzen lässt sich als Bruch natürlicher, d. h. ganzer Zahlen darstellen, also

$$\frac{\omega_1}{\omega_2} = \frac{n_1}{n_2}, \text{ mit } n_1, n_2 \in \mathbb{N}.$$

In diesem Fall weisen beide Schwingungen die gleiche Periode auf (probiert es aus, indem Ihr vorige Bedingung in die Gleichung für die Periode einsetzt). Dennoch bedeutet das noch lange nicht, dass es sich auch um eine harmonische Schwingung handelt!

Schwingungen sind in der Technik ein sehr wichtiges Gebiet, ganz egal, ob es sich um erwünschte oder unerwünschte Vibrationen oder Oszillationen handelt. Außerdem hat nicht nur in der Schwingungstechnik die Ingenieurmathematik als wichtiges Werkzeug einen großen Teil zur Rationalisierung beigetragen und damit zur Gefährdung von Arbeitsplätzen geführt.

7 Folgen und Reihen

Es folgt, was folgen muss. Ergo folgt das Kapitel über Folgen und Reihen. Das Kapitel ist deshalb wichtig, weil in vielen Gebieten der Ingenieurskunst darauf zurückgegriffen wird. So werdet Ihr spätestens, wenn Ihr Euch studienbedingt mit der Regelungstechnik auseinandersetzt, auf die Taylor-Reihen stoßen, die es erlauben, zumindest unter bestimmten Voraussetzungen (wir beschränken uns nur auf kleine Änderungen der Signale), aus nicht linearen Gleichungssystemen lineare zu machen. Mehr Information darüber findet Ihr in [Tie12].

Ein anderes Thema, das dem einen oder anderen Ingenieur über den Weg laufen wird, sind die Fourier-Reihen. Diese werden benötigt, wenn es um hochkomplexe (im Sinne von „kompliziert") Schwingungen geht, z. B. in der Akustik oder in der Optik[1].

Aber auch in der Natur treten Phänomene auf, die mittels Folgen oder Reihen beschrieben werden können. So zeigen viele Pflanzen eine Anordnung ihrer Blätter oder Samen in Spiralen (z. B. die Samen einer Sonnenblume), deren Anzahl einer Fibonacci-Zahl (siehe unten) entspricht. Darüber hinaus gibt es einen Zusammenhang zwischen der Fibonacci-Folge und dem Goldenen Schnitt, mehr dazu findet sich in [Vaj89].

Das folgende Kapitel nennt sich „Folgen und Reihen", folglich können wir folgern, dass Folgen etwas anderes sind als Reihen:

- Folgen sind eine Abfolge von Zahlen, die einer gewissen Gesetzmäßigkeit gehorchen.

- Reihen werden als Summen oder Produkte aus Zahlen gebildet, die einer gewissen Gesetzmäßigkeit gehorchen.

Beiden gemein ist, dass sie in der Regel unendlich sind, d. h. eine Folge oder Reihe hört nie auf und man kann aus der Gesetzmäßigkeit immer neue größere bzw. kleinere Zahlen bilden (für die Folgen) bzw. diese dann hinzuaddieren oder hinzumultiplizieren (für Reihen).

Beispiele für Folgen:

$$1, \frac{1}{2}, \frac{1}{3}, \frac{1}{4}, \ldots, \frac{1}{n}, n \in \mathbb{N},$$

$$1, 4, 9, 16, \ldots, n^2, n \in \mathbb{N},$$

$$1, \sqrt{2}, \sqrt{3}, \sqrt{4}, \ldots, \sqrt{n}, n \in \mathbb{N}.$$

Und hier noch die Fibonacci-Folge als Beispiel für eine Folge mit einem sogenannten *rekursivem Bildungsgesetz*:

---

[1] Diese können leider im Rahmen dieses Buchs nicht behandelt werden, weil die Autoren befürchten müssen, mit diesem schrecklich langweiligen, aber verwirrenden Abhandlungen, die nur von Spezialisten benötigt werden, gegen die Genfer Konventionen zu verstoßen.

$$0, 1, 1, 2, 3, 5, 8, 13, \ldots$$

Ihre einzelnen Glieder werden nämlich aus den zwei vorangegangenen Glieder gebildet, wobei die ersten beiden Glieder vorgegeben sind. Ein *rekursives Bildungsgesetz* greift also auf zuvor berechnete Glieder zurück, was bei nicht rekursiven Bildungsgesetzen nicht der Fall ist. Das rekursive Bildungsgesetz lautet (für die Interessierten):

$$f_0 = 0, f_1 = 1, f_n = f_{n-2} + f_{n-1} \text{ für } n \geq 2.$$

Rekursiv bedeutet dabei, dass ein Glied aus zuvor bereits berechneten Glieder berechnet wird.

Beispiele für Reihen mit konstanten Gliedern (erklären wir noch genauer):

$$1 + 2 + 3 + 4 + \cdots + n = \sum_{k=1}^{n} k, n \in \mathbb{N},$$

$$1 + \frac{1}{4} + \frac{1}{9} + \frac{1}{16} + \cdots + \frac{1}{n^2} = \sum_{k=1}^{n} k^2, n \in \mathbb{N},$$

$$1 \cdot 4 \cdot (-8) \cdot 16 \cdot (-32) \cdots (-2)^n = \prod_{k=0}^{n} (-2)^k, n \in \mathbb{N}.$$

Darüber hinaus gibt es Funktionsreihen, wie z. B. die Potenzreihen (wird ebenfalls weiter unten genauer erklärt):

$$a_0 + a_1 x + a_2 x^2 + a_3 x^3 + \cdots + a_n x^n + \cdots = \sum_{k=1}^{\infty} a_k x^k.$$

Diese unterscheiden sich dadurch, dass die einzelnen Glieder eine (oder ggf. mehrere) Variablen enthalten, während die Reihen mit konstanten Gliedern nur Glieder haben, die irgendwelche Zahlen sind und nicht von einer Variablen abhängen.

7.1 Zahlenfolgen folgen Zahlen

Zahlenfolgen oder kurz *Folgen* haben zwar recht wenig Folgen für den Ingenieur, aber u. U. durchaus für die Mathe-Prüfung. Folglich kann die Nichtbeschäftigung mit Folgen durchaus Folgen haben. Die Autoren hoffen, dass der Leser dem folgen kann. Deswegen folgt jetzt ein Abschnitt zu den Folgen, bevor die Reihen an die Reihe kommen.

Anhand der Folgen sollen zunächst ein paar Begriffe geklärt werden:

- Nach oben (unten) beschränkt: Eine Folge heißt *nach oben (unten) beschränkt*, wenn es eine Zahl M (m) gibt, so dass für alle Glieder der Folge gilt: $a_k \leq M$ (bzw. $a_k \geq m$).

- Beschränkt: Eine Folge heißt einfach nur *beschränkt*, wenn sie sowohl oben als auch unten beschränkt ist, also $m \leq a_k \leq M$.

- Alternierend: Alternierende Folgen haben Glieder, die abwechselnd positiv und negativ sind, wie z. B. die Folge $(-3)^k$, mit $k = 1, 2, 3, \ldots$

- Monoton steigend (fallend): Eine Folge heißt *monoton steigend (fallend)*, wenn jedes folgende Glied größer (kleiner) oder gleich dem vorherigen ist, also $a_{k+1} \geq a_k$ (bzw. $a_{k+1} \leq a_k$).

- Streng monoton steigend (fallend): Eine Folge heißt *streng monoton steigend (fallend)*, wenn jedes folgende Glied größer (kleiner), aber <u>nicht</u> gleich dem vorherigen ist, also $a_{k+1} > a_k$ (bzw. $a_{k+1} < a_k$).

- Häufungspunkt: Eine Zahl h heißt *Häufungspunkt*, wenn es unendlich viele Glieder der Folge gibt, die beliebig nahe an h liegen.

Das mit dem Häufungspunkt wollen wir ein wenig näher erläutern, weil es die Grundlage für den Grenzwertbegriff darstellt. Die Definition des Häufungspunkts h ein wenig formaler ausgedrückt lautet: Zu jeder beliebig kleinen Zahl $\varepsilon > 0$ gibt es unendlich viele Glieder der Folge a_k, für die gilt, dass der Abstand

$$|h - a_k| < \varepsilon \tag{7.1}$$

ist. Zur Veranschaulichung dazu mal ein Beispiel:

Die Folge $2, 3 - \frac{1}{2}, 3 - \frac{1}{3}, \ldots, 3 - \frac{1}{k}$ für $k = 1, 2, 3, \ldots$ hat einen Häufungspunkt bei 3, weil es unendlich viele Glieder gibt, die für sehr, sehr große k sehr nahe an diesem Häufungspunkt liegen. Formal ausgedrückt ziehen wir vom Häufungspunkt mit dem Wert 3 die Folgeglieder ab, also:

$$|3 - (3 - \frac{1}{k})| = |\frac{1}{k}| < \varepsilon.$$

Egal, wie klein wir auch ε wählen, ab einem bestimmten Glied liegen <u>alle</u> weiteren Glieder enger als ε um h herum! D. h. wir werden immer unendlich viele k finden, die groß genug sind, damit diese Ungleichung erfüllt ist.

Noch ein Beispiel: Die Folge

$$-1, 3 - \frac{1}{2}, -2 + \frac{1}{3}, 3 - \frac{1}{4}, -2 + \frac{1}{5}, \ldots$$

hat das Bildungsgesetz:

$$a_k = \begin{cases} -2 + \frac{1}{k} & \text{für } k \text{ ungerade: } k = 1, 3, 5, \ldots, 2m - 1 \; (m \in \mathbb{N}) \\ 3 - \frac{1}{k} & \text{für } k \text{ gerade: } k = 2, 4, 6, \ldots, 2m \; (m \in \mathbb{N}). \end{cases}$$

Diese Folge hat sogar zwei Häufungspunkte bei $h_1 = -2$ und bei $h_2 = 3$. Denn für beide finden wir beliebig viele große k, so dass für beliebig kleine ε gilt, dass

$$|-2 - (-2 + \frac{1}{k})| = |-\frac{1}{k}| < \varepsilon \text{ für } k = 1, 3, 5, \ldots, 2m - 1$$

und

$$|3 - (3 - \frac{1}{k})| = |\frac{1}{k}| < \varepsilon \text{ für } k = 2, 4, 6, \ldots, 2m,$$

wenn wir wieder von den Häufungspunkten -2 und 3 jeweils die Folgeglieder abziehen.

Zur Veranschaulichung folgt ein Graf in Abbildung 7.1.

Abbildung 7.1: Ein Graf am Kontrollpunkt ($\approx$ Häufungspunkt von grünen oder blauen Männlein)

Hat eine Folge mehrere Häufungspunkte, so wird der kleinste unter ihnen als *limes inferior* $\underline{\lim} \, a_k$ und der größte als *limes superior* $\overline{\lim} \, a_k$ bezeichnet.

Und jetzt kommt's: Wir nennen g einen *Grenzwert*, wenn mit unbegrenzt wachsendem k der Abstand der Folgeglieder zu diesem Grenzwert *beliebig klein* wird und dieser Häufungspunkt der einzige Häufungspunkt der Folge ist!

Wir verwenden als Formel zum Hinschreiben auch hier den Limes aus Kapitel 3.5:

$$g = \lim_{k \to \infty} a_k.$$

Gelegentlich sieht man auch dafür die Schreibweise $a_k \to g$. Das meint genau dasselbe!

Hat eine Folge einen Grenzwert g, dann nennen wir sie *konvergent*, ansonsten *divergent*. Eine Folge, deren Grenzwert 0 ist, wird *Nullfolge* genannt.

Bitte schreibt Euch folgende Regel hinter die Ohren (sofern sie groß genug sind dafür, ansonsten merkt sie Euch einfach so):

Jede konvergente Folge ist beschränkt!

Wir wollen für eine beschränkte Folge mit einem Häufungspunkt, also einem Grenzwert g, noch ein Beispiel bringen:

Die Folge

$$a_k = \frac{k}{3k+1}$$

ist immer größer als $\frac{1}{4}$, denn wir können sie wie folgt umschreiben:

$$a_k = \frac{1}{3 + \frac{1}{k}}.$$

Für $k = 1$ wird $a_k = \frac{1}{4}$. Für alle $k > 1$ wird der Bruch $\frac{1}{k} < 1$ und somit der Nenner $3 + \frac{1}{k} < 4$. Die Folge ist also nach unten beschränkt. Basierend auf dem umgeformten Bildungsgesetz der Folge vermuten wir einen Häufungspunkt bei $\frac{1}{3}$, denn für beliebig große k wird der Bruch $\frac{1}{k}$ im Nenner beliebig klein und rückt somit beliebig nahe an 0 heran. Womit der Nenner beliebig nahe an 3 rückt. Wenden wir wieder die Formel 7.1 an:

$$\left| \frac{1}{3} - \frac{k}{3k+1} \right| = \left| \frac{1}{3}\frac{3k+1}{3k+1} - \frac{k}{3k+1}\frac{3}{3} \right| = \left| \frac{3k+1-3k}{3(3k+1)} \right| = \left| \frac{1}{9k+3} \right| < \varepsilon.$$

Da $k > 0$ gilt und somit der Term innerhalb der Betragsstriche positiv ist, können wir die Betragsstriche auch weglassen, ohne eine Fallunterscheidung zu machen (denn der Term wird immer größer als $-\varepsilon$ sein):

$$\frac{1}{9k+3} < \varepsilon.$$

Lösen wir nach k auf:

$$k > \frac{1}{9\varepsilon} - \frac{1}{3}.$$

Alle Glieder der Folge mit $k > \frac{1}{9\varepsilon} - \frac{1}{3}$ haben dann einen Abstand von $\frac{1}{3}$ von weniger als ε. Und davon gibt es unendlich viele, egal wie klein wir auch den Abstand ε wählen! Also ist der Grenzwert $\frac{1}{3}$. Wir können aber das auch sofort an der vorherigen Gleichung $a_k = \frac{1}{3 + \frac{1}{k}}$ sehen, wenn für k ein „unendlich" großer Wert eingesetzt wird! Dann ist nämlich im Nenner $\frac{1}{\infty} = 0$ und es bleibt $\frac{1}{3}$ übrig… (aber wie üblich ist es schwer, etwa leicht zu machen, leicht jedoch, etwas schwer zu machen!)

In Tabelle 7.1 noch paar Rechenregeln für Grenzwerte:

Tabelle 7.1: Rechenregeln für Grenzwerte von Folgen

$a_k \to a, b_k \to b$	$a_k + b_k \to a + b$
$a_k \to a, b_k \to b$	$a_k \cdot b_k \to a \cdot b$
$a_k \to a, b_k \to b$	$\frac{a_k}{b_k} \to \frac{a}{b}$ für $b \neq 0$
	$a_k^m \to a^m$ für $a_k \geq 0$ und $a > 0$
	$|a_k| \to |a|$

7.2 Reihenweise Reihen mit konstanten Gliedern

Wichtiger für den praktizierenden Ingenieur (und solche, die es werden wollen) sind die *Reihen* mit konstanten Gliedern. Sie unterscheiden sich von den Folgen dadurch, dass die einzelnen Glieder einer Reihe über eine Rechenvorschrift (meistens über Addition oder Multiplikation) miteinander verknüpft sind. Ansonsten werden ihre Glieder wie bei den Zahlenfolgen über ein Bildungsgesetz geformt. Eingangs hatten wir ja schon ein paar Beispiele genannt. Im Folgenden wollen wir uns aber auf Reihen beschränken, die aus einer Summe unendlich vieler Glieder bestehen und nennen sie *unendliche Reihen*.

Aus einer solchen Reihe können wir die *Partialsummen* S_i hinschreiben. Diese setzen sich aus den Gliedern der Reihe zusammen und bilden selbst zusammen genommen jeweils eine Folge (!) aus eben den Partialsummen, also:

$$S_1 = a_1$$
$$S_2 = a_1 + a_2$$
$$S_3 = a_1 + a_2 + a_3$$
$$\vdots$$
$$S_n = \sum_{k=1}^{n} a_k.$$

Wichtig ist, dass eine Reihe nur dann konvergent ist (also einen *End-* oder besser einen *Grenzwert* hat), wenn auch die Folge ihrer Partialsummen konvergent ist (d. h. einen Grenzwert hat)! Als *Summe* oder *Grenzwert* wird die Zahl

$$S = \lim_{n \to \infty} S_n = \lim_{n \to \infty} \sum_{k=1}^{n} a_k \qquad (7.2)$$

bezeichnet. Die *geometrische Reihe*

$$1 + \frac{1}{2} + \frac{1}{4} + \frac{1}{8} + \cdots + \frac{1}{2^k} + \cdots = \sum_{k=1}^{\infty} \frac{1}{2^k} \qquad (7.3)$$

ist z. B. konvergent! Denn <u>alles</u> aufsummiert ergibt 2, allerdings müssen wirklich <u>alle</u> ∞ Glieder aufsummiert werden!

Falls der Grenzwert nicht existiert, ist die Reihe *divergent*. Divergente Reihen wachsen entweder unbegrenzt an oder sie oszillieren rauf und runter.

Die *harmonische Reihe*

$$1 + \frac{1}{2} + \frac{1}{3} + \frac{1}{4} + \cdots + \frac{1}{n} + \cdots = \sum_{k=1}^{\infty} \frac{1}{k} \qquad (7.4)$$

ist ein Beispiel für eine divergente Reihe, denn ihre Summe wird tatsächlich unendlich groß. Googelt das mal (der Nachweis der Divergenz dieser speziellen Reihe ist ein bisschen kompliziert und halt auch kein Lernziel dieses Buches). Ebenso divergent sind aber auch folgende Reihen:

$$2 + 2 + 2 + \cdots$$

und

$$2 - 2 + 2 - 2 + 2 - \cdots + 2 \cdot (-1)^{n-1} + \cdots$$

Das letzte Beispiel ist divergent, weil die Folge (also die einzelnen Glieder der Reihe) zwischen -2 und 2 oszilliert, sich folglich kein endlicher Grenzwert einstellt.

7.2.1 Über die Konvergenz von Reihen

Zu wissen, ob eine Reihe konvergiert oder nicht, ist für uns seeeehr wichtig. Deshalb wurden Kriterien entwickelt, mit deren Hilfe wir Aussagen über die Konvergenz machen können. Zunächst aber ein paar grundsätzliche Dinge zur Konvergenz:

- Weglassen von Anfangsgliedern und Hinzufügen von Gliedern: Lassen wir eine bestimmte (endliche) Anzahl der Anfangsglieder weg oder fügen endlich viele hinzu, so ändert sich das Konvergenzverhalten der Reihe kein bisschen.

- Multiplikation mit einem Faktor: Werden sämtliche Glieder einer Reihe mit einem konstanten Faktor k multipliziert, dann ändert auch das die Konvergenz nicht. Die Summe der Reihe ist dann einfach das k-fache der ursprünglichen Reihe. Das liegt daran, dass wir den Faktor einfach ausklammern können.

- Addition oder Subtraktion: Addieren oder subtrahieren wir zwei konvergente Reihen, dann ist die resultierende Summe einfach die Summe aus den beiden Summen, also:

$$a_1 + a_2 + a_3 + \cdots = \sum_{k=1}^{\infty} a_k = S_1,$$

$$b_1 + b_2 + b_3 + \cdots = \sum_{k=1}^{\infty} b_k = S_2,$$

dann ist

$$(a_1 \pm b_1) + (a_2 \pm b_2) + (a_3 \pm b_3) + \cdots = \sum_{k=1}^{\infty} a_k \pm \sum_{k=1}^{\infty} b_k = S_1 + S_2.$$

- Notwendiges Kriterium für die Konvergenz einer Reihe: Eine Reihe ist nur dann konvergent, wenn die Folge (!) ihrer Glieder gegen Null geht, d. h. die Reihe $\sum_{k=1}^{\infty} a_k$ ist konvergent, wenn

$$\lim_{n \to \infty} a_n = 0,$$

weil ja dann „am Schluss", d. h. für $n \to \infty$ so gut wie nichts mehr dazu kommt.

Das ist aber nur eine *notwendige* Bedingung, d. h. eine Reihe ist definitiv nicht konvergent, wenn sie diese Bedingung nicht erfüllt, d. h. wenn die Folge ihrer Glieder eben nicht gegen 0 streben. Allerdings ist diese Bedingung nicht *hinreichend*, d. h. der Umkehrschluss gilt nicht: Strebt eine Folge gegen 0, heißt das eben noch lange nicht, dass die Reihe, die sich aus den Gliedern der Folge zusammensetzt, auch konvergiert!

7.2.2 Konvergenzkriterien

Hier kommt natürlich sofort der Einwand: „Wozu brauche ich das als Ingenieur? Ich will doch kein Mathematiker oder Philosoph werden!" Im Folgenden waren sich die Autoren über die Tiefe der Darstellung nicht immer einig und es gab heftige Diskussionen.

WENN SICH ZWEI STREITEN, QUÄLT SICH DER DRITTE!

Frau Dipl.-Ing. Dietlein würgt die angeregte Diskussion ab mit einem großen „Aaaaaaaber": Das Verständnis der folgenden Zusammenhänge schult eine ganz bestimmte Denkweise, die man als Ingenieur z. B. in der Regelungstechnik, in der E-Technik, aber auch im Maschbau, z. B. für Schwingungen oder bei Strömungen un-be-dingt braucht! Also zieht Euch das bitte rein, auch wenn ein Ingenieur das in der Praxis nicht oft anwendet.

Da es doch etwas mühsam ist, sämtliche Glieder einer unendlichen Reihe aufzusummieren, um zu sehen, ob sie konvergiert (und vielleicht sogar wohin), haben sich einige Mathematiker den Kopf zerbrochen, wie die Konvergenz einer unendlichen Reihe mittels Kriterien festgestellt werden kann. Als Belohnung haben diese Kriterien analog zur Romberg-Integration (siehe z. B. [Bro93], Kapitel „Numerische Integration") in den meisten Fällen den Namen des Mathematikers erhalten, der sie erfunden hat. Der Integration-Romberg ist übrigens nicht verwandt mit dem Co-Autor aller Keine-Panik Bücher, wie Frau Dipl.-Ing. Dietlein betont.

Bevor wir Euch ein paar gängige Kriterien vorstellen, wollen wir noch erwähnen, dass es vorkommen kann, dass ein Kriterium keine Aussage liefert, ob eine Reihe konvergiert oder divergiert. In so einem Fall müssen wir ein anderes ausprobieren und hoffen, dass es dann damit klappt. Fangen wir mit Kriterien an, die für Reihen mit positiven Gliedern anwendbar sind, d. h. für alle Reihen $\sum\limits_{k=1}^{\infty} a_k$ mit $a_k > 0$.

7.2.2.1 Vergleichskriterium

Wir können ermitteln, ob eine Reihe konvergiert oder nicht, wenn wir sie mit einer Reihe vergleichen, von der wir genau wissen, ob sie konvergiert oder divergiert. Sind alle Glieder ab einem bestimmten Index k der Reihe mit unbekanntem Konvergenzverhalten gleich oder kleiner als die Glieder der konvergenten Reihe, so ist die uns interessierende Reihe ebenfalls konvergent.

Mit anderen Worten, ist die Reihe

$$b_1 + b_2 + b_3 + \cdots = \sum_{k=1}^{\infty} b_k, \text{ mit } b_k > 0$$

konvergent und gilt für die Reihe mit unbekanntem Konvergenzverhalten

$$a_1 + a_2 + a_3 + \cdots = \sum_{k=1}^{\infty} a_k,$$

dass

$$a_k \leq b_k$$

ab einem bestimmten Index k, dann ist die Reihe $\sum\limits_{k=1}^{\infty} a_k$ auch konvergent.

Die Tatsache, dass die Glieder bis zu einem bestimmten Index k auch größer den entsprechenden Gliedern der Vergleichsreihe sein können, liegt daran, dass wir ja die Anfangsglieder einer Reihe weglassen können, ohne dass sich an ihrem Konvergenzverhalten etwas ändert.

Ein Beispiel: Von der geometrischen Reihe

$$1 + \frac{1}{2} + \frac{1}{4} + \frac{1}{8} + \cdots = \sum_{k=1}^{\infty} \frac{1}{2^{k-1}}$$

wissen wir, dass sie konvergiert und alle Glieder positiv sind. Vergleichen wir dazu die Reihe

$$1 + \frac{1}{3} + \frac{1}{9} + \frac{1}{27} + \cdots = \sum_{k=1}^{\infty} \frac{1}{3^{k-1}},$$

dann stellen wir fest, dass für $k \geq 2$ ihre sämtlichen Glieder kleiner sind als die entsprechenden Glieder der harmonischen Reihe:

$$\frac{1}{3^{k-1}} < \frac{1}{2^{k-1}} \text{ für } k \geq 2.$$

Für $k = 1$ sind beide Glieder identisch, nämlich 1. Mit anderen Worten: Da die Reihe $\sum\limits_{k=1}^{\infty} \frac{1}{3^{k-1}}$ für $k > 1$ immer und überall kleiner als die geometrische Reihe ist, kann sie niemals größer sein. Da die geometrische Reihe konvergiert, muss demnach auch unsere Reihe konvergieren.

Wir können aber auch feststellen, ob eine Reihe divergiert, wenn wir sie mit einer divergenten Reihe vergleichen und dabei feststellen, dass ab einem bestimmten Index k die Glieder der zu untersuchenden Reihe größer als die entsprechenden Glieder der bekannten Reihe sind.

Beispiel: Die harmonische Reihe $\sum\limits_{k=1}^{\infty} \frac{1}{k}$ divergiert, das wissen wir (wir haben schließlich gegooglet)! Da die Glieder der Reihe

$$\sum_{k=1}^{\infty} \frac{1}{\sqrt{k}}$$

ab $k = 2$ größer als die entsprechenden Glieder der harmonischen Reihe sind, muss unsere neue unbekannte Reihe auch divergieren. Denn für $k > 1$ ist

$$\frac{1}{\sqrt{k}} > \frac{1}{k}$$

bzw. umgeformt (sofern $k \geq 2$)

$$\sqrt{k} < k \text{ bzw. } \sqrt{k} > 1.$$

7.2.2.2 Quotientenkriterium von d'Alembert

Ist von einem bestimmten Index k ab jedes Reihenglied kleiner als das vorangegangene, dann sind diese irgendwann dermaßen klein, dass sie praktisch keinen Beitrag mehr zur Summe liefern. Mit anderen Worten: Das auf ein Glied folgende Glied ist kleiner als das vorangegangene, das Glied danach wiederum kleiner als das vorherige, usw. bis das nachfolgende so was von extra klein ist, weil schon das vorangegangene Glied so was von klein war. Die Reihe ist also konvergent. Formulieren wir das mathematisch, kommt das *Quotientenkriterium von d'Alembert* (Gleichung 7.5) heraus:

$$a_{k+1} < a_k$$

entspricht nämlich umformuliert der Bedingung:

$$\frac{a_{k+1}}{a_k} < 1. \tag{7.5}$$

Wir berechnen das, indem wir den Limes für $k \to \infty$ bilden und dann das Ergebnis mit 1 vergleichen. Ist der Limes größer als 1, divergiert die Reihe. Im gegenteiligen Fall konvergiert sie. Ist der Limes genau 1, ist keine Aussage über das Konvergenzverhalten mit Hilfe dieses Kriteriums möglich (es muss dann ein anderes verwendet werden in der Hoffnung, dass das dann hilft). Unser Quotientenkriterium lautet demnach

$$\lim_{k \to \infty} \frac{a_{k+1}}{a_k} \begin{cases} < 1 & \text{für eine konvergente Reihe,} \\ > 1 & \text{für eine divergente Reihe,} \\ = 1 & \text{keine Aussage möglich mit dem Quotientenkriterium.} \end{cases} \tag{7.6}$$

Das Quotientenkriterium von d'Alembert findet dabei durchaus gelegentlich seine Analogie in zwischenmenschlichen Beziehungen. Genau dann nämlich, wenn sich die Frage danach stellt, ob der Quotient $\frac{Frust}{Lust}$ kleiner 1 (Konvergenz) oder größer 1 (Divergenz) ist.

Beispiel (aus der Mathematik): Die geometrische Reihe $\sum\limits_{k=1}^{\infty} \frac{1}{2^{k-1}}$ ist wirklich konvergent, weil:

$$\lim_{k\to\infty} \frac{\frac{1}{2^k}}{\frac{1}{2^{k-1}}} = \lim_{k\to\infty} \frac{2^{k-1}}{2^k} = \lim_{k\to\infty} \frac{2^{k-1}}{2 \cdot 2^{k-1}} = \frac{1}{2} < 1$$

Beispiel: die harmonische Reihe $\sum\limits_{k=1}^{\infty} \frac{1}{k}$

$$\rho = \lim_{k\to\infty} \frac{\frac{1}{k+1}}{\frac{1}{k}} = \lim_{k\to\infty} \frac{k}{k+1}.$$

Würden wir für k Unendlich (∞) einsetzen, stünde sowohl im Nenner als auch im Zähler ein Unendlich und das ist ja nun mal keine sinnvolle Aussage. Wir müssen also den Bruch etwas umformen. Hier bietet es sich an, den Zähler kurzerhand durch den Nenner zu teilen, also

$$\rho = \lim_{k\to\infty} k : (k+1) = \lim_{k\to\infty} \left[1 - \frac{1}{k+1} \right].$$

Führen wir jetzt den Grenzübergang aus (wir setzen für k Unendlich ein), wird der Bruch $\frac{1}{k+1}$ winzig klein, so dass er verschwindet und es bleibt 1 übrig:

$$\rho = \lim_{k\to\infty} \left[1 - \frac{1}{k+1} \right] = 1.$$

Das Ergebnis ist also weder größer 1 noch kleiner 1. Wir können also mit Hilfe des Quotientenkriteriums keine Aussage zur Konvergenz der harmonischen Reihe machen. In so einem Fall versuchen wir eines der anderen Kriterien anzuwenden, um zu sehen, ob wir damit zu einer Aussage gelangen. Da wir aber gegoogelt haben, kennen wir den Lösungsweg für diese spezielle Reihe, die bei den üblichen Konvergenzkriterien einfach nur zickt.

Eine Anmerkung noch zur harmonischen Reihe: Die harmonische Reihe ist ein Sonderfall der allgemeinen Reihe

$$\sum_{k=1}^{\infty} \frac{1}{k^a},$$

mit einem beliebigen $a > 0$. Für alle $a > 1$ ist diese allgemeine Reihe konvergent, ansonsten divergent (Google ist mein Freund und Helfer). So ist die Reihe

$$\sum_{k=1}^{\infty} \frac{1}{\sqrt{k^3}} = \sum_{k=1}^{\infty} \frac{1}{k^{\frac{3}{2}}}$$

konvergent, weil hier $a = \frac{3}{2} > 1$ ist.

7.2.2.3 Das Wurzelkriterium von Cauchy

Der Herr Cauchy hat das sogenannte Wurzelkriterium erfunden, das besagt, dass eine Reihe $\sum_{k=1}^{\infty} a_k$ konvergent ist, wenn folgendes gilt:

$$\lim_{k \to \infty} \sqrt[k]{a_k} < 1. \tag{7.7}$$

Ist dagegen der Limes größer 1, dann ist die Reihe divergent. Ist er gleich 1, ist keine Aussage möglich.

Beispiel: Die Reihe $\sum_{k=1}^{\infty} \left(\frac{k}{2k-1} \right)^k$ ist konvergent, weil

$$\lim_{k \to \infty} \sqrt[k]{\left(\frac{k}{2k-1} \right)^k} = \lim_{k \to \infty} \frac{k}{2k-1} = \lim_{k \to \infty} \frac{1}{2 - \frac{1}{k}} = \frac{1}{2} < 1.$$

Der Limes für dieses Kriterium ist manchmal nur sehr schwer zu berechnen. In so einem Fall probieren wir es lieber erst mal mit den einfacheren Kriterien oder fragen einen Mathe-Freak[2].

7.2.2.4 Leibniz-Kriterium für alternierende Reihen

Das Leibniz-Kriterium[3] eröffnet uns die Möglichkeit, eine Aussage über die Konvergenz alternierender Reihen zu treffen. Und zwar ist eine alternierende Reihe demnach konvergent, wenn die Folge ihrer Glieder eine monoton „fallende" Nullfolge darstellen. Die alternierende Reihe ist also

$$\sum_{k \to 1}^{\infty} (-1)^{k-1} a_k$$

konvergent, wenn die Folge $a_0, a_1, a_2, \ldots$ eine monoton fallende Nullfolge ist, d. h. monoton gegen 0 konvergiert. Ob diese Folge das tut, kann mit den bereits vorgestellten Kriterien herausgefunden werden.

---

[2] „Mathe-Freak" ist ein veralteter Begriff für eine Subspezies aus der Familie der Nerds (lat. *homo nerdicus*).
[3] Auch „Keks-Kriterium" genannt!

Anmerkung: Das Vorzeichen der einzelnen Glieder ist bereits im Vorfaktor $(-1)^{k-1}$ enthalten, a_k ist daher positiv. Damit die Reihe konvergiert, muss a_k monoton abnehmen und gegen 0 konvergieren.

Beispielsweise ist die Reihe

$$1 - \frac{1}{2} + \frac{1}{3} - \frac{1}{4} + \cdots = \sum_{k=1}^{\infty} (-1)^{k-1} \frac{1}{k}$$

konvergent, weil die Folge $1, \frac{1}{2}, \frac{1}{3}, \ldots$ monoton gegen 0 konvergiert, denn ihre Glieder werden immer kleiner und kleiner mit wachsendem k:

$$\lim_{k \to \infty} \frac{1}{k} = 0.$$

7.2.3 Ein paar wichtige Grenzwerte

Folgende Tabelle gibt einige wichtige Grenzwerte an, am Besten ein Eselsohr in die Seite machen oder noch besser merken:

Tabelle 7.2: Wichtige Grenzwerte

$$\lim_{n \to \infty} \sum_{k=1}^{n} \frac{1}{(k-1)!} = e$$

$$\lim_{n \to \infty} \sum_{k=1}^{n} (-1)^{k-1} \frac{1}{(k-1)!} = \frac{1}{e}$$

$$\lim_{n \to \infty} \sum_{k=1}^{n} (-1)^{k-1} \frac{1}{k} = \ln 2$$

$$\lim_{n \to \infty} \sum_{k=1}^{n} \frac{1}{2^{k-1}} = 2$$

$$\lim_{n \to \infty} \sum_{k=1}^{n} \frac{1}{k(k+1)} = 1$$

7.3 Funktionsreihen

So, das war der nun etwas langweilige Teil. Jetzt wird's noch... Nein, dieser Teil ist der interessanteste für den Ingenieur oder die Ingenieurin, weil gerade Funktionsreihen praktische Werkzeuge wie die Taylor-Reihe oder die Fourier-Reihen liefern, die tatsächlich Anwendung in der Praxis finden. Wirklich!

Zunächst aber: Was ist denn nun eine Funktionsreihe? Bislang haben wir immer feste Zahlen addiert, um eine Reihe zu bilden. Wir können das aber auch mit Funktionen tun, also so:

$$f_1(x) + f_2(x) + f_3(x) + \cdots + f_n(x) + \cdots = \sum_{k=1}^{\infty} f_k(x).$$

7.3.1 Wieder mal die Konvergenz

Auch hier stellt sich die Frage, wann und wie eine solche Funktionsreihe konvergiert. An dieser Stelle führen wir nur ein paar Begriffe ein, ohne uns zu sehr mit der Konvergenz aufzuhalten. Bei Interesse möge der Leser gerne die einschlägige Literatur heranziehen (z. B. den Bronstein [Bro93]).

Eine gute Alternative bei der Handhabung dieses Buches an dieser Stelle ist auch, gemeinsam mit Herrn Dr. Romberg direkt zum nächsten Abschnitt 7.3.2 zu springen...

- Konvergenzbereich: Alle Werte a zusammengenommen, für die eine Funktionsreihe konvergiert, wenn wir sie einsetzen (d. h. $x = a$), ist der *Konvergenzbereich*.

- Summe der Reihe: Analog zur herkömmlichen Zahlenreihe ist die Funktion $S(x)$ die *Summe der Reihe*, wenn die Funktionsreihe gegen diese Funktion $S(x)$ konvergiert.

- Partialsumme: Eine *Partialsumme* entspricht der Funktionsreihe bis zu einem bestimmten, nicht unendlich großen Index n.

- Gleichmäßige Konvergenz: Eine *gleichmäßige Konvergenz* liegt vor, wenn für den gesamten Konvergenzbereich die Zahl K identisch ist, für die gilt, dass für beliebige $\varepsilon > 0$

$$|S(a) - S_k(a)| < \varepsilon \text{ für alle } k > K.$$

Anders ausgedrückt: Wenn wir für alle x aus dem Konvergenzbereich (also alle Werte, für die die Reihe überhaupt konvergiert) die Reihe bis mindestens zum Glied mit Index $k = K$ aufsummieren, ist der Abstand dieses Wertes zur *Summe der Reihe* kleiner ε. Sofern für den für x eingesetzten Wert die Reihe überhaupt konvergiert, muss der Index, bis zu dem wir addieren müssen, dabei immer gleich sein. Ist dieser Index für verschiedene x aus dem Konvergenzbereich verschieden, so sprechen wir von einer *ungleichmäßigen Konvergenz*.

Der Begriff der *gleichmäßigen Konvergenz* ist daher wichtig, weil wir damit eine Aussage über die Summe der Reihe $S(x)$ treffen können. Es gilt nämlich:

Sind die Glieder $f_1(x), f_2(x), f_3(x), \ldots$ einer Funktionsreihe stetig über einem bestimmten Definitionsbereich und konvergiert die Funktionsreihe $f_1(x) + f_2(x) + f_3(x) + \cdots$ gleichmäßig für alle x aus diesem Bereich, dann ist die Summe der Reihe $S(x)$ eine stetige Funktion für alle x aus eben diesem Bereich. Konvergiert sie aber ungleichmäßig, so kann (muss aber nicht) die Summe der Reihe Unstetigkeitsstellen aufweisen für das eine oder andere x aus dem Definitionsbereich, für den die einzelnen Glieder stetig sind.

Darüber hinaus dürfen wir das Summenzeichen mit dem Integrationszeichen[4] vertauschen, wenn in einem Gebiet $[a,b]$ eine Reihe gleichmäßig konvergiert, d. h. wir dürfen die einzelnen

---

[4]Zur Integration kommen wir noch.

Glieder erst integrieren und dann addieren anstelle erst die Glieder zu addieren und dann zu integrieren. Das kann in manchen Fällen den Rechenaufwand erleichtern. Mathematisch geschrieben heißt das für eine solche gleichmäßig konvergierende Reihe:

$$\int\limits_{x_0}^{x} \sum_{k=1}^{\infty} f_k(t)\mathrm{d}t = \sum_{k=1}^{\infty} \int\limits_{x_0}^{x} f_k(t)\mathrm{d}t, \text{ mit } x_0, x \in [a,b].$$

Und auch dafür gibt es ein Kriterium: Das *Kriterium von Weiherstrass* für die gleichmäßige Konvergenz. Dieses besagt, dass eine Reihe $f_1(x) + f_2(x) + f_3(x) + \cdots$ in einem gegebenen Gebiet gleichmäßig konvergiert, wenn es eine konvergente Reihe mit konstanten Gliedern $a_1 + a_2 + a_3 + \cdots$ gibt, deren einzelne Glieder für alle x aus dem betrachteten Gebiet größer gleich dem Betrag der einzelnen Glieder der Funktionsreihe sind, also:

$$|f_k(x)| \leq a_k.$$

Die Reihe mit konstanten Gliedern $a_1 + a_2 + a_3 + \cdots$ wird *Majorante* zur Funktionenreihe $f_1(x) + f_2(x) + f_3(x) + \cdots$ genannt.

Auch hier sehen wir ganz deutlich, wie enorm wichtig es ist, bei den Begrifflichkeiten präzise und eindeutig zu sein! In der Mathematik geht es immer um eine eindeutige Ausdrucksweise, um Zweideutigkeiten zu vermeiden!

7.3.2 Potenzreihen

Eine Potenzreihe zeichnet sich dadurch aus, dass ihre Glieder potenziert sind und zwar zunehmend. Allgemein geschrieben also:

$$a_0 + a_1 x + a_2 x^2 + a_3 x^3 + \cdots = \sum_{k=0}^{\infty} a_k x^k \qquad (7.8)$$

oder oft auch

$$a_0 + a_1 (x - x_0) + a_2 (x - x_0)^2 + a_3 (x - x_0)^3 + \cdots = \sum_{k=0}^{\infty} a_k (x - x_0)^k. \qquad (7.9)$$

Die Zahl x_0 heißt *Entwicklungsstelle*. Sie ist gleich 0 in Gleichung 7.8.

Auch an dieser Stelle müssen wir uns mit den bereits eingeführten Begriffen wie z. B. Konvergenz herumschlagen. Eine Potenzreihe konvergiert nur, wenn $x = x_0$ (bei einer Potenzreihe wie 7.9), für alle x oder wenn sich x innerhalb des *Konvergenzradius* befindet (kommt gleich) und hierfür die Potenzreihe absolut konvergiert. Als *absolut konvergierend* gilt eine Reihe, wenn sie auch dann konvergiert, wenn ihre einzelnen Glieder in Betrag gesetzt werden, wie im folgenden für unsere Potenzreihen

$$|a_0| + |a_1 x| + |a_2 x^2| + |a_3 x^3| + \cdots = \sum_{k=0}^{\infty} |a_k x^k|$$

bzw.

$$|a_0| + |a_1 (x - x_0)| + |a_2 (x - x_0)^2| + |a_3 (x - x_0)^3| + \cdots = \sum_{k=0}^{\infty} |a_k (x - x_0)^k|.$$

Der Konvergenzradius ist dann eine Zahl ρ, für welche die Reihe (absolut) konvergiert, wenn $|x - x_0| < \rho$, und divergiert für $|x - x_0| > \rho$. Dieser Konvergenzradius kann in der Regel mittels eines Grenzwertübergangs bestimmt werden, aber natürlich nur, wenn der Grenzwert überhaupt existiert:

$$\lim_{k \to \infty} \left| \frac{a_k}{a_{k+1}} \right| \text{ oder } \lim_{k \to \infty} \frac{1}{\sqrt[k]{|a_k|}}.$$

7.3.2.1 Rechnen mit Potenzreihen

Mit Potenzreichen kann man sogar richtig rechnen, z. B. addieren oder multiplizieren, allerdings nur für die x-Werte, die sowohl im Konvergenzbereich der einen als auch im Konvergenzbereich der anderen Potenzreihe liegen.

Die Addition wird gliedweise bewerkstelligt. Addieren wir z. B. die Potenzreihe

$$a_0 + a_1 x + a_2 x^2 + a_3 x^3 + \cdots$$

zur Reihe

$$b_0 + b_1 x + b_2 x^2 + b_3 x^3 + \cdots,$$

dann ergibt sich die Potenzreihe

$$(a_0 + b_0) + (a_1 + b_1)x + (a_2 + b_2)x^2 + (a_3 + b_3)x^3 + \cdots = \sum_{k=0}^{\infty} (a_k + b_k)x^k.$$

Analog dazu wird eine Multiplikation mit einem konstanten Zahlenfaktor wie folgt durchgeführt:

$$c \cdot (a_0 + a_1 x + a_2 x^2 + \cdots) = c \cdot a_0 + c \cdot a_1 x + c \cdot a_2 x^2 + c \cdot a_3 x^3 + \cdots = \sum_{k=0}^{\infty} c \cdot a_k x^k = v \cdot \sum_{k=0}^{\infty} a_k x^k.$$

Das Multiplizieren zweier Potenzreihen ist ein wenig komplizierter, aber Ihr werdet selten in die Verlegenheit kommen, es wirklich zu tun:

$$\left(\sum_{k=0}^{n} a_k x^k \right) \cdot \left(\sum_{k=0}^{\infty} b_k x^k \right) = a_0 b_0 + (a_0 b_1 + a_1 b_0)x + (a_0 b_2 + a_1 b_1 + a_2 b_0)x^2$$
$$+ (a_0 b_3 + a_1 b_2 + a_2 b_1 + a_3 b_0)x^3 + \cdots$$

Es ist auch möglich, einen Quotienten aus zwei Potenzreihen zu bilden oder eine Potenzreihe umzukehren, aber das wollen wir uns ersparen und verweisen daher auf die entsprechende Literatur (z. B. [Bro93]) für die, die noch immer nicht genug haben. Jetzt kommen wir aber endlich zu dem für den Durchschnittsingenieur gaaaaanz wichtigen Thema: den *Taylor-Reihen*.

7.3.2.2 Entwicklung mit Taylor-Reihen

Wie wir oben angedeutet haben, ist die Taylor-Reihe für uns Ingenieure (wie auch für richtige Wissenschaftler) wichtig. Mit ihrer Hilfe können wir auch kompliziertere Funktionen durch eine Potenzreihe ersetzen. Wenn wir uns nur für eine bestimmte Stelle einer Funktion „interessieren", dann können wir an dieser Stelle (und die nähere Umgebung) mit so einer Taylor-Reihe nachmodellieren, so als ob wir mit dem Hammer ein Stück Blech über eine komplizierte Form dengeln! Ist die Umgebung klein genug, können wir sogar die eigentliche Funktion durch eine verkürzte Taylor-Reihe ersetzen, welche die tolle Eigenschaft hat, dass sie linear, also einfach ist. In einem solchen Fall nennen wir den Vorgang *Linearisierung*. Hiervon wird regelmäßig in der Regelungstechnik Gebrauch gemacht (aber nicht nur da), wenn wir uns für das von einem Betriebspunkt leicht abweichende Verhalten komplexer dynamischer Systeme (z. B. irgendeine Maschine) „interessieren", also für das sogenannte „Kleinsignalverhalten", siehe [Tie12].

Stellen wir uns also vor, wir haben eine Funktion $f(x)$, die das Verhalten eines bestimmten Parameters in Abhängigkeit eines anderen darstellt. Das kann z. B. die Temperatur $T(t)$ des Wassers eines Topfs auf der Herdplatte sein in Abhängigkeit von der Zeit t oder die Drehzahl $N(m)$ eines Motors von der eingespritzten Treibstoffmenge m. Dabei muss die Funktion $f(x)$ stetig und stetig ableitbar sein, d. h. auch ihre Ableitungen sind stetige Funktionen, zumindest in dem Bereich um eine Stelle x_0, die uns „interessiert". Diese Stelle x_0 stellt z. B. einen bestimmten Betriebspunkt dar (wir fahren beispielsweise im 5. Gang bei konstanter Drehzahl auf der Autobahn) und wollen das Verhalten eines Parameters *um diesen Zustand herum* untersuchen (wir geben Gas, um den Trödler auf der rechten Spur zu überholen und erhöhen damit die Motordrehzahl).

Die uns interessierende Funktion können wir durch folgende Potenzreihe, die *Taylor-Reihe*, die wir um eine Stelle x_0 „entwickeln", ersetzen bzw. annähern:

$$f(x) = f(x_0) + \frac{x-x_0}{1!}f'(x_0) + \frac{(x-x_0)^2}{2!}f''(x_0) + \cdots = \sum_{k=0}^{\infty} \frac{(x-x_0)^k}{k!} f^{(k)}(x_0). \qquad (7.10)$$

Wenn wir <u>alle</u> Glieder der Reihe (also $k \to \infty$) hinschreiben, so haben wir die Funktion <u>exakt</u> ersetzt, aber das würde auch ∞ lange dauern!

Zur Erinnerung: Das Ausrufezeichen hinter einer natürlichen Zahl nennt sich *Fakultät* und hat zur Rechenvorschrift:

$$n! = n \cdot (n-1) \cdot (n-2) \cdots 1, \text{ mit } 0! := 1.$$

Als Beispiel wollen wir die Funktion

$$f(x) = e^{3x}$$

um die Stelle $x_0 = 1$ entwickeln, also ersetzen bzw. annähern. Wir berechnen zu diesem Zweck zunächst die Ableitungen von $f(x)$:

$$f'(x) = 3e^{3x}, f''(x) = 9e^{3x}, \text{ bzw. } f^{(k)} = 3^k e^{3x}.$$

Setzen wir dann $x = x_0 = 1$ ein, erhalten wir für die Ableitungen $f^{(k)} = 3^k e^3$, die wir in 7.10 einsetzen:

$$f(x) = e^3 + (x-1) \cdot 3e^3 + \frac{(x-1)^2}{2} \cdot 9e^3 + \cdots = \sum_{k=0}^{\infty} 3^k e^3 \frac{(x-1)^k}{k!}.$$

Es ist recht unpraktisch, die ∞-te Ableitung zu bilden und die Differenz zwischen einem beliebigen x-Wert und der Entwicklungsstelle x_0 unendlich mal mit sich selbst zu multiplizieren. Sinnvollerweise wird der kluge und preisbewusste Ingenieur bei einem möglichst niedrigen Index n anhalten, wenn die Abweichung zwischen der Ersatzgleichung (die Taylor-Reihe) von der Originalfunktion ausreichend gering ist. Den „Fehler", den er dabei macht, fassen wir im Restglied R_n zusammen und können daher die Funktion $f(x)$ auch wie folgt schreiben:

$$f(x) = T_n + R_n = \sum_{k=0}^{n} \frac{(x-x_0)^k}{k!} f^{(k)}(x_0) + R_n. \qquad (7.11)$$

Der Unterschied zur vollständigen Taylor-Reihe aus Gleichung 7.10 ist, dass wir für die Näherung T_n nur bis zu einem Index n, der nicht unendlich ist, aufaddieren. Manchmal ist $n = 1$ und dann haben wir einfach eine Tangente an die Funktion gedengelt. Je größer aber n ist, desto kleiner ist das Restglied R_n, sofern die Reihe konvergiert und die Taylor-Reihe somit tatsächlich die Funktion $f(x)$ in der Umgebung von x_0 darstellen kann.

Nach dem *Satz von Taylor* kann das Restglied als

$$R_n = \frac{f^{(n+1)}(\xi)}{(n+1)!}(x-x_0)^{n+1}$$

geschrieben werden, wobei ξ zwischen x und x_0 liegt. Leider wissen wir nicht, wie groß ξ denn nun wirklich ist, so dass wir das Restglied nur abschätzen können. Glücklicherweise werden wir so etwas wohl nicht in einer Prüfung machen müssen.

In der Praxis lassen wir die Taylor-Näherung bei niedrigen Indizes abbrechen, weil die Genauigkeit meistens ausreicht. Für hohe Indizes wird nämlich die potenzierte Differenz $x-x_0$ schon bald sehr klein, sofern die Differenz $|x-x_0| < 1$ ist.

Darüber hinaus wird für sehr große Indizes die Fakultät davon (also $k!$) sehr groß, so dass der Bruch vor der Ableitung klein ist. Ist die „Abweichung" $|x-x_0| \ll 1$ sehr viel kleiner 1, können wir die Taylor-Näherung schon sehr früh abbrechen, in der Praxis oft schon bei $n = 2$, $n = 3$ oder $n = 4$. Ist sie wirklich minimal, so wie beim sogenannten „Kleinsignalverhalten"[5], brechen wir in der Praxis sogar bei $n = 1$ ab und nähern damit die betrachtete Funktion wie erwähnt durch eine Tangente mit folgender Gleichung an:

$$f(x) \approx f(x_0) + (x-x_0)f'(x_0) \text{ für } |x-x_0| \ll 1. \tag{7.12}$$

Das ist eben eine Geradengleichung und somit linear! Wir haben also die Funktion $f(x)$ um die Stelle x_0 herum *linearisiert*! Damit sind die Gesetzmäßigkeiten und Methoden der linearen Regelungstechnik anwendbar, die Ihr noch im Fach Regelungstechnik kennenlernen werdet. Dafür empfehlen wir das berühmte Buch von Herrn Dr. Romberg (siehe [Tie12]).

Aber nochmal, weil sooooo wichtig: Wir haben die Funktion durch eine Tangente an der Stelle x_0 ersetzt! Die Tangentengleichung an der Stelle x_0 ist nämlich

$$t(x) = f(x_0) + (x-x_0)\tan\gamma,$$

wobei der Winkel γ gleich dem Steigungswinkel der Tangente ist, also der Winkel, der von der Tangente selbst und der x-Achse eingeschlossen wird. Nun erinnern wir uns[6], dass die Ableitung $f'(x)$ gleich der Steigung der Funktion und somit der Tangente ist und diese durch $\tan\gamma$ ausgedrückt werden kann:

$$f'(x) = \tan\gamma \text{ bei } x = x_0.$$

Die Sache mit der Linearisierung kommt in vielen weiterführenden Ingenieursfächern vor, wie in Maschinendynamik, Antriebstechnik, Anlagenbau usw. usw. und man sollte das un-be-dingt beherrschen! Es handelt sich um eines dieser Themen, dessen Verständnis im Hinblick auf Prüfungen darüber entscheiden kann, ob man später in einem Taxi hinten oder aber am Steuer sitzt...

---

[5]Dieser Begriff aus der Regelungstechnik bedeutet, dass wir uns nur für das Verhalten eines Systems in der allernächsten Umgebung um einen bestimmten Betriebspunkt x_0 interessieren, d.h. die Abweichung $|x-x_0|$, die wir dabei betrachten, sind tatsächlich winzig.

[6]Falls nicht, schlagen wir im Kapitel 4 nach.

7.4 Die vollständige Induktion

Die *vollständige Induktion* hat nichts mit der Induktivität aus der E-Technik zu tun, sondern sie ist ein mathematisches Verfahren, um eine Behauptung zu beweisen, die für alle natürlichen Zahlen $n \in \mathbb{N}$ gültig sein soll. Das Thema ist eigentlich eher was für unsere Kollegen, die Mathematiker. Leider werden aber auch Studenten der Ingenieurswissenschaften damit unnötigerweise gequält und die vollständige Induktion kann auch Prüfungsstoff sein, so dass wir diese Methode hier nicht einfach so übergehen können (auch wenn wir noch so gerne wollten).

Das Verfahren der vollständigen Induktion setzt sich aus zwei Schritten zusammen, um zu beweisen, dass eine Aussage $A(n)$ für <u>alle</u> natürlichen Zahlen n gilt und nicht nur für ein paar bestimmte:

1. Der *Induktionsbeginn*: Wir weisen nach, dass die Aussage $A(n)$ für ein $n = n_0$ gilt, wobei n_0 eine beliebige natürliche Zahl ist.

2. In diesem Schritt setzen wir voraus, dass die Aussage $A(n)$, ausgehend von der Erkenntnis aus Schritt 1, gültig ist, d. h. auch für n wahr ist (das ist die *Induktionsvoraussetzung*). Dann müssen wir nur noch zeigen, dass das auch für „das nächste n" zutrifft, also wenn $n_1 = n + 1$ ist. Diesen Schritt nennen wir *Schluss von n auf $n + 1$*.

Haben wir beide Schritte durchgeführt und die Gültigkeit der Aussage nachgewiesen, können wir mit Fug und Recht behaupten, dass die Aussage für alle möglichen natürlichen Zahlen n gilt, weil ja auf <u>jedes</u> n ein nächstes n, nämlich $n + 1$, folgt, egal wie groß n ist! Die vollständige Induktion beruht nämlich auf der Idee, dass, wenn der Schluss von n auf $n + 1$ gültig ist (also wenn, nach unserer Voraussetzung, die Aussage wahr ist für n und wir dann nachweisen können, dass sie für

$n + 1$ auch gilt), dann können wir auch von der Gültigkeit bei $n + 1$ auf die Gültigkeit bei $n + 2$ schließen. Wenn man das Verfahren einmal begriffen hat, ist es nicht schwer anzuwenden. Wir wollen das an ein paar Beispielen demonstrieren.

Beispiel 1: Die Behauptung ist, dass

$$1 + 2 + 3 + \cdots + n = \frac{n(n+1)}{2} \text{ mit } n \in \mathbb{N}.$$

Schritt 1: Induktionsbeginn $n = 1$

Wir setzen einfach $n = 1$ in die Behauptung ein und überprüfen, ob sie korrekt ist, also

$$1 = \frac{1(1+1)}{2} = 1.$$

Das stimmt schon mal, soweit also alles richtig. Wir hätten aber natürlich auch ein anderes n einsetzen können!

Schritt 2: Schluss von n auf $n + 1$

Dabei setzen wir voraus(!), dass die Behauptung bereits für n richtig ist. Wir setzen dann einfach $n + 1$ ein, also

$$1 + 2 + 3 + \cdots + n + (n+1) = \frac{(n+1)[(n+1)+1]}{2} = \frac{(n+1)(n+2)}{2}.$$

Nun setzen wir die Induktionsvoraussetzung ein (also $1 + 2 + 3 + \cdots + n = \frac{n(n+1)}{2}$), was wir dürfen, weil sie nach unserer Voraussetzung ja richtig ist. Damit erhalten wir

$$\frac{n(n+1)}{2} + (n+1) = \frac{(n+1)(n+2)}{2}.$$

Wir bringen die linke Seite auf einen Nenner und bekommen

$$\frac{n^2 + 3n + 2}{2} = \frac{(n+1)(n+2)}{2}.$$

Die rechte Seite noch ausmultipliziert und wir sehen, dass auf beiden Seiten das Gleiche steht. Damit haben wir Schritt 2 abgeschlossen und die Richtigkeit der Aussage auch für $n + 1$ nachgewiesen. Damit haben wir erfolgreich mittels vollständiger Induktion bewiesen, dass die Aussage $1 + 2 + 3 + \cdots + n = \frac{n(n+1)}{2}$ mit $n \in \mathbb{N}$, und zwar wirklich für <u>alle</u> n gültig ist.

Beispiel 2: Wir sollen mit vollständiger Induktion folgende Ungleichung beweisen:

$$\frac{1}{\sqrt{1}} + \frac{1}{\sqrt{2}} + \frac{1}{\sqrt{3}} + \cdots = \sum_{k=1}^{n} \frac{1}{\sqrt{k}} > \sqrt{n} \text{ für alle } n \geq 2.$$

Schritt 1: Induktionsanfang

Wir setzen $n = 2$ und bekommen für den Induktionsanfang

$$1 + \frac{1}{\sqrt{2}} > 1{,}7 > \sqrt{2}.$$

Schritt 2: Wir setzen voraus, dass unsere Aussage für n richtig ist und setzen jetzt erst einmal $n + 1$ ein.

Wir erhalten

$$\sum_{k=1}^{n+1} \frac{1}{\sqrt{k}} = \sum_{k=1}^{n} \frac{1}{\sqrt{k}} + \frac{1}{\sqrt{n+1}} > \sqrt{n+1},$$

also:

$$\sum_{k=1}^{n} \frac{1}{\sqrt{k}} + \frac{1}{\sqrt{n+1}} > \sqrt{n+1}.$$

Da nach unserer Induktionsvoraussetzung gilt, dass

$$\sum_{k=1}^{n} \frac{1}{\sqrt{k}} > \sqrt{n}$$

und somit der erste Summand auf der linken Seite des Ungleichzeichens größer $\sqrt{n}$ ist, muss gelten, dass

$$\sum_{k=1}^{n} \frac{1}{\sqrt{k}} + \frac{1}{\sqrt{n+1}} > \sqrt{n} + \frac{1}{\sqrt{n+1}}.$$

Gleichzeitig soll aber unsere Aussage für $n + 1$ größer $\sqrt{n+1}$ sein, also

$$\sum_{k=1}^{n} \frac{1}{\sqrt{k}} + \frac{1}{\sqrt{n+1}} > \sqrt{n+1}.$$

Wenn wir nachweisen können, dass $\sqrt{n} + \frac{1}{\sqrt{n+1}} > \sqrt{n+1}$, dann haben wir für $n + 1$ die Gültigkeit der Aussage nachgewiesen. Versuchen wir es.

$$\sqrt{n} + \frac{1}{\sqrt{n+1}} = \frac{\sqrt{n}\sqrt{n+1} + 1}{\sqrt{n+1}} > \sqrt{n+1}.$$

Multiplizieren wir die Ungleichung mit $\sqrt{n+1}$ (das ist definitiv positiv, weshalb wir das Ungleichzeichen nicht umdrehen müssen), dann erhalten wir

$$\sqrt{n}\sqrt{n+1}+1 > n+1.$$

Das Ganze noch quadriert und umgeformt ergibt

$$n^2+n > n^2, \text{ bzw. } n > 0.$$

Das ist nun aber immer erfüllt! Wir haben also gezeigt, dass $\sqrt{n} + \frac{1}{\sqrt{n+1}} > \sqrt{n+1}$.

Weil nun $\sum\limits_{k=1}^{n} \frac{1}{\sqrt{k}} + \frac{1}{\sqrt{n+1}} > \sqrt{n} + \frac{1}{\sqrt{n+1}}$, ist

$$\sum_{k=1}^{n} \frac{1}{\sqrt{k}} + \frac{1}{\sqrt{n+1}} = \sum_{k=1}^{n+1} \frac{1}{\sqrt{k}} > \sqrt{n+1}.$$

Und genau das wollten wir nachweisen. Damit haben wir den Schluss von n auf $n+1$ auch nachgewiesen und somit mittels vollständiger Induktion den Nachweis angetreten, dass die Behauptung korrekt ist.

Das Prinzip der vollständigen Induktion ist also nicht wirklich schwer. Allerdings ist beim Führen des Beweises mittels der vollständigen Induktion manchmal ein wenig Kreativität (oder alternativ Ausprobieren) beim Umformen gefragt. Die Erfahrung zeigt, dass es dabei hilft, viele verschiedene Aufgaben zur vollständigen Induktion selbst zu lösen, weshalb wir Euch empfehlen, das Verfahren fleißig zu üben. Vielleicht gelingt Euch ja dann der Beweis durch vollständige Induktion, dass alle einsamen Socken auch wirklich in den Sammelsack passen, den Ihr schon bis zum Rand vollgestopft habt.

8 Zum Vermeiden von Fehlern in der Matrix: Matrizen

Ein für den Ingenieur wichtiges Gebiet der Mathematik heißt *Matrizen*[1]. Auf sie wird in vielen Ingenieursdisziplinen zurückgegriffen. So werden die Trägheitsmomente von Bauteilen in Matrizen zusammengefasst. Beim Aufstellen des Drehimpulssatzes für zwei- oder dreidimensionale Problemstellungen (siehe [Mag90] oder [Hau02]) oder wenn Vektoren in einem anderen, gegenüber einem ursprünglichen Koordinatensystem gedrehten neuen Koordinatensystem dargestellt werden sollen, was z. B. beim Aufstellen der Bewegungsgleichungen eines Flugzeugs notwendig ist, benötigen wir Matrizen. Auch hier gilt: keine Panik! Es sieht viiieeeel schlimmer aus als es ist, wie so oft im Leben!

---

[1]Laut Herrn Dr. Romberg könne man sich diesen Namen gut merken, weil Matrizen auch eine rechteckige Form haben – wie Matratzen.

Darüber hinaus greift der Regelungstechniker gerne darauf zurück, um bestimmte Aufgaben „elegant" zu lösen (siehe [Tie12]). Nicht zuletzt sind Matrizen ein prima Hilfsmittel, um generell lineare Gleichungssysteme auf relativ einfache Weise zu lösen. Keine Panik! Es kommt jetzt auch ein Beispiel aus der E-Technik. Hierzu schauen wir uns den einfachen Stromkreis aus Abbildung 8.1 an.

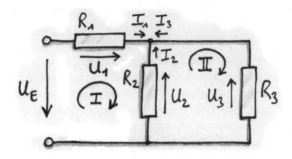

Abbildung 8.1: Die elektrische Kreisschaltung für unser Beispiel

Für diesen Stromkreis stellen wir die Maschen- und Knotengleichung auf, um die Ströme I (die in unserem Beispiel die Unbekannten darstellen) zu bestimmen.

Knotengleichung: $I_1 + I_2 + I_3 = 0$.
Maschengleichung I: $U_1 - U_2 - U_E = 0$.
Maschengleichung II: $U_2 - U_3 = 0$.

Für die Spannungen in den beiden Maschengleichungen setzen wir die Beziehung $U = R \cdot I$ (Ohmsches Gesetz) ein und stellen dann für sämtliche Gleichungen alle Terme, die nicht von unseren Unbekannten (den Strömen I) abhängen, auf die rechte Seite. Wir erhalten so folgendes Gleichungssystem mit den Unbekannten I_1, I_2 und I_3:

$$I_1 + I_2 + I_3 = 0 \qquad\qquad (1)$$
$$R_1 I_1 - R_2 I_2 = U_E \qquad\qquad (2)$$
$$R_2 I_2 - R_3 I_3 = 0 \qquad\qquad (3)$$

Damit haben wir ein *lineares* Gleichungssystem aufgestellt, d. h. die Unbekannten I_i treten nicht quadratisch (I^2) oder kubisch (I^3) oder sonst wie krumm auf! Um I_1, I_2 und I_3 berechnen zu können, müssten wir jetzt anfangen, die Gleichungen abwechselnd nach einer Unbekannten aufzulösen (als ersten Schritt empfiehlt es sich, die dritte Gleichung nach I_2 aufzulösen) und in die anderen einzusetzen (unser zweiter Schritt wäre, das im ersten Schritt erhaltene I_2 in die zweite Gleichung einzusetzen und dann nach I_1 aufzulösen).

Nun sind viele Mathematiker von Natur aus schreibfaul und haben genau deshalb die Matrizen erfunden, mit der sich das Gleichungssystem etwas verkürzt schreiben (die Pluszeichen fallen weg!) und das Auflösen und Einsetzen vereinfachen lässt. Um die Matrixgleichung aufzustellen, werden die *Koeffizienten* (die Konstanten vor jeder Unbekannten I_i) auf der linken Seite (die

Widerstände R_1, R_2 und R_3) mitsamt ihren Vorzeichen in eine *Matrix* geschrieben:

$$\begin{pmatrix} 1 & 1 & 1 \\ R_1 & -R_2 & 0 \\ 0 & R_2 & -R_3 \end{pmatrix}.$$

Wir haben dafür einfach die Unbekannten (also die Variablen I_i) weggelassen und nur die Koeffizienten hingeschrieben, in der 1. Zeile (= 1. Gleichung) überall den Wert 1. Die Variablen I_i werden später als Vektor wieder dazu multipliziert! Da in Gleichung zwei und drei jeweils eine der drei Variablen I_i fehlt (I_3 und I_1) haben wir an der entsprechenden Stelle eine 0 geschrieben. Wichtig ist bei diesem Schritt, dass Ihr die Variablen im Gleichungssystem so ordnet, dass die gleichen Unbekannten untereinander geschrieben werden, so dass die Koeffizienten, die zu einer Variablen (z. B. die Koeffizienten in den drei Gleichungen von I_2) in der Matrix in einer Spalte stehen, sonst läuft die spätere Multiplikation schief (dazu kommen wir noch!). In einer Zeile der Matrix stehen also die Koeffizienten einer Gleichung aus dem Gleichungssystem. All das ist auf der Faulheit so manchen Mathematikers begründet!

Nun brauchen wir noch eine Darstellung des Rests, um die Matrixgleichung zu vervollständigen. Hierzu multiplizieren wir *von rechts* (die Seite ist hier sehr wichtig!) den Vektor, mit dessen Hilfe wir die Unbekannten I_1, I_2 und I_3 zusammenfassen, und zwar so, dass die oberste Komponente des Vektors der Unbekannten entspricht, deren Koeffizienten wir in die erste Spalte (von links) der Matrix geschrieben haben. Die zweite Komponente entspricht der Unbekannten mit den Koeffizienten in der zweiten Spalte, usw. Warum das so gemacht wird, werdet Ihr verstehen, wenn wir die Matrizenmultiplikation behandeln.

Wir stellen zu guter Letzt die rechte Seite der Gleichung auf, und das ist ganz einfach, denn wir schreiben einfach die Werte in der Reihenfolge, wie die Gleichungen im Gleichungssystem stehen, als Komponenten eines Vektors. Zur Verdeutlichung: Die erste Komponente dieses Vektors entspricht der Gleichung, deren Koeffizienten in der Matrix in der ersten Zeile stehen. Die zweite Komponente entspricht den Koeffizienten der zweiten Zeile, usw.

Somit ergibt sich für unser Gleichungssystem folgende Matrixschreibweise:

$$\begin{pmatrix} 1 & 1 & 1 \\ R_1 & -R_2 & 0 \\ 0 & R_2 & -R_3 \end{pmatrix} \begin{pmatrix} I_1 \\ I_2 \\ I_3 \end{pmatrix} = \begin{pmatrix} 0 \\ U_E \\ 0 \end{pmatrix}. \tag{8.1}$$

In Symbolen ausgedrückt:

$$A\vec{x} = \vec{y}, \tag{8.2}$$

mit

$$A = \begin{pmatrix} 1 & 1 & 1 \\ R_1 & -R_2 & 0 \\ 0 & R_2 & -R_3 \end{pmatrix},$$

$$\vec{x} = \begin{pmatrix} I_1 \\ I_2 \\ I_3 \end{pmatrix}$$

und dem „Zielvektor"

$$\vec{y} = \begin{pmatrix} 0 \\ U_E \\ 0 \end{pmatrix}.$$

Lineare Gleichungssysteme, deren „Zielvektor" gleich dem Nullvektor $\vec{0}$ sind (d. h. der Vektor $\vec{y}$, der auf der rechten Seite der obigen Gleichung steht), heißen *homogen*, andernfalls *inhomogen*. Unser Gleichungssystem ist also inhomogen. Alle homogenen Gleichungssysteme besitzen u. a. die triviale Lösung $\vec{x} = \vec{0}$.

Als weiteres Beispiel, auf das wir später noch einmal zurückgreifen wollen, möchten wir Euch zeigen, wie wir einen Vektor in zwei verschiedenen Koordinatensystemen darstellen können, wenn eines von beidem gegenüber dem anderen um eine der Achsen gedreht ist (in unserem Beispiel um die z-Achse). Wir möchten also wissen, wie wir die Komponenten des Vektors

$$\vec{v} = \begin{pmatrix} v_x \\ v_y \\ v_z \end{pmatrix}$$

im xyz-Koordinatensystem dargestellt in einem um die z-Achse gedrehten $x'y'z'$-Koordinatensystem[2] schreiben können. Die Problemstellung wird in Abbildung 8.2 gezeigt.

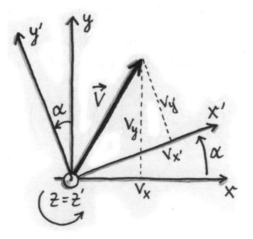

Abbildung 8.2: Rotation um die z-Achse

---

[2]Hier kennzeichnet der Strich nicht die Ableitung (siehe Kapitel 4), sondern lediglich die Tatsache, dass es sich hier um ein gedrehtes Koordinatensystem handelt.

Eine solche Koordinatentransformation wird der Ingenieur immer wieder benötigen. Ist z. B. die Bewegung eines Körpers (z. B. der berühmte Ball) in einem sich bewegenden System (z. B. in einem fahrenden Zug) bekannt, wir sollen aber die Bewegung von einem ruhenden System aus beschreiben (also z. B. aus der Sicht eines an einer Schranke wartenden Autofahrers), dann benötigen wir hierzu die Koordinatentransformation. Wie das genau funktioniert, wird in jedem anständigen Mechanikbuch beschrieben, z. B. in [Mag90].

Wir stellen dazu die Gleichungen für jede Komponente des Vektors auf:

$$v_{x'} = v_x \cos \alpha + v_y \sin \alpha \tag{1}$$

$$v_{y'} = -v_x \sin \alpha + v_y \cos \alpha \tag{2}$$

$$v_{z'} = v_z \tag{3}$$

Da die Rotation um die z-Achse stattfindet, ändert sich die z-Komponente nicht und ist daher gleich der ursprünglichen Komponente.

Die Unbekannten (die Komponenten des Vektors, geschrieben im neuen Koordinatensystem) befinden sich diesmal bereits aufgelöst auf einer Seite, aber das hindert uns nicht, wie für das vorangegangene Beispiel daraus eine Matrixgleichung machen:

$$\begin{pmatrix} v_{x'} \\ v_{y'} \\ v_{z'} \end{pmatrix} = \begin{pmatrix} \cos \alpha & \sin \alpha & 0 \\ -\sin \alpha & \cos \alpha & 0 \\ 0 & 0 & 1 \end{pmatrix} \begin{pmatrix} v_x \\ v_y \\ v_z \end{pmatrix}.$$

Die Matrix wird auch oft Transformationsmatrix genannt und, weil es sich hier um eine Drehung handelt, manchmal auch Rotationsmatrix. Rotationsmatrizen sind spezielle Matrizen mit besonderen Eigenschaften, worauf wir aber später noch zurückkommen werden.

8.1 Grundlegendes über die Matrix

Bevor wir uns daran machen, Matrizen zu manipulieren, wollen wir ein paar Begriffe und Definitionen einführen, die wir immer wieder verwenden werden. Und nochmal: Matrizen sind gaaaaanz wichtig fürs Ingenieurstudium! Man braucht sie überall und immer wieder, obwohl es gerüchteweise auch Studiengänge gibt, die ohne Matrizen auskommen...

Wie wir gesehen haben, bestehen Matrizen aus einer bestimmten Anzahl von Zeilen und Spalten (nicht notwendigerweise gleich). Eine Matrix, die m Zeilen und n Spalten hat, bezeichnen wir als $m \times n$-Matrix, wobei wir immer die Zeile zuerst nennen (Merke: Zeile mal Spalte).

Jedes Element der Matrix hat in der Symboldarstellung zwei Koeffizienten, die ihre Position innerhalb der Matrix eindeutig festlegen, z. B. für eine 4×3-Matrix:

$$A = \begin{pmatrix} a_{11} & a_{12} & a_{13} \\ a_{21} & a_{22} & a_{23} \\ a_{31} & a_{32} & a_{33} \\ a_{41} & a_{42} & a_{43} \end{pmatrix}.$$

Matrizen werden allgemein mit einem großen, manchmal fett gedruckten lateinischen Buchsta-

Matrizen gleich, wenn beide sowohl die gleiche Spalten- wie Zeilenanzahl haben und zusätzlich gilt, dass jedes Element an einer bestimmten Position der einen Matrix gleich dem Element an der gleichen Position der anderen Matrix ist, also:

$$A = B \Leftrightarrow a_{ij} = b_{ij}.$$

Ist auch nur ein Element verschieden, dann ist $A \neq B$. Sind alle Elemente einer Matrix 0, dann heißt sie *Nullmatrix*.

Als *quadratisch* werden Matrizen bezeichnet, deren Zeilenzahl gleich der Spaltenzahl ist, also $m = n$.

Die Elemente a_{ij}, deren Zeilenindex i (die erste Zahl im Index) gleich dem Spaltenindex j (die zweite Zahl im Index) ist, heißen *Diagonalelemente* und die Diagonale einer Matrix setzt sich aus diesen Elementen zusammen, also aus $a_{11}, a_{22}, \ldots, a_{nn}$.

Matrizen, für die alle Elemente außer ihrer Diagonalelemente 0 sind, nennen wir *Diagonalmatrix*. Sind diese Diagonalelemente obendrein alle 1 und ist die Matrix quadratisch, dann sprechen wir von einer *Einheitsmatrix*, hier z. B. für eine 4×4-Einheitsmatrix:

$$E = \begin{pmatrix} 1 & 0 & 0 & 0 \\ 0 & 1 & 0 & 0 \\ 0 & 0 & 1 & 0 \\ 0 & 0 & 0 & 1 \end{pmatrix}.$$

ben dargestellt, der in manchen Büchern auch mal unterstrichen sein kann. Wir nennen zwei
Die Einheitsmatrix hat die gleiche Funktion wie die Zahl 1 bei den Zahlen: Eine Multiplikation
mit ihr bewirkt keine Änderung, d. h.

$$E \cdot A = A \cdot E = A.$$

Wie Matrizen miteinander multipliziert werden, sehen wir im nächsten Abschnitt!

Unter *Transponieren* einer Matrix verstehen wir die Matrix so umschreiben, dass die Spalten zu Zeilen der Matrix werden, d. h. die erste Zeile der Matrix wird zur ersten Spalte, usw. Kennzeichnen wollen wir das, indem wir ein hochgestelltes T an den Buchstaben, der die Matrix repräsentiert, oder an die zu transponierende Matrix selbst schreiben.

Beispiel:

$$A = \begin{pmatrix} 1 & 4 & 2 \\ 2 & 5 & 3 \\ 0 & 2 & -1 \\ 4 & -3 & -5 \end{pmatrix} \rightarrow A^T = \begin{pmatrix} 1 & 4 & 2 \\ 2 & 5 & 3 \\ 0 & 2 & -1 \\ 4 & -3 & -5 \end{pmatrix}^T = \begin{pmatrix} 1 & 2 & 0 & 4 \\ 4 & 5 & 2 & -3 \\ 2 & 3 & -1 & -5 \end{pmatrix}.$$

Eine quadratische Matrix heiß *symmetrisch*, wenn gilt: $a_{ij} = a_{ji}$. Beispiel:

$$A = \begin{pmatrix} 2 & 5 & 0 & -7 \\ 5 & 6 & -1 & 8 \\ 0 & -1 & 3 & 2 \\ -7 & 8 & 2 & 0 \end{pmatrix}.$$

Für diese gilt auch, dass

$$A = A^T.$$

Wir nennen eine Matrix *schiefsymmetrisch*[3], wenn gilt, dass $a_{ij} = -a_{ji}$ bzw. $A = -A^T$, z. B.:

$$A = \begin{pmatrix} 0 & 5 & 0 & -7 \\ -5 & 0 & -1 & 8 \\ 0 & 1 & 0 & 2 \\ 7 & -8 & -2 & 0 \end{pmatrix}.$$

Bei einer schiefsymmetrischen Matrix sind alle Diagonalelemente 0.

Die *Inverse* einer Matrix, gekennzeichnet durch ein hochgestelltes -1, nennen wir die Matrix, für die gilt:

$$A^{-1}A = AA^{-1} = E,$$

wir erhalten also die Einheitsmatrix, wenn wir die invertierte Matrix mit der nicht invertierten multiplizieren. Wie wir die Inverse berechnen (wir sagen auch, wir invertieren die Matrix), sehen wir später. Allerdings eins schon vorab: Nicht alle Matrizen können invertiert werden! Darauf kommen wir noch zurück, also keine Panik!

---

[3]Frau Dipl.-Ing. Dietlein wirft ein, dass dieser Ausdruck nicht böse gemeint sei.

Es gibt übrigens auch Matrizen, deren Inverse gleich der Transponierten ist, also:

$$A^{-1} = A^T.$$

Solche Matrizen werden von den Mathematikern und ähnlichen Mitbürgern gern auch *orthogonal* genannt.

8.2 Rechnen mit der Matrix

In diesem Abschnitt soll gezeigt werden, wie wir mit Matrizen multiplizieren, sie addieren und wie wir die Inverse berechnen. Die Autoren weisen ausdrücklich darauf hin, dass beim Rechnen mit Matrizen sich Zeit gelassen werden soll, denn das Verrechnungspotential geht $\to \infty$. Also: nur keine Eile!

EILE MIT FEILE.

8.2.1 Addition

Wir addieren zwei Matrizen komponentenweise, d. h. für $C = A + B$ gilt

$$c_{ij} = a_{ij} + b_{ij}.$$

Beispiel:

$$A = \begin{pmatrix} 1 & 4 & 5 \\ 2 & 4 & -3 \end{pmatrix}, B = \begin{pmatrix} 3 & -2 & 9 \\ 2 & 1 & 3 \end{pmatrix},$$

dann ist $C = A + B$

$$C = \begin{pmatrix} 1 & 4 & 5 \\ 2 & 4 & -3 \end{pmatrix} + \begin{pmatrix} 3 & -2 & 9 \\ 2 & 1 & 3 \end{pmatrix} = \begin{pmatrix} 1+3 & 4-2 & 5+9 \\ 2+2 & 4+1 & -3+3 \end{pmatrix} = \begin{pmatrix} 4 & 2 & 14 \\ 4 & 5 & 0 \end{pmatrix}.$$

Es ist hierbei egal, ob Ihr $A + B$ oder $B + A$ berechnet.

Versucht allerdings gar nicht erst, Matrizen, deren Spalten- oder Zeilenzahl verschieden sind, miteinander zu addieren, das wird nicht gehen! Die Addition zweier Matrizen kann nur gelingen, wenn ihre Zeilenzahl m und Spaltenzahl n identisch sind!

Die Subtraktion funktioniert genauso, wenn wir die abzuziehende Matrix mit -1 multiplizieren (siehe nächster Abschnitt) und dann beide Matrizen addieren:

$$C = A - B = A + (-1) \cdot B.$$

8.2.2 Multiplikation mit einer Zahl

Auch hier geschieht das Rechnen komponentenweise, d. h. wir multiplizieren jede Komponente einzeln mit dieser Zahl:

$$B = k \cdot A \rightarrow b_{ij} = ka_{ij}.$$

Beispiel:

$$A = \begin{pmatrix} 1 & 4 & 5 \\ 2 & 4 & -3 \end{pmatrix}, k = 2,$$

dann ist $B = kA$

$$B = \begin{pmatrix} 2 \cdot 1 & 2 \cdot 4 & 2 \cdot 5 \\ 2 \cdot 2 & 2 \cdot 4 & 2 \cdot -3 \end{pmatrix} = \begin{pmatrix} 2 & 8 & 10 \\ 4 & 8 & -6 \end{pmatrix}.$$

8.2.3 Multiplikation zweier Matrizen

Leider ist die Multiplikation zweier Matrizen nicht ganz so einfach, aber wir werden später noch eine bewährte Methode vorstellen, die sehr hilfreich ist.

Um zwei Matrizen miteinander multiplizieren zu können, sind zunächst aber ein paar wichtige Dinge zu beachten:

1. Die *Reihenfolge*, wie die Matrizen multipliziert werden, ist seeeeeehr wichtig! Es gilt also in den allermeisten Fällen $A \cdot B \neq B \cdot A$!

2. Die Spaltenzahl der links stehenden Matrix muss gleich der Zeilenzahl der rechts stehenden Matrix sein! Ist A eine $m \times l$ Matrix und B eine $l \times n$ Matrix, dann geht das. Das Ergebnis der Multiplikation $C = A \cdot B$ ist dann eine $m \times n$ Matrix!

Multipliziert werden die beiden Matrizen „Zeilen $\times$ Spalten-weise" (das wird auch *inneres Produkt* genannt.), um den Wert einer Position der neuen Matrix zu erhalten. Die Mathematiker schreiben die Multiplikation $C = AB$ allgemeingültig wie folgt:

$$c_{ik} = a_{i1}b_{1k} + a_{i2}b_{2k} + \cdots + a_{il}b_{lk} = \sum_{j=1}^{l} a_{ij}b_{jk}, \text{ mit } i = 1, \ldots, m, k = 1, \ldots, n.$$

OK, das sieht jetzt auf den ersten Blick schon beeindruckend aus, nützt dem Ingeniör aber wenig. Also heißt es auch hier: keine Panik! Ein bisschen weiter unten folgt eine gaaaaaanz einfache Methode für das Multiplizieren von Matrizen. Trotzdem seien diese Formelitätlichkeiten der Vollständigkeit halber auch in diesem Buch gezeigt, um die Kritiker aus der Nachbarliteratur zu besänftigen.

Wenn wir also die Komponente c_{ik}, also diejenige in Zeile i und Spalte k, des Ergebnisses C berechnen wollen, müssen wir komponentenweise die Elemente der Zeile i der Matrix A mit denen der Spalte k der Matrix B multiplizieren und diese dann addieren. Dies machen wir für jedes Element der neuen Matrix C.

Ein Beispiel: Wir haben die 2×3 Matrix A mit

$$A = \begin{pmatrix} 1 & 4 & 2 \\ 0 & -1 & 5 \end{pmatrix}$$

und multiplizieren diese mit einer Matrix B „von rechts" (d. h. wir schreiben B rechts an die Matrix A: $C = AB$). Die 3×3 Matrix B für unser Beispiel lautet

$$B = \begin{pmatrix} 3 & -1 & 4 \\ 5 & 0 & -2 \\ 3 & 7 & -1 \end{pmatrix}.$$

Die Spaltenzahl der Matrix A, die links steht, ist 3 und damit genauso groß wie die Zeilenzahl der Matrix B. Wir können sie also wirklich miteinander multiplizieren. Zu diesem Zweck wird z. B. für das Element c_{11} die erste Zeile der Matrix A mit der ersten Spalte der Matrix B komponentenweise multipliziert und anschließend aufaddiert:

$$A \cdot B = \begin{pmatrix} 1 & 4 & 2 \\ 0 & -1 & 5 \end{pmatrix} \begin{pmatrix} 3 & -1 & 4 \\ 5 & 0 & -2 \\ 3 & 7 & -1 \end{pmatrix}$$

$$= \begin{pmatrix} 1 \cdot 3 + 4 \cdot 5 + 2 \cdot 3 & 1 \cdot -1 + 4 \cdot 0 + 2 \cdot 7 & 1 \cdot 4 + 4 \cdot -2 + 2 \cdot -1 \\ 0 \cdot 3 + (-1) \cdot 5 + 5 \cdot 3 & 0 \cdot -1 + (-1) \cdot 0 + 5 \cdot 7 & 0 \cdot 4 + (-1) \cdot -2 + 5 \cdot -1 \end{pmatrix}$$

$$= \begin{pmatrix} 3 + 20 + 6 & -1 + 0 + 14 & 4 - 8 - 2 \\ 0 - 5 + 15 & 0 + 0 + 35 & 0 + 2 - 5 \end{pmatrix} = \begin{pmatrix} 29 & 13 & -6 \\ 10 & 35 & -3 \end{pmatrix}.$$

Wenn Ihr nun versucht, für dieses Beispiel die Reihenfolge der Matrizen zu vertauschen (also $B \cdot A$ statt $A \cdot B$), werdet Ihr schnell merken, dass es nicht geht (probiert es ruhig mal aus!).

Jetzt aber zu dem versprochenen Verfahren, das die Multiplikation handlicher macht. Hierzu zeichnen wir auf einem Blatt Papier zwei Linien, die eine waagerecht, die andere senkrecht und zwar so, dass sie sich ungefähr in der Mitte schneiden. Nun tragen wir in dem entstehenden Kästchen *unten links* die Elemente der *linken* Matrix und *oben rechts* die der *rechten* Matrix ein. Unten rechts werden wir dann die Elemente der sich ergebenden Matrix schreiben (also das Ergebnis).

Führen wir das anhand unseres Beispiels durch, indem wir in die zwei Kästchen des aufgezeichneten Kreuzes die beiden Matrizen schreiben, wie oben beschrieben:

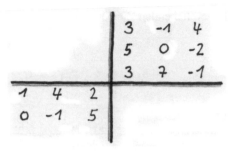

Wir berechnen die erste Position (also c_{11}): Wir bilden wie beschrieben das innere Produkt aus der ersten Zeile der Matrix links unten und der ersten Spalte der Matrix rechts oben, also:

$$c_{11} = 1 \cdot 3 + 4 \cdot 5 + 2 \cdot 3 = 29,$$

und tragen den erhaltenen Wert an die entsprechende Stelle im Kästchen unten rechts ein:

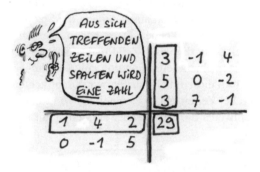

Die Zeile und Spalte, die miteinander multipliziert werden sollen, sind eingerahmt.

Wir tun das Gleiche für das Element c_{12}, also das Element in Zeile 1 und Spalte 2:

$$c_{12} = 1 \cdot -1 + 4 \cdot 0 + 2 \cdot 7 = 13.$$

Und eingetragen:

So gehen wir weiter für alle verbleibenden Elemente der Matrix C vor, bis wir alle Positionen ausgefüllt haben:

$$
\begin{array}{cc|ccc}
 & & 3 & -1 & 4 \\
 & & 5 & 0 & -2 \\
 & & 3 & 7 & -1 \\
\hline
1 & 4 & 2 & 29 & 13 & -6 \\
0 & -1 & 5 & 10 & 35 & -3 \\
\end{array}
$$

Am Besten probiert Ihr selbst einmal, die nach Schritt 2 offenen Elemente zu berechnen und überprüft dann Euer Ergebnis.

Die Multiplikation mit einem Vektor, wie wir sie immer wieder einmal durchführen müssen, funktioniert übrigens genauso, wenn wir den Vektor als $m \times 1$ oder $1 \times n$ Matrix auffassen, also eine Matrix aus m Zeilen und 1 Spalte bzw. aus 1 Zeile und n Spalten. Die $m \times 1$ Matrizen (also die Vektoren, wie wir sie in Kapitel 5 kennengelernt haben) werden übrigens auch *Spaltenvektoren* genannt, wogegen Vektoren, die aus 1 Zeile und n Spalten bestehen, als *Zeilenvektoren* bezeichnet werden. Wir können einen Zeilenvektor in einen Spaltenvektor transformieren, wenn wir ihn transponieren! Auch in diesem Fall müssen wir darauf achten, dass die Spaltenzahl des linken Produktterms gleich der Zeilenzahl des rechten ist! Ein Vektor ist also nichts anderes als eine Matrix, bei der aber entweder die Spalten oder die Zeilen nur in der Einzahl vorkommen!

Zum Abschluss dieses Abschnitts möchten wir auf unser Beispiel der Rotation eines Koordinatensystems zurückkommen, da dies eine Anwendung der Matrizenmultiplikation ist, mit der der Ingenieur oder die Ingenieurin sich öfter mal konfrontiert sieht.

Wir haben eingangs die Rotationsmatrix für eine Rotation des Koordinatensystems um die z-Achse aufgestellt:

$$\begin{pmatrix} v_{x'} \\ v_{y'} \\ v_{z'} \end{pmatrix} = \begin{pmatrix} \cos\alpha & \sin\alpha & 0 \\ -\sin\alpha & \cos\alpha & 0 \\ 0 & 0 & 1 \end{pmatrix} \begin{pmatrix} v_x \\ v_y \\ v_z \end{pmatrix}. \tag{8.3}$$

Es kann vorkommen, dass das Koordinatensystem nicht gegenüber einer der Koordinatenachsen gedreht ist, sondern um eine beliebige Achse im Raum. In so einem Fall behelfen wir uns, indem wir nacheinander zwei oder drei Rotationen um Koordinatenachsen durchführen, bis unser so erhaltenes Koordinatensystem mit dem neuen Koordinatensystem zur Deckung kommt. Als Beispiel wollen wir eine Rotation um die z-Achse durchführen und anschließend eine um die *sich nach der ersten Rotation ergebenden neuen y'-Achse*.

Für die erste Rotation, die das Koordinatensystem xyz in das Koordinatensystem $x'y'z'$ überführt, haben wir bereits die Matrix aufgestellt. Jetzt fehlt nur noch die Rotation um die y'-Achse, um die wir das Koordinatensystem um den Winkel β drehen wollen wie in Abbildung 8.3. Damit überführen wir das $x'y'z'$-Achsensystem in das $x''y''z''$-Achsensystem über.

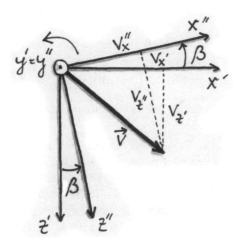

Abbildung 8.3: Rotation um die y'-Achse.

Das zugehörige Gleichungssystem zur Berechnung des Vektors im neuen Koordinatensystem lautet:

$$v_{x''} = x'\cos\beta + z'\sin\beta, \tag{1}$$
$$v_{y''} = y', \tag{2}$$
$$v_{z''} = -x'\sin\beta + z'\cos\beta. \tag{3}$$

Als Matrixgleichung geschrieben lautet es

$$\begin{pmatrix} v_{x''} \\ v_{y''} \\ v_{z''} \end{pmatrix} = \begin{pmatrix} \cos\beta & 0 & \sin\beta \\ 0 & 1 & 0 \\ -\sin\beta & 0 & \cos\beta \end{pmatrix} \begin{pmatrix} v_{x'} \\ v_{y'} \\ v_{z'} \end{pmatrix}. \tag{8.4}$$

Setzen wir in die Gleichung 8.4 die Gleichung für den Vektor, geschrieben im $x'y'z'$-Koordinatensystem, ein

$$\vec{v} = \begin{pmatrix} v_{x'} \\ v_{y'} \\ v_{z'} \end{pmatrix},$$

dann erhalten wir die Gleichung, mit deren Hilfe wir den Vektor $\vec{v}$ im zweimal auf oben beschriebene Weise gedrehten Koordinatensystem:

$$\begin{pmatrix} v_{x''} \\ v_{y''} \\ v_{z''} \end{pmatrix} = \begin{pmatrix} \cos\beta & 0 & \sin\beta \\ 0 & 1 & 0 \\ -\sin\beta & 0 & \cos\beta \end{pmatrix} \begin{pmatrix} \cos\alpha & \sin\alpha & 0 \\ -\sin\alpha & \cos\alpha & 0 \\ 0 & 0 & 1 \end{pmatrix} \begin{pmatrix} v_x \\ v_y \\ v_z \end{pmatrix}. \tag{8.5}$$

Multiplizieren wir die beiden Matrizen genauso wie oben gezeigt aus, erhalten wir

$$\begin{pmatrix} v_{x''} \\ v_{y''} \\ v_{z''} \end{pmatrix} = \begin{pmatrix} \cos\alpha\cos\beta & \sin\alpha\cos\beta & \sin\beta \\ -\sin\alpha & \cos\alpha & 0 \\ -\cos\alpha\sin\beta & -\sin\alpha\sin\beta & \cos\beta \end{pmatrix} \begin{pmatrix} v_x \\ v_y \\ v_z \end{pmatrix}. \tag{8.6}$$

Wie wir sehen[4], lassen sich zwei nacheinander ausgeführte Rotationen eines Koordinatensystems als Matrizenmultiplikation darstellen!

Wie schon erwähnt, spielt die Reihenfolge, in der Matrizen miteinander multipliziert werden, eine große Rolle und das Vertauschen ist, anders als bei Zahlen, in den allermeisten Fällen nicht einfach so möglich, weil es nämlich das Ergebnis ändert! Das ist auch so, wenn wir zwei Rotationen eines Koordinatensystems durchführen (oder wenn wir einen Vektor um zwei verschiedene Achsen rotieren)! Vertauschen wir die Rotationsreihenfolge, also erst um die z-Achse und dann um die neu erhaltene x'-Achse, dann lauten die Matrizen zwar gleich, aber sie stehen in vertauschter Reihenfolge:

$$\begin{pmatrix} v_{x''} \\ v_{y''} \\ v_{z''} \end{pmatrix} = \begin{pmatrix} \cos\alpha & \sin\alpha & 0 \\ -\sin\alpha & \cos\alpha & 0 \\ 0 & 0 & 1 \end{pmatrix} \begin{pmatrix} \cos\beta & 0 & \sin\beta \\ 0 & 1 & 0 \\ -\sin\beta & 0 & \cos\beta \end{pmatrix} \begin{pmatrix} v_x \\ v_y \\ v_z \end{pmatrix}. \tag{8.7}$$

Wenn wir sie ausmultiplizieren, dann erhalten wir die Gleichung

---

[4]Dieser Ausdruck stellt die Dietleinsche Version der häufig in der Mathe-Literatur verwendete Expression „wie man leicht sieht" dar.

$$\begin{pmatrix} v_{x''} \\ v_{y''} \\ v_{z''} \end{pmatrix} = \begin{pmatrix} \cos\alpha\cos\beta & \sin\alpha & \cos\alpha\sin\beta \\ -\sin\alpha\cos\beta & \cos\alpha & -\sin\alpha\sin\beta \\ -\sin\beta & 0 & \cos\beta \end{pmatrix} \begin{pmatrix} v_x \\ v_y \\ v_z \end{pmatrix}. \tag{8.8}$$

Wie wir sehen, sind die Matrizen für die beiden verschiedenen Rotationsreihenfolgen ebenfalls verschieden. Und das ist auch gut so, denn probiert mal mit der Rechten-Hand-Regel aus, die zwei Rotationsreihenfolgen nachzuahmen. Euer Mittelfinger wird danach in eine andere Richtung zeigen. Je nach Mittelfingerrichtung könne man laut Herrn Dr. Romberg mit Hilfe dieser Fragestellung seine Meinung gegenüber seinem Professor auch pantomimisch zum Ausdruck bringen! Frau Dipl.-Ing. Dietlein weist daraufhin ausdrücklich darauf hin, dass dies nicht als Verhaltensempfehlung zu sehen ist! Abbildung 8.4 veranschaulicht das auch noch zeichnerisch (also dass das Vertauschen von Rotationen zu unterschiedlichen Ergebnissen führt, nicht das mit dem Mittelfinger).

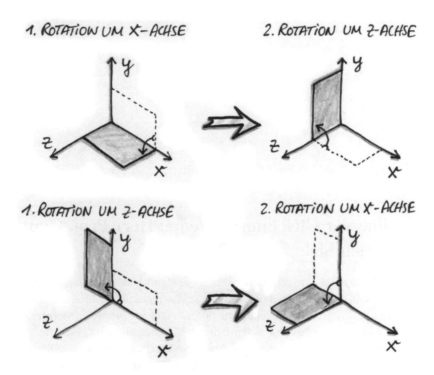

Abbildung 8.4: Illustration der Bedeutung der Rotationsreihenfolge

8.2.4 Ein paar Rechenregeln

Nun wollen wir Euch ein paar Rechenregeln an die wie auch immer im Raum orientierte Hand geben, die seeeeehr nützlich sind. Zugunsten der Übersichtlichkeit fassen wir sie in der Tabelle 8.1 zusammen. Bitte beachtet unbedingt, dass gerade bei der Multiplikation nicht jedes Produkt auch existiert (wir erinnern uns: Spaltenzahl links = Zeilenzahl rechts!). Auch existiert nicht für jede Matrix (sofern sie überhaupt quadratisch ist!) ihre Inverse!

Tabelle 8.1: Grundlegende Rechenregeln für Matrizen

$ABC = A(BC) = (AB)C$ aber: Reihenfolge beibehalten!
$kA = Ak$
$(k+l)A = kA + lA$
$(A+B)C = AC + BC$
$(A+B)^T = A^T + B^T$
$(AB)^T = B^T \cdot A^T$
$(A^T)^T = A$
$(A^T)^{-1} = (A^{-1})^T$
$(AB)^{-1} = A^{-1}B^{-1}$
$A^k = A \cdot A \cdots A$ (k)-mal A multipliziert, mit $k \in \mathbb{N}$
$A^0 = E$
$A^{-k} = (A^{-1})^k$
$A^{k+l} = A^k A^l$

8.3 Lösen linearer Gleichungssysteme: Herr Prof. Gauß, übernehmen Sie!

Nachdem wir die Multiplikation von Matrizen kennengelernt haben, wollen wir eine Methode vorstellen, wie wir ein lineares Gleichungssystem schön methodisch lösen können (natürlich können wir auch ganz klassisch die Gleichungen auflösen und gegenseitig einsetzen, aber es geht halt auch „schön"). Darüber hinaus lässt sich mit dieser Methode, die wir *Gaußscher Algorithmus* nennen, die Inverse einer Matrix berechnen, sofern diese überhaupt existiert. <Oberlehrermodus an> Karl Friedrich Gauß war einer der ganz großen Entdecker des 2. Jahrtausends, so wie auch die Bernoullis und Galileo Galilei. <Oberlehrermodus aus>

Wir möchten Euch den Gaußschen Algorithmus anhand eines Zahlenbeispiels demonstrieren. Das Gleichungssystem, das wir mittels des Gaußschen Algorithmus lösen werden, lautet:

$$x_1 - 4x_2 + 6x_3 = 1, \tag{1}$$
$$-2x_1 + 4x_2 - 4x_3 = 2, \tag{2}$$
$$2x_1 - 2x_2 + 4x_3 = -6. \tag{3}$$

MOLTO INTERESSANTE!

WAS GALILEO GALILEI MIT SEINEM NEU ERFUNDENEN FERNROHR WIRKLICH SAH...

Die dazugehörige Matrixgleichung ist dann

$$\begin{pmatrix} 1 & -4 & 6 \\ -2 & 4 & -4 \\ 2 & -2 & 4 \end{pmatrix} \begin{pmatrix} x_1 \\ x_2 \\ x_3 \end{pmatrix} = \begin{pmatrix} 1 \\ 2 \\ -6 \end{pmatrix}.$$

Zunächst zeichnen wir eine vertikale Linie auf ein Papier und schreiben auf die linke Seite des Strichs die Koeffizienten der Matrix und rechts die Werte des Zielvektors. Zum besseren Verständnis der Vorgehensweise haben wir links neben jede Zeile der Koeffizientenmatrix eine römische Nummer geschrieben, die wir benutzen wollen, um rechts die durchgeführten Rechenschritte zu verdeutlichen.

	x_1	x_2	x_3	
I.	1	-4	6	1
II.	-2	4	-4	2
III.	2	-2	4	-6

Als nächsten Schritt versuchen wir, durch geschicktes Multiplizieren und Subtrahieren/Addieren von ganzen Zeilen in den Zeilen II und III jeweils in der ersten Spalte 0 zu erzeugen. Zunächst aber schreiben wir die erste Zeile unverändert hin. Wir werden diese benutzen, um die erste

Spalte der Zeilen II und III 0 werden zu lassen. Eine solche Zeile nennen wir *Eliminationszeile*
und kennzeichnen sie mit einem $*$.

	x_1	x_2	x_3		
I.	1	-4	6	1	
II.	-2	4	-4	2	
III.	2	-2	4	-6	
I.	1	-4	6	1	$(*)$
II.	0	-4	8	4	$2 \cdot$ I $+$ II
III.	0	-6	8	8	$2 \cdot$ I $-$ III

Um die zweite Zeile im zweiten Kästchen zu erhalten, haben wir Zeile I (inklusive dem Wert
rechts vom vertikalen Strich) mit 2 multipliziert und die zweite Zeile hinzu addiert (also die
Werte, die untereinander stehen), weil die erste Spalte der zweiten Zeile bereits negativ war. Für
die dritte Zeile haben wir ebenfalls die Zeile I mit 2 multipliziert und davon die dritte Zeile
abgezogen.

Warum darf man das? Zauberei? Nein, denn wir schleppen ja alle Infos der Gleichungen I bis
III mit und ansonsten können wir ja - wie bei allen Gleichungen - auf beiden Seiten beliebige,
aber gleiche Operationen durchführen!

Jetzt sind wir erst einmal zufrieden mit der erhaltenen ersten und zweiten Zeile und wollen
jetzt für die dritte Zeile an der zweiten Spalte eine Null erzeugen. Wir nutzen dafür diesmal die
zweite Zeile als Eliminationszeile (wir schreiben sie also einfach hin, genau wie die erste aus
dem vorangegangenen Schritt). Wenn wir diese mit 3 multiplizieren und davon das Zweifache
der dritten Zeile abziehen, haben wir wie gewünscht an der gewünschten Position eine 0 stehen.

	x_1	x_2	x_3		
I.	1	-4	6	1	
II.	-2	4	-4	2	
III.	2	-2	4	-6	
I.	1	-4	6	1	$(*)$
II.	0	-4	8	4	$2 \cdot$ I $+$ II
III.	0	-6	8	8	$2 \cdot$ I $-$ III
I.	1	-4	6	1	
II.	0	-4	8	4	$(*)$
III.	0	0	8	-4	$3 \cdot$ II $- 2 \cdot$ III

Wir haben damit erreicht, dass die Koeffizientenmatrix einer *oberen Dreiecksmatrix* entspricht. Eigentlich könnten wir an dieser Stelle aufhören, denn nun ist es ein Leichtes, das Gleichungssystem aufzulösen, indem wir einfach von $(3) \to (2) \to (1)$ jeweils x_i einsetzen:

$$x_1 - 4x_2 + 6x_3 = 1, \tag{1}$$
$$-4x_2 + 8x_3 = 4, \tag{2}$$
$$8x_3 = -4. \tag{3}$$

Wir lösen also die dritte Gleichung nach x_3 auf und erhalten dafür $x_3 = -0{,}5$. Mit diesem Wert gehen wir in Gleichung (2) und lösen diese nach x_2 auf, das sich zu $x_2 = -2$. Beide Werte setzen wir schließlich in Gleichung (1) ein und erhalten so $x_1 = -4$.

Allerdings möchten wir Euch zeigen, wie wir mittels des Gaußschen Algorithmus so weit kommen, dass wir die Lösung nur noch abzulesen brauchen. Dazu machen wir weiter, nur versuchen wir, aus der oberen Dreiecksmatrix eine Diagonalmatrix zu formen. Hierzu gehen wir „rückwärts" vor, indem wir zunächst die letzte Zeile als Eliminationszeile nutzen und in der dritten Spalte der anderen Zeilen 0 erzeugen. Wir empfehlen dabei dringend hier nicht einfach nur zu lesen, sondern auf einem Zettel diese Rechnung selbst zu vollenden!

	x_1	x_2	x_3		
I.	1	-4	6	1	
II.	-2	4	-4	2	
III.	2	-2	4	-6	
I.	1	-4	6	1	(∗)
II.	0	-4	8	4	2·I + II
III.	0	-6	8	8	2·I - III
I.	1	-4	6	1	
II.	0	-4	8	4	(∗)
III.	0	0	8	-4	3·II - 2·III
I.	-4	16	0	-16	3·III - 4·I
II.	0	4	0	-8	III - II
III.	0	0	8	-4	(∗)

Fast geschafft. Jetzt nur noch in der zweiten Spalte der ersten Zeile eine 0 erzeugt mit der zweiten Zeile als Eliminationszeile.

	x_1	x_2	x_3		
I.	1	-4	6	1	
II.	-2	4	-4	2	
III.	2	-2	4	-6	
I.	1	-4	6	1	(∗)
II.	0	-4	8	4	$2 \cdot$ I + II
III.	0	-6	8	8	$2 \cdot$ I - III
I.	1	-4	6	1	
II.	0	-4	8	4	(∗)
III.	0	-6	8	-4	$3 \cdot$ II - 2 III
I.	-4	16	0	-16	$3 \cdot$ III - $4 \cdot$ I
II.	0	4	0	-8	III - II
III.	0	0	8	-4	(∗)
I.	4	0	0	-16	$4 \cdot$ II - I
II.	0	4	0	-8	(∗)
III.	0	0	8	-4	

Das schaut doch schon mal recht gut aus. Zurück übersetzt in die klassische Formulierung eines linearen Gleichungssystems haben wir damit

$$4x_1 = -16,$$
$$4x_2 = -8,$$
$$8x_3 = -4.$$

An dieser Stelle Teilen wir jede Gleichung durch die Zahl, die jeweils vor den Unbekannten x_1, x_2 und x_3 steht und erhalten damit das Ergebnis. Und genau diesen letzten Schritt führen wir mit dem Gaußschen Algorithmus aus, indem wir jede Zeile durch die links übrig gebliebene Zahl teilen, so dass links die Einheitsmatrix übrig bleibt:

	x_1	x_2	x_3		
I.	1	-4	6	1	
II.	-2	4	-4	2	
III.	2	-2	4	-6	
I.	1	-4	6	1	(∗)
II.	0	-4	8	4	2·I+II
III.	0	-6	8	8	2·I-III
I.	1	-4	6	1	
II.	0	-4	8	4	(∗)
III.	0	0	8	-4	3·II-2·III
I.	-4	16	0	-16	3·III-4·I
II.	0	4	0	-8	III-II
III.	0	0	8	-4	(∗)
I.	4	0	0	-16	4·II-I
II.	0	4	0	-8	(∗)
III.	0	0	8	-4	
I.	1	0	0	-4	
II.	0	1	0	-2	
III.	0	0	1	-0,5	

Rechts vom vertikalen Strich steht nun unsere Lösung. Denn wenn wir das Ergebnis rückübersetzen in ein Gleichungssystem, dann lautet es

$$x_1 = -4,$$
$$x_2 = -2,$$
$$x_3 = -0{,}5.$$

Abschließend noch eine gaaaaanz wichtige Faustregel:

Ein lineares Gleichungssystem ist nur dann eindeutig lösbar, d. h. es gibt nur genau eine einzige Lösung, wenn die Zahl der Gleichungen mindestens gleich der Zahl der Unbekannten ist. Übersteigt die Zahl der Unbekannten die Zahl der Gleichungen, dann gibt es keine eindeutige Lösung und wir können nur eine Lösung angeben in Abhängigkeit von den „überschüssigen" Unbekannten[5]. Übersteigt die Anzahl der Gleichungen die Anzahl der Unbekannten (ein

---

[5] Es ist von gut unterrichteten Greisen überliefert, dass Herr Dr. Romberg während seines Studiums öfter (und das mitten in der Nacht) die Wurzel aus einer Unbekannten gezogen hat.

solches Gleichungssystem heißt *überbestimmt*), so brauchen wir die überzähligen Gleichungen nicht zum Lösen und wir könnten sie eigentlich weglassen. Allerdings empfiehlt es sich dringend, die erhaltene Lösung in die wegzulassenden Gleichungen einzusetzen. Kommt es hier zu einem Widerspruch, heißt es, es gibt ein Problem! In der Regel werdet Ihr das aber nicht erleben, außer es hat sich ein Fehler in das Gleichungssystem eingeschlichen.

Bitte beachtet, dass, wenn eine der Gleichungen im linearen Gleichungssystem ein Vielfaches einer anderen Gleichung ist, diese Gleichung bereits durch die andere abgedeckt ist, d. h. es ist keine „neue" Information enthalten, da wir die Gleichung nur durch einen Faktor zu teilen brauchen, um eine identische Gleichung zu erhalten.

Beispiel:

$$x_1 + 2x_2 + 11x_2 = -4, \qquad (1)$$
$$3x_1 + x_2 - 4x_3 = 9, \qquad (2)$$
$$9x_1 + 3x_2 - 12x_3 = 27. \qquad (3)$$

Hier erhalten wir die dritte Gleichung aus der zweiten, indem wir die zweite mit 3 multiplizieren. Würden wir den Gaußschen Algorithmus für dieses Gleichungssystem durchführen, würden wir an einem Punkt die Gleichung $0 = 0$ erhalten. Aber damit ist uns nicht geholfen. Der Mathematiker sagt, dass die Gleichungen (2) und (3) *linear abhängig* sind, d. h. wir können die eine Gleichung direkt aus der anderen durch eine einfache Multiplikation mit einer Zahl erhalten. Das Gleichungssystem ist dann nicht mehr eindeutig lösbar, da somit eine Gleichung weniger zum Lösen zur Verfügung steht als wir Unbekannte haben.

Für den Fall, dass bei einer der beiden linear abhängigen Gleichungen rechts hinter dem Gleichheitszeichen eine Zahl steht, die durch passende Multiplikation aus der anderen Gleichung *nicht* erhalten werden kann, dann gibt es ~~ein Problem~~ eine Herausforderung, denn der Gaußsche Algorithmus wird auf einen Widerspruch führen!

Beispiel (etwas abgewandelt aus dem vorhergehenden Beispiel):

$$x_1 + 2x_2 + 11x_3 = -4, \qquad (1)$$
$$3x_1 + x_2 - 4x_3 = 9, \qquad (2)$$
$$9x_1 + 3x_2 - 12x_3 = 0. \qquad (3)$$

Hier ist die linke Seite der dritten Gleichung das Dreifache der linken Seite der zweiten Gleichung. Dies ist aber nicht der Fall für die rechte Seite der beiden Gleichungen. Wenn wir nun Gleichung 2 mit 3 multiplizieren und davon die dritte Gleichung abziehen, erhalten wir als Ergebnis $0 = 27$ und das kann ja nicht sein! Das Gleichungssystem ist also nicht lösbar.

Haben wir eine Matrix, die zwar quadratisch ist, aber bei der die Koeffizienten einer Zeile durch Multiplikation aus einer anderen Zeile erhalten werden können, dann sind diese beiden Zeilen linear abhängig und wir können das Gleichungssystem nicht eindeutig lösen. Entweder gibt es dann unendlich viele Lösungen (in Abhängigkeit einer oder mehrerer Unabhängiger) oder es gibt gar keine Lösung!

Nun aber zu etwas anderem, denn wir können den Gaußschen Algorithmus auch dazu verwenden, die Inverse einer Matrix zu berechnen. Hierzu schreiben wir rechts des vertikalen Strichs anstelle des Zielvektors die Einheitsmatrix, weil ja wie oben beschrieben $A \cdot A^{-1} = E$.

Jetzt führen wir analog zum vorherigen Beispiel die Schritte aus, bis wir links die Einheitsmatrix stehen haben. Die Matrix rechts ist dann unsere Inverse!

Als Beispiel „wollen" wir die Inverse der Matrix

$$A = \begin{pmatrix} 4 & -1 & 2 \\ 2 & -8 & 2 \\ -4 & 1 & -1 \end{pmatrix}$$

berechnen. Das Verfahren ist wirklich absolut identisch, nur dass wir auf der rechten Seite mehr als eine Spalte haben, für die wir die gleichen Rechenoperationen durchführen müssen. Hier nun die Lösung (Tipp: Rechnet mal erst selbst nach und seht, ob Ihr auf die gleiche Lösung kommt!):

	x_1	x_2	x_3				
I.	4	-1	2	1	0	0	
II.	2	-8	2	0	1	0	
III.	-4	1	-1	0	0	1	
I.	4	-1	2	1	0	0	(∗)
II.	0	15	-2	1	-2	0	I−2·II
III.	0	0	1	1	0	1	I+II
I.	-4	1	0	1	0	2	2·III−I
II.	0	15	0	3	-2	2	2·III+II
III.	0	0	1	1	0	1	(∗)
I.	60	0	0	-12	-2	-28	II−15·I
II.	0	15	0	3	-2	2	(∗)
III.	0	0	1	1	0	1	
I.	1	0	0	$-\frac{1}{5}$	$-\frac{1}{30}$	$-\frac{7}{15}$	
II.	0	1	0	$\frac{1}{5}$	$-\frac{2}{15}$	$\frac{2}{15}$	
III.	0	0	1	1	0	1	

Die Matrix auf der rechten Seite ist die Inverse. Und dass sie das tatsächlich ist, könnt Ihr ganz einfach überprüfen, indem Ihr die ursprüngliche Matrix mit dieser hier multipliziert. Habt Ihr richtig gerechnet, muss sich die Einheitsmatrix ergeben, also:

$$AA^{-1} = \begin{pmatrix} 4 & -1 & 2 \\ 2 & -8 & 2 \\ -4 & 1 & -1 \end{pmatrix} \begin{pmatrix} -\frac{1}{5} & -\frac{1}{30} & -\frac{7}{15} \\ \frac{1}{5} & -\frac{2}{15} & \frac{2}{15} \\ 1 & 0 & 1 \end{pmatrix} = \begin{pmatrix} 1 & 0 & 0 \\ 0 & 1 & 0 \\ 0 & 0 & 1 \end{pmatrix}.$$

Übrigens sind Rotationsmatrizen orthogonal (und quadratisch!). Das bedeutet, dass wir ihre Inverse erhalten, indem wir sie transponieren. Nehmen wir z. B. die Rotationsmatrix aus Gleichung 8.3 und bilden die Transponierte:

$$A^T = A^{-1} = \begin{pmatrix} \cos\alpha & \sin\alpha & 0 \\ -\sin\alpha & \cos\alpha & 0 \\ 0 & 0 & 1 \end{pmatrix}^T = \begin{pmatrix} \cos\alpha & -\sin\alpha & 0 \\ \sin\alpha & \cos\alpha & 0 \\ 0 & 0 & 1 \end{pmatrix}.$$

Wenn wir die Transponierte mit der nicht transponierten Matrix multiplizieren, erhalten wir tatsächlich die Einheitsmatrix! Probiert es aus!

8.4 Die Determinante de-terminieren

Wir haben bereits gelernt, wie wir lineare Gleichungssysteme lösen können. Jetzt möchten wir Euch die Determinanten vorstellen, die es u. a. erlauben, überhaupt festzustellen, ob ein Gleichungssystem eindeutig lösbar ist! Darüber hinaus werden Determinanten in Wissenschaft und Technik als *Indikatoren* gebraucht, um z. B. herauszufinden, ob ein System stabil ist (es pendelt sich ein) oder instabil (es schwingt sich auf, bis es kracht! – siehe [Tie12]).

Bei der Einführung von Determinanten beschränken wir uns auf lineare Gleichungssysteme, deren Anzahl der Gleichungen der Anzahl der Unbekannten entspricht. Schreiben wir dieses Gleichungssystem als Matrixgleichung, dann ist die Matrix quadratisch, wie wir gesehen haben.

Fangen wir mit dem einfachsten Fall an und betrachten folgendes lineares Gleichungssystem:

$$\begin{aligned} a_{11}x_1 + a_{12}x_2 &= b_1, \\ a_{21}x_1 + a_{22}x_2 &= b_2. \end{aligned} \tag{8.9}$$

Die Matrix wird quadratisch sein, den dieses Gleichungssystem hat zwei Gleichungen und zwei Unbekannte (nicht „Unbemannte"!).

In Matrixform geschrieben lautet das Gleichungssystem somit:

$$\begin{pmatrix} a_{11} & a_{21} \\ a_{21} & a_{22} \end{pmatrix} \begin{pmatrix} x_1 \\ x_2 \end{pmatrix} = \begin{pmatrix} b_1 \\ b_2 \end{pmatrix},$$

bzw.

$$A\vec{x} = \vec{b}.$$

Zum Lösen des Gleichungssystem 8.9 erzeugen wir an der zweiten Position (d. h. bei x_2) und an der ersten (d. h. bei x_1) jeweils eine Null.

Zunächst multiplizieren wir dafür die erste Gleichung mit a_{22}, die zweite mit a_{12} und ziehen sie dann voneinander ab. Wir erhalten somit für die erste Gleichung:

$$a_{11}a_{22}x_1 - a_{12}a_{21}x_1 = a_{22}b_1 - a_{12}b_2.$$

Darin kommt nur noch x_1 vor, die zu x_2 gehörende Stelle ist also tatsächlich 0. Jetzt knöpfen wir uns die zweite Gleichung vor und multiplizieren sie mit a_{11} und schließlich die erste Gleichung mit a_{21}. Dann ziehen wir sie wieder voneinander ab und erhalten so

$$a_{11}a_{22}x_2 - a_{12}a_{21}x_2 = a_{11}b_2 - a_{21}b_1.$$

Hier kommt nun kein x_1 vor, die entsprechende Stelle ist erwartungsgemäß 0. Klammern wir aus, erhalten wir das modifizierte lineare Gleichungssystem

$$(a_{11}a_{22} - a_{12}a_{21})x_1 = a_{22}b_1 - a_{12}b_2,$$

$$(a_{11}a_{22} - a_{12}a_{21})x_2 = a_{11}b_2 - a_{21}b_1.$$

Wenn wir uns die beiden so erhaltenen Gleichungen ansehen, stellen wir fest, dass die beiden Ausdrücke vor den Unbekannten gleich sind! Und das ist auf den ersten Blick so verblüffend, dass die Mathematiker diesem Ausdruck einen eigenen Namen gegeben haben: die *Determinante* der Matrix A! Für unser Beispiel mathematisch geschrieben:

$$\det A = \begin{vmatrix} a_{11} & a_{21} \\ a_{21} & a_{22} \end{vmatrix} = a_{11}a_{22} - a_{12}a_{21}. \tag{8.10}$$

Wenn wir die Determinante „ausschreiben", d. h. die Komponenten der Matrix, dann gebrauchen wir anstelle der runden Klammern zwei senkrechte Striche wie in Gleichung 8.10. Alternativ zu $\det A$ wird übrigens auch gerne mal $|A|$ oder $\|A\|$ geschrieben.

Eine solche 2×2-Determinante können wir einfach „über Kreuz" berechnen, d. h. wir multiplizieren die linke obere Komponente mit der rechten unteren und ziehen davon das Produkt aus der linken unteren und der rechten oberen ab. Also:

$$\begin{vmatrix} a_{11} \textcircled{1} & a_{12} \\ a_{21} \textcircled{2} & a_{22} \end{vmatrix}$$

Es gibt auch ein recht einfaches Verfahren zur Bestimmung von 3×3-Determinanten. Hierzu schreiben wir die Determinante hin und fügen hinter den rechten vertikalen Strich die ersten beiden Spalten der Determinante noch einmal hinzu, also:

$$\det A = \begin{vmatrix} a_{11} & a_{12} & a_{13} \\ a_{21} & a_{22} & a_{23} \\ a_{31} & a_{32} & a_{33} \end{vmatrix} \begin{matrix} a_{11} & a_{12} \\ a_{21} & a_{22} \\ a_{31} & a_{32} \end{matrix}$$

Aber warum das? Vieles in der Mathematik ist durch Ausprobieren entstanden. Das mit den Determinanten ist ein gutes Beispiel für die Früchte der Arbeit unausgelasteter und weltfremder Individuen, für die es das Größte ist, auf dem Papier mit Zahlen und Buchstaben herumzuspielen. Als Ingenieure bedanken wir uns bei diesen Theorie-Kollegen. Wir müssen das nicht verstehen, sondern nur anwenden wie ein Werkzeug, wenn man die Determinanten z. B. zur Stabilitätskontrolle ansetzt.

Wir bilden zunächst die Summe aus den Produkten „abwärts", d. h. wir multiplizieren ausgehend von dem ersten Element der ersten Spalte alle Elemente „schräg nach unten" und addieren hierzu die Produkte aus den Elementen in der Diagonale ausgehend von der zweiten und dritten Spalte, entsprechend des nachfolgenden Schemas.

Davon ziehen wir den Term ab, den wir bilden, indem wir die Summe aus den Produkten „aufwärts" bilden, wie folgt dargestellt:

Mathematisch geschrieben lässt sich die Determinante also wie folgt berechnen:

$$\det A = a_{11}a_{22}a_{33} + a_{12}a_{23}a_{31} + a_{13}a_{21}a_{32} - (a_{31}a_{22}a_{13} + a_{32}a_{23}a_{11} + a_{33}a_{21}a_{12}).$$

Die Berechnung von Determinanten mit mehr Reihen bzw. Spalten ist leider etwas umständlicher. Wir wollen Euch hier den *Laplaceschen Entwicklungssatz*[6] vorstellen, der es erlaubt, große Matrizen auf mehrere handliche kleine Matrizen herunterzubrechen.

Dafür brauchen wir eine bestimmte Schreibweise. Haben wir eine $n \times n$-Matrix A gegeben, dann wollen wir die $(n-1) \times (n-1)$-Matrix, die wir erhalten, wenn wir aus der Matrix A die

---

[6]Der Determinanten-Terminator!

Zeile i und die Spalte k weglassen, mit A_{ik} bezeichnen. Die Determinanten dieser Matrizen A_{ik} werden auch *Unterdeterminanten* oder, um sich beeindruckend wissenschaftlich auszudrücken, *Adjunkte* genannt.

Nach Laplace können wir die Determinante so berechnen (bitte nicht erschrecken, wir zeigen noch ein Beispiel!), wenn wir sie „nach der ersten Zeile entwickeln":

$$\det A = a_{11} \det A_{11} - a_{12} \det A_{12} + a_{13} \det A_{13} - + \cdots + (-1)^{n+1} a_{1n} \det A_{1n}$$

$$= \sum_{k=1}^{n} (-1)^{k+1} a_{1k} \det A_{1k}.$$

Wir können allerdings auch nach jeder anderen beliebigen Zeile i oder, wenn's beliebt, nach einer der Spalten k „entwickeln", ganz nach dem *Laplaceschen Entwicklungssatz*:

$$\det A = \sum_{k=1}^{n} (-1)^{i+k} \cdot a_{ik} \cdot \det A_{ik} = \sum_{i=1}^{n} (-1)^{i+k} \cdot a_{ik} \cdot \det A_{ik}. \qquad (8.11)$$

Diese beiden, jede(n) Sozialwissenschaftler(in) oder Kunsthistoriker(in) sicher überaus beeindruckenden Formeln bedeuten nichts anderes, als dass die Summe aus Unterdeterminanten zusammengesetzt wird. Diese Unterdeterminanten werden jeweils aus den verkleinerten „Restmatrizen" gebildet, die entstehen, wenn man die Zeilen und Spalten, die zu einem Element aus der erwählten Zeile oder Spalte gehören, weglässt. Das betreffende Element wird dann jeweils mit der zugehörigen Unterdeterminante mit abwechselnden Vorzeichen multipliziert.

Unter Umständen müssen wir die Determinanten A_{ik} auch noch mal separat mit diesem Entwicklungssatz berechnen, wenn $n-1$ immer noch größer 3 ist. Ansonsten können wir die vereinfachten Verfahren verwenden, die wir Euch bereits vorgestellt haben.

Die Vorzeichen der einzelnen Summenterme sind alternierend, mal $+$, mal $-$, je nachdem, ob die Summe der Zeilennummer mit der Spaltennummer gerade eben gerade oder ungerade ist, was in Matrixform geschrieben ein Schachbrettmuster ergibt:

$$\begin{vmatrix} + & - & + & - & + & \dots \\ - & + & - & + & - & \dots \\ + & - & + & - & + & \dots \\ - & + & - & + & - & \dots \\ \vdots & \vdots & \vdots & \vdots & \vdots & \ddots \end{vmatrix}$$

Bevor das Beispiel kommt, ein paar Tipps, wie wir uns in bestimmten Fällen oder durch geschickte Umformung das Leben erleichtern können:

- Geschickterweise werden wir nach der Zeile oder Spalte entwickeln, in der möglichst viele 0 vorkommen, weil so entsprechend viele Summenterme wegfallen und somit auch die Notwendigkeit, entsprechend viele Determinanten zu bestimmen.

- Unter Umständen lässt sich auch die Matrix so umformen (Gaußscher Algorithmus!), dass in einer Zeile oder Spalte überall alle Elemente bis auf eins 0 ist bzw. generell möglichst viele Nullen erzeugt werden.

- Am einfachsten ist die Berechnung, wenn wir eine Dreiecksmatrix haben, d. h. wenn alle Elemente oberhalb oder unterhalb der Diagonalen 0 sind. Dann brauchen wir nur die Elemente der Diagonalen miteinander multiplizieren und – frei nach einem früheren Trainer einer sehr erfolgreichen Bundesligamannschaft – wir haben fertig! Das gilt natürlich auch für reine Diagonalmatrizen.

- Ihr könnt Euch das Berechnen der Determinante ganz sparen, wenn eine Zeile oder Spalte 0 ist oder zwei Zeilen identisch sind (weil durch Umformen eine Null-Zeile bzw. Null-Spalte erzeugt werden kann). Dann ist einfach: $\det A = 0$.

Wie sich das Umformen auf die Determinante auswirkt, sehen wir gleich. Zuvor aber endlich ein Beispiel für den Laplaceschen Entwicklungssatz.

Gegeben ist die 4×4-Matrix

$$A = \begin{pmatrix} 1 & 2 & 5 & 3 \\ 2 & -1 & 6 & 7 \\ 1 & 0 & 0 & 2 \\ -2 & -3 & 1 & 2 \end{pmatrix},$$

für die wir die Determinante

$$\det A = \begin{vmatrix} 1 & 2 & 5 & 3 \\ 2 & -1 & 6 & 7 \\ 1 & 0 & 0 & 2 \\ -2 & -3 & 1 & 2 \end{vmatrix}$$

mit Hilfe des Entwicklungssatzes berechnen. Da wir in Zeile 3 die meisten Nullen stehen haben, werden wir nach dieser Zeile entwickeln. Wir haben dort genau zwei Elemente, die nicht 0 sind, so dass wir zwei Summenterme haben, wobei die jeweiligen Vorfaktoren eben diese Elemente sind. Am besten, wir denken uns einen vertikalen und horizontalen Strich durch das Element, der jeweils durch die ganze Zeile bzw. Spalte geht. Diese auf diese Weise durchgestrichenen Elemente fallen weg und man sieht sofort die jeweilige Unterdeterminante.

Der erste Summenterm hat den Vorfaktor 1 und das Vorzeichen ist +, da die Summe aus der Zeilenposition (hier = 3) und Spaltenposition (hier = 1) eine gerade Zahl ist (nämlich 4). Der zweite Vorfaktor ist 2 und sein Vorzeichen ist −, weil hier die Summe aus Zeilenposition (3) und Spaltenposition (4) ungerade ist. Und das Ganze hingeschrieben lautet:

$$1 \cdot \begin{vmatrix} 2 & 5 & 3 \\ -1 & 6 & 7 \\ -3 & 1 & 2 \end{vmatrix} - 2 \cdot \begin{vmatrix} 1 & 2 & 5 \\ 2 & -1 & 6 \\ -2 & -3 & 1 \end{vmatrix}.$$

Für die beiden vorkommenden 3×3-Matrizen können wir das bereits vorgestellte Verfahren anwenden (oder alternativ diese jeweils wieder mit dem *Laplaceschen Entwicklungssatzes* auf 2×2-Matrizen reduzieren).

Somit ergibt sich für die Determinante der Matrix A[7]:

$$2 \cdot 6 \cdot 2 + 5 \cdot 7 \cdot (-3) + 3 \cdot (-1) \cdot 1 - [(-3) \cdot 6 \cdot 3 + 1 \cdot 7 \cdot 2 + 2 \cdot (-1) \cdot 5]$$
$$- 2 \cdot \{1 \cdot 1 \cdot 1 + 2 \cdot 6 \cdot (-2) + 5 \cdot 2 \cdot (-3) - [(-2) \cdot (-1) \cdot 5 + (-3) \cdot 6 \cdot 1 + 1 \cdot 2 \cdot 2]\} = 172.$$

Die Autoren haben es sich hier natürlich etwas bequem gemacht und ein vergleichsweise unkompliziertes Beispiel ausgesucht (da standen absichtlich zwei Nullen drin), aber ob die Prüfer Euch das Leben auch so einfach machen werden, ist nicht sicher. Für einen komplizierteren Fall empfehlen die Autoren, die Matrix, für welche die Determinante bestimmt werden soll, so umzuformen, dass sie einfacher wird. Damit wir das tun können, sind ein paar Regeln zu beachten, die wir Euch hier vorstellen möchten. Gleichzeitig bekommt Ihr noch ein paar zusätzliche Regeln, die manches leichter machen können.

Diese da lauten:

- Werden zwei Zeilen oder Spalten der Determinante vertauscht, ist die Determinante mit -1 zu multiplizieren.

  Beispiel für Vertauschung 1. und 3. Zeile (rechnet ruhig mal nach!):

$$\det A = \begin{vmatrix} 1 & 3 & 4 \\ 2 & -1 & 1 \\ -2 & 0 & 1 \end{vmatrix} = - \begin{vmatrix} -2 & 0 & 1 \\ 2 & -1 & 1 \\ 1 & 3 & 4 \end{vmatrix} = -21.$$

- Werden alle Elemente einer $n \times n$-Matrix mit einer Zahl a multipliziert, so ist die Determinante mit diesem Wert potenziert um n zu multiplizieren, d. h. $\det(a \cdot A) = a^n \cdot \det A$.

  Beispiel für Multiplikation unserer 3×3-Matrix ($n = 3$) mit -2:

$$\det(-2 \cdot A) = (-2)^3 \cdot \det A,$$

---

[7]Frau Dipl.-Ing. Dietlein und Herr Dr. Romberg sind sich ausnahmsweise einmal darüber einig, dass sich die Autoren für diese wunderbar „anschauliche" Determinantenerläuterung eine Flasche Möwenbräu verdient haben.

d. h.

$$\det\left[-2\cdot\begin{pmatrix} 1 & 3 & 4 \\ 2 & -1 & 1 \\ -2 & 0 & 1 \end{pmatrix}\right] = \begin{vmatrix} -2 & -6 & -8 \\ -4 & 2 & -2 \\ 4 & 0 & -2 \end{vmatrix}$$

$$= (-2)^3 \cdot \begin{vmatrix} 1 & 3 & 4 \\ 2 & -1 & 1 \\ -2 & 0 & 1 \end{vmatrix} = -8\cdot(-21) = 168.$$

- Die Addition oder Subtraktion des Vielfachen einer Zeile oder Spalte zu einer anderen Zeile oder Spalte ändert den Wert der Determinante nicht.

  Als Beispiel addieren wir das Zweifache der 3. Spalte zur 1. Spalte und ersetzen damit die 1. Spalte, um so eine zusätzliche 0 zu erzeugen:

$$\begin{vmatrix} 1 & 3 & 4 \\ 2 & -1 & 1 \\ -2 & 0 & 1 \end{vmatrix} = \begin{vmatrix} 9 & 3 & 4 \\ 4 & -1 & 1 \\ 0 & 0 & 1 \end{vmatrix} = -21.$$

- Das Transponieren einer Matrix ändert ihre Determinante nicht, d. h. $\det A = \det A^T$.

  Beispiel:

$$\begin{vmatrix} 1 & 3 & 4 \\ 2 & -1 & 1 \\ -2 & 0 & 1 \end{vmatrix} = \begin{vmatrix} 1 & 2 & -2 \\ 3 & -1 & 0 \\ 4 & 1 & 1 \end{vmatrix}.$$

- Die Determinante eines Produkts zweier Matrizen ist gleich dem Produkt der Determinanten beider Matrizen, also $\det(AB) = \det A \cdot \det B$.[8]

  Beispiel:

$$\begin{vmatrix} 1 & 3 & 4 \\ 2 & -1 & 1 \\ -2 & 0 & 1 \end{vmatrix}\begin{vmatrix} 1 & 1 & 0 \\ -1 & 2 & 4 \\ 0 & 1 & -1 \end{vmatrix} = \begin{vmatrix} -2 & 11 & 8 \\ 3 & 1 & -5 \\ -2 & -1 & -1 \end{vmatrix} = 147.$$

  Aber auch:

$$\begin{vmatrix} 1 & 1 & 0 \\ -1 & 2 & 4 \\ 0 & 1 & -1 \end{vmatrix}\begin{vmatrix} 1 & 3 & 4 \\ 2 & -1 & 1 \\ -2 & 0 & 1 \end{vmatrix} = \begin{vmatrix} 3 & 2 & 5 \\ -5 & -5 & 2 \\ 4 & -1 & 0 \end{vmatrix} = 147.$$

---

[8] Da $\det A \cdot \det B = \det B \cdot \det A$, ist $\det(AB) = \det(BA)$, auch wenn $AB \neq BA$! Probiert es ruhig aus!

Eingangs haben wir behauptet, dass wir mit Hilfe der Determinanten u. a. klären können, ob ein lineares Gleichungssystem eindeutig lösbar ist. Tabelle 8.2 gibt an, für welche Werte der Determinante ein homogenes ($\vec{b} = \vec{0}$) oder inhomogenes ($\vec{b} \neq \vec{0}$) Gleichungssystem ($A\vec{x} = \vec{b}$) eindeutig (es gibt genau eine Lösung für $\vec{x}$), vieldeutig (es gibt unendlich viele Lösungen für $\vec{x}$) oder gar nicht lösbar ist.

Tabelle 8.2: Mögliche Lösungen eines linearen Gleichungssystem in Abhängigkeit der Determinante

	homogenes Gleichungssystem: $\vec{b} = \vec{0}$	inhomogenes Gleichungssystem: $\vec{b} \neq \vec{0}$
$\det A \neq 0$	exakt eine Lösung: $\vec{x} = \vec{0}$	genau eine Lösung: $\vec{x} \neq \vec{0}$
$\det A = 0$	unendlich viele Lösungen	unendlich viele Lösungen oder keine Lösung

Abschließend möchten wir noch ein paar Eigenschaften spezieller Matrizen im Zusammenhang mit Determinanten vorstellen:

- Rotationsmatrizen (siehe Abschnitt 8.2.3) gehören zu den sogenannten *orthogonalen Matrizen*, welche die besondere Eigenschaft haben, dass ihre Determinante immer ± 1 ist! Probiert das mal mit den eingangs vorgestellten Rotationsmatrizen aus! Sie heißen übrigens orthogonal, weil jeder Zeilenvektor (Spaltenvektor), d. h. der Vektor, dessen Komponenten aus den Komponenten der entsprechenden Zeile (Spalte) gebildet wird, senkrecht auf jeden anderen Zeilenvektor (Spaltenvektor) der Matrix steht. Das können wir einfach überprüfen, indem wir das Skalarprodukt aus diesen Zeilenvektoren (Spaltenvektoren) bilden, das 0 ergeben muss (siehe Abschnitt 5.4.1).

- Für jede quadratische Matrix A gilt, dass sie invertierbar ist, wenn ihre Determinante $\det A \neq 0$. Solche Matrizen werden auch *nicht-singulär* bzw. *regulär* genannt. Für sie gilt, dass $A\vec{x} = \vec{b}$ genau eine Lösung hat.

Zugegebenermaßen bedeutet die Beschäftigung mit Matrizen meistens einen hohen Rechenaufwand, wobei in der Praxis viel vom Kollegen ~~Praktikant~~ Computer erledigt wird. Frau Dipl.-Ing. Dietlein merkt an, dass wildes Rechnen sehr erfüllend ist und wie eine Droge wirken kann! Allerdings dürfe man laut Herrn Dr. Romberg auch nicht zu einem Mathe-Nerd - einem sogenannten *Merd* - werden!

8.5 Die wahren Eigen-Werte der Matrizen

In vielen Aufgaben der Ingenieurswissenschaften müssen die Eigenwerte bestimmt werden, z. B. bei Schwingungen und im Zusammenhang mit dem elastischen Verhalten eines Körpers. Dafür wollen wir uns im Folgenden auf quadratische Matrizen beschränken.

Zunächst aber: Was sind Eigenwerte eigentlich? Lineare Gleichungssysteme $\vec{y} = A \cdot \vec{x}$ (das Zustandekommen einer solchen Matrixgleichung wird am Anfang dieses Kapitels erläutert, siehe

auch Gleichung 8.2) mit $\vec{x} \in \mathbb{R}^n$ und $A \in \mathbb{R}^{n \times n}$ stellen eine *Abbildung* von $\mathbb{R}^n$ in sich dar, denn $\vec{y}$ ist ebenfalls aus $\mathbb{R}^n$, da wir ja eingangs festgelegt haben, dass A eine $n \times n$-Matrix ist. Eine solche Abbildung verzerrt den „Raum", der durch die $\vec{x}$ gebildet wird, wir machen aus den $\vec{x}$ eben $A\vec{x}$! Nun gibt es aber u. U. Vektoren, die, obwohl sie ebenfalls der „Verformung" unterworfen sind, ihre ursprüngliche Richtung beibehalten, aber gestreckt oder gestaucht werden, d. h.

$$\vec{y} = \lambda \vec{x} = A \cdot \vec{x}, \tag{8.12}$$

also

$$\lambda E \vec{x} = A \vec{x}.$$

Diese Gleichung bzw. ihre Lösung wird *spezielles Eigenwertproblem* genannt.[9]

Die Vektoren, die diese Bedingung erfüllen und nicht der Nullvektor sind, sind für die oben zitierten Anwendungsfälle von besonderer Bedeutung. Das gilt allerdings nicht für den Nullvektor ($\vec{x} = \vec{0}$), der diese Bedingung immer erfüllt. Wir nennen diese Vektoren, die Gleichung 8.12 erfüllen, die *Eigenvektoren* der Matrix A. Das Skalar λ entspricht dem Faktor, um den der Vektor gestaucht oder gestreckt wird, und wird *Eigenwert* genannt.

Um die Eigenvektoren zu bestimmen, formen wir die Gleichung 8.12 um:

$$A\vec{x} - \lambda E \vec{x} = \vec{0},$$

worin E die $n \times n$ Einheitsmatrix ist. Also z. B. bei einem linearen Gleichungssystem mit zwei Gleichungen und zwei Unbekannten:

---

[9]Herr Dr. Romberg widerspricht, dass die Bezeichnung „Eigenwertproblem" nicht zutrifft, da Ingenieure keine „Probleme" kennen, sondern nur „Herausforderungen", also besser als „Eigenwert-Herausforderung" bezeichnen!

$$A\vec{x} - \lambda E\vec{x} = \begin{pmatrix} a_{11} & a_{12} \\ a_{21} & a_{22} \end{pmatrix} \begin{pmatrix} x_1 \\ x_2 \end{pmatrix} - \lambda \begin{pmatrix} 1 & 0 \\ 0 & 1 \end{pmatrix} \begin{pmatrix} x_1 \\ x_2 \end{pmatrix} = \begin{pmatrix} 0 \\ 0 \end{pmatrix}.$$

Wenn wir nun $\vec{x}$ ausklammern, erhalten wir

$$(A - \lambda E)\vec{x} = \vec{0}. \tag{8.13}$$

Der Term $A - \lambda E$ ist ebenfalls eine $n \times n$-Matrix. Diese inhomogene Gleichung ist nur dann erfüllt, wenn entweder $\vec{x}$ der Nullvektor ist, was als *triviale Lösung* bezeichnet wird und uns nicht interessiert, oder wenn entsprechend Tabelle 8.2 gilt, dass

$$\det(A - \lambda E) = 0. \tag{8.14}$$

Jede Zahl λ, die diese Gleichung erfüllt, so dass es außer der trivialen Lösung $\vec{x} = \vec{0}$ der Gleichung 8.13 noch weitere Lösungen gibt, heißt mit vollständigem Namen *Eigenwert der Matrix A*. Diese können sowohl reell als auch komplex sein!

Um diese Werte bestimmen zu können, müssen wir die Determinante ausrechnen, also:

$$\begin{vmatrix} a_{11} - \lambda & a_{12} & a_{13} & \dots & a_{1n} \\ a_{21} & a_{22} - \lambda & a_{23} & \dots & a_{2n} \\ a_{31} & a_{32} & a_{33} - \lambda & \dots & a_{3n} \\ \vdots & \vdots & \vdots & \ddots & \vdots \\ a_{n1} & a_{n2} & a_{n3} & \dots & a_{nn} - \lambda \end{vmatrix} = 0.$$

Rechnen wir das aus, erhalten wir ein Polynom mit λ als Unbekannte. Dieses Polynom wird oftmals *charakteristisches Polynom* oder *charakteristische Gleichung* genannt. Der Grad des Polynoms ist n (sofern A eine $n \times n$-Matrix ist), d. h. wir erhalten n Eigenwerte, die allerdings nicht zwangsläufig verschieden sein müssen! Als nächsten Schritt setzen wir jeden Eigenwert (sofern sie verschieden sind) in die Gleichung 8.13 ein und lösen für jeden verschiedenen Eigenwert das Gleichungssystem nach dem Vektor $\vec{x}$ auf, der zu dem eingesetzten *Eigenwert λ* dann den zugehörigen *Eigenvektoren* darstellt. Wenn wir das aber klassisch durchführen, erhalten wir als Lösung $\vec{x} = 0$, da wegen $\det(A - \lambda E) = 0$ als Voraussetzung zur Bestimmung der Eigenwerte diese Matrix (eben die Matrix $A - \lambda E$) keine eindeutige Bestimmung von $\vec{x}$ zulässt. Das ist aber gerade das, was wir ja nicht wollen.

Wir lösen dieses Problem, indem wir beim Lösen des Gleichungssystems eine der Komponenten des Vektors $\vec{x}$ als Variable auffassen und die anderen Komponenten in Abhängigkeit von dieser Variablen bestimmen. Keine Panik, gleich kommt ein Beispiel aus dem Schwinger-Club!

Manchmal kann es bei Aufgabenstellungen mit $n > 2$ auch vorkommen, dass das Auffassen einer Komponente des gesuchten Eigenvektors als Variable nicht ausreicht und wir mehrere Komponenten als Variablen nehmen müssen. Hierzu findet Ihr im Anhang eine Aufgabe.

Zusammengefasst hier nochmal die einzelnen Schritte zum Lösen eines Eigenwertproblems:

1. Wir bestimmen die Eigenwerte λ_i der *charakteristischen Gleichung* $\det(A - \lambda E) = 0$.

2. Wir lösen das homogene Gleichungssystem $(A - \lambda E)\vec{x} = \vec{0}$ für jeden Eigenwert λ_i, indem wir eine oder mehrere der Komponenten von $\vec{x}$ als Variable auffassen.

Diese Schritte wollen wir jetzt anhand eines Schwingers als Beispiel durchgehen.

Wir haben zwei Massen, die jeweils elastisch (hier als Feder) mit einer festen Wand verbunden sind, die Federkonstante ist jeweils c_2. Beide Massen sind miteinander über eine weitere Feder mit der Federkonstante c_1 miteinander gekoppelt. Wir stellen uns vor, diese beiden Massen bewegen sich nur auf einer Geraden hin und her und wir können das Hookesche Gesetz anwenden, das einen linearen Zusammenhang zwischen der durch die Feder auf die Masse ausgeübte Kraft und die Auslenkung herstellt, also $F_{Feder} = c \cdot s$. Hierin ist c die Federkonstante und $s(t)$ die von der Zeit abhängige Auslenkung. Das Ganze ist noch einmal schematisch in Abbildung 8.5 dargestellt.

Abbildung 8.5: Unser linearer Zwei-Massen-Schwinger

Stellen wir zunächst mit Hilfe des Impulssatzes („Newton 2", siehe [Rom11]) die beiden Bewegungsleichungen für die zwei Massen m_1 und m_2 auf:

$$m_1 \ddot{x}_1 + c_2 x_1 + c_1 (x_1 - x_2) = 0, \qquad (1)$$
$$m_2 \ddot{x}_2 + c_2 x_2 - c_1 (x_1 - x_2) = 0. \qquad (2)$$

Huch, zwei Differentialgleichungen. Das kam bislang noch nicht im Buch vor. Leider können wir im Rahmen dieses Buches auf das Thema der Differentialgleichungen nicht eingehen und empfehlen daher, die entsprechende Fachliteratur zu befragen (z. B. [Mey97]), oder darauf zu warten, dass das Thema der Vorlesung wird (sie kommen! Also die Differentialgleichungen...). Wir zeigen Euch hier dieses Beispiel dennoch, denn wichtig ist hier in erster Linie die Bedeutung der Eigenwerte und Eigenvektoren in der Praxis herauszustellen.

Aber zurück zu unserem Gleichungssystem. Multiplizieren wir das aus, ordnen die beiden Gleichungen nach x_1 und x_2 und teilen anschließend durch m_1 bzw. m_2, so erhalten wir

$$\ddot{x}_1 + \frac{c_1 + c_2}{m_1} x_1 - \frac{c_1}{m_1} x_2 = 0, \tag{1}$$

$$\ddot{x}_2 - \frac{c_1}{m_2} x_1 + \frac{c_1 + c_2}{m_2} x_2 = 0. \tag{2}$$

Dieses Gleichungssystem können wir wie gewohnt in eine Matrixgleichung umwandeln:

$$\begin{pmatrix} \ddot{x}_1 \\ \ddot{x}_2 \end{pmatrix} + \begin{pmatrix} \frac{c_1+c_2}{m_1} & -\frac{c_1}{m_1} \\ -\frac{c_1}{m_2} & \frac{c_1+c_2}{m_2} \end{pmatrix} \begin{pmatrix} x_1 \\ x_2 \end{pmatrix} = \vec{0}. \tag{8.15}$$

Lineare Schwingungen haben immer etwas sinus- oder cosinushaftes an sich, weshalb wir kurzerhand einfach hergehen und behaupten, dass die Lösungen, also die Verläufe $x_1(t)$ und $x_2(t)$ die Form $a_1 \cos \omega t$ bzw. $a_2 \cos \omega t$ haben, wobei a_1 und a_2 die Rolle der Amplituden der beiden Schwingungen übernehmen[10]. Leiten wir das wegen der Gleichungen (1) und (2) zweimal ab (also $\ddot{x}(t) = -\omega^2 \cdot \cos \omega t$) und setzen das Ganze in Gleichung 8.15 ein, dann erhalten wir:

$$-\omega^2 \cos \omega t \begin{pmatrix} a_1 \\ a_2 \end{pmatrix} + \cos \omega t \cdot \begin{pmatrix} \frac{c_1+c_2}{m_1} & -\frac{c_1}{m_1} \\ -\frac{c_1}{m_2} & \frac{c_1+c_2}{m_2} \end{pmatrix} \begin{pmatrix} a_1 \\ a_2 \end{pmatrix} = \vec{0},$$

bzw.

$$-\omega^2 \cos \omega t \begin{pmatrix} a_1 \\ a_2 \end{pmatrix} + \cos \omega t \cdot A \begin{pmatrix} a_1 \\ a_2 \end{pmatrix} = \vec{0},$$

mit

$$A = \begin{pmatrix} \frac{c_1+c_2}{m_1} & -\frac{c_1}{m_1} \\ -\frac{c_1}{m_2} & \frac{c_1+c_2}{m_2} \end{pmatrix}.$$

Wir kürzen den Cosinus heraus und wir bekommen nach Umstellung

$$A \begin{pmatrix} a_1 \\ a_2 \end{pmatrix} = \omega^2 \begin{pmatrix} a_1 \\ a_2 \end{pmatrix}. \tag{8.16}$$

Damit haben wir die Gleichung (mit $\lambda = \omega^2$) in die Form eines *Eigenwertproblems* überführt!

Holen wir die rechte Seite auf die linke und klammern den Vektor $\vec{a}$ aus:

$$(A - \lambda E)\vec{a} = \vec{0}, \tag{8.17}$$

mit

---

[10]Hier haben wir ein wenig vereinfacht. Wie gesagt geht es hier nur um ein Anwendungsbeispiel für Matrizenrechnung und Eigenwerte.

$$\vec{a} = \begin{pmatrix} a_1 \\ a_2 \end{pmatrix}.$$

Zum Bestimmen der Eigenwerte berechnen wir die Determinante der Matrix $A - \lambda E$ und setzen sie 0, denn das ist eben die Bedingung, damit Gleichung 8.17 auch erfüllt ist, ohne dass wir $\vec{a} = \vec{0}$ setzen müssen.

Wir berechnen also:

$$\det(A - \lambda E) = \det\left[\begin{pmatrix} \frac{c_1+c_2}{m_1} & -\frac{c_1}{m_1} \\ -\frac{c_1}{m_2} & \frac{c_1+c_2}{m_2} \end{pmatrix} - \lambda \cdot \begin{pmatrix} 1 & 0 \\ 0 & 1 \end{pmatrix}\right] = \begin{vmatrix} \frac{c_1+c_2}{m_1} - \lambda & -\frac{c_1}{m_1} \\ -\frac{c_1}{m_2} & \frac{c_1+c_2}{m_2} - \lambda \end{vmatrix} = 0.$$

Da die Autoren etwas schreibfaul sind, wollen wir folgende Abkürzungen verwenden:

$$k_1 = \frac{c_1+c_2}{m_1}, k_2 = \frac{c_1+c_2}{m_2}, l_1 = \frac{c_1}{m_1} \text{ und } l_2 = \frac{c_1}{m_2}.$$

Rechnen wir die 2×2 Determinante aus, erhalten wir ein Polynom 2. Grades bzw. eine quadratische Gleichung, die 0 sein soll:

$$\begin{vmatrix} k_1 - \lambda & -l_1 \\ -l_2 & k_2 - \lambda \end{vmatrix} = \lambda^2 - (k_1 + k_2)\lambda + k_1 k_2 - l_1 l_2 = 0.$$

Wir wenden darauf die *p,q-Formel* (siehe Gleichung 3.5) an und erhalten so

$$\lambda_{1,2} = \frac{k_1 + k_2}{2} \pm \sqrt{\frac{(k_1 - k_2)^2}{4} + l_1 l_2}. \tag{8.18}$$

Dies sind die beiden Eigenwerte des Eigenwertproblems aus Gleichung 8.16. Sie sind beide reell, da der Term unter der Wurzel immer positiv ist. Sie sind zudem auch noch positiv, weil $k_1 > l_1$ und $k_2 > l_2$. Nun erinnern wir uns, dass $\lambda = \omega^2$ (s. Gleichung 8.16). Damit gibt es zwei *Eigenfrequenzen*, mit der die Massen nach dem Einschwingen hin- und herpendeln, nämlich $\omega_{1,2} = \sqrt{\lambda_{1,2}}$.

Für den Rest des Beispiels wollen wir annehmen, dass beide Massen gleich groß sind, d. h. $m_1 = m_2 = m$. Damit wird $k_1 = k_2 = k$ und $l_1 = l_2 = l$. Eingesetzt in Gleichung 8.18 erhalten wir

$$\lambda_{1,2} = k \pm l = \frac{c_1 + c_2 \pm c_1}{m},$$

d. h. wir erhalten die beiden Eigenwerte

$$\lambda_1 = \frac{2c_1 + c_2}{m}, \text{ und } \lambda_2 = \frac{c_2}{m}.$$

Jetzt möchten wir für den ersten Eigenwert $\lambda_1 = \frac{2c_1+c_2}{m}$ den Eigenvektor $\vec{a}_1$ bestimmen. Setzen wir den Eigenwert also in 8.17 ein, dann erhalten wir:

$$\begin{pmatrix} -\frac{c_1}{m} & -\frac{c_1}{m} \\ -\frac{c_1}{m} & -\frac{c_1}{m} \end{pmatrix} \begin{pmatrix} a_1 \\ a_2 \end{pmatrix} = \begin{pmatrix} 0 \\ 0 \end{pmatrix}.$$

Alle Koeffizienten der Matrix sind identisch, weshalb wir diesen ausklammern und anschließend durch ihn teilen können. Damit erhalten wir, wenn wir diese Matrixgleichung wieder umschreiben, folgendes Gleichungssystem:

$$a_1 + a_2 = 0 \qquad (1)$$
$$a_1 + a_2 = 0 \qquad (2)$$

Die zweite Gleichung des Gleichungssystems ist völlig überflüssig und wir können sie weglassen, d. h. unser Gleichungssystem besteht nur noch aus einer Gleichung:

$$a_1 + a_2 = 0.$$

Setzen wir nun z. B. $a_1 = K$, dann ist $a_2 = -K$ (wir könnten natürlich genauso gut $a_2 = K$ setzen). Damit haben wir den ersten Eigenvektor:

$$\vec{a}_1 = K \begin{pmatrix} 1 \\ -1 \end{pmatrix}.$$

Die Konstante K stellt hierbei den maximalen Ausschlag (die Amplitude) der Massen m_1 und m_2 dar. Üblicherweise wird die Amplitude mit dem Buchstaben A gekennzeichnet, worauf wir hier verzichtet haben, um keine Verwechslung mit der Matrix A zu provozieren, welche diese uns übel nehmen könnte (welche Matrix, die was auf sich hält, wird schon gerne mit einer schnöden Amplitude verwechselt!). Die Komponenten haben entgegengesetzte Vorzeichen, was bedeutet, dass für die Eigenfrequenz $\omega_1 = \sqrt{\lambda_1} = \sqrt{\frac{2c_1 + c_2}{m}}$ beide Massen gegenläufig schwingen, d. h. dass sie sich entweder voneinander entfernen oder aufeinander zubewegen. Eine solche Schwingung wird *gegenphasige Schwingung* genannt.

Für den zweiten Eigenwert $\lambda_2 = \frac{c_1}{m}$ verfahren wir analog:

$$\begin{pmatrix} \frac{c_1}{m} & -\frac{c_1}{m} \\ -\frac{c_1}{m} & \frac{c_1}{m} \end{pmatrix} \begin{pmatrix} a_1 \\ a_2 \end{pmatrix} = \begin{pmatrix} 0 \\ 0 \end{pmatrix}.$$

Ausgeschrieben als Gleichungssystem können wir wieder eine Gleichung weglassen, so dass nur noch folgende Gleichung übrig bleibt:

$$a_1 - a_2 = 0.$$

Setzen wir $a_1 = L$, dann ist auch $a_2 = L$ und der zweite Eigenvektor lautet dann

$$\vec{a}_2 = L \begin{pmatrix} 1 \\ 1 \end{pmatrix}.$$

Die Konstante L stellt auch hier wieder die Amplitude der Schwingung beider Massen dar. In diesem Fall sind die Vorzeichen beider Komponenten gleich, sprich: Beide Massen bewegen sich für die Eigenfrequenz $\omega_2 = \sqrt{\lambda_2} = \sqrt{\frac{c_2}{m}}$ immer in die gleiche Richtung. Es handelt sich also um eine *gleichphasige Schwingung*.

Eine kleine Anmerkung: Oftmals wird im alltäglichen Leben die Variable des Eigenvektors (in unserem Beispiel K und L) weggelassen und es werden nur die Komponenten angegeben, weil es sich um eine beliebig skalierbare Amplitude handelt.

Die Autoren gestehen, dass das Thema der Eigenwerte und Eigenvektoren aufgrund eigenartiger Eigenschaften eigentlich ziemlich schwierig und sehr eigen, also sehr speziell ist. Wenn man nicht unbedingt Schwingungsfachmann werden will (für so etwas gibt es ja Swinger-Clubs), kann man dieses Thema ja auch auf „Lücke“ setzen. Die Autoren weisen aber ausdrücklich darauf hin, dass es passieren kann, dass gerade das dran kommt, denn man hat ja auch schon Pferde bei bestimmten Tätigkeiten beobachtet...

9 Die Suche nach dem eiligen Inte-Gral

Bei der Differentialrechnung geht es darum, zu bestimmen, wie steil eine Kurve oder Fläche oder allgemein eine Funktion an einem bestimmten Punkt ansteigt oder abfällt. Die Integralrechnung ist davon die Umkehrung! Mit Hilfe der Integralrechnung können wir also bei Vorgabe des Steigungsverlaufs auf die Ursprungsfunktion zurückrechnen.

Das Ganze lässt sich aber auch anschaulicher auffassen: Bei der Integralrechnung handelt es sich um die Aufsummierung unendlich kleiner, unendlich vieler und sich (meistens) verändernder Bestandteile von irgendetwas Größerem. Mit dem Integral kann auch die Fläche, die eine Kurve zusammen mit der x-Achse einschließt, bestimmt werden, sofern es sich um die Kurve handelt, die nur von einer Variable x abhängt. Mit Hilfe dessen lassen sich sogar die Volumina von Rotationskörpern berechnen! Aber dazu später. Wenn eine Funktion von zwei Variablen abhängt, kann man mit der Integration das Volumen berechnen. Weniger anschaulich ist es bei Funktionen mit mehr Variablen, aber das Prinzip ist das gleiche. Frau Dipl.-Ing Dietlein weist darauf hin, dass man sich doch bei n Variablen einfach den Inhalt eines $(n+1)$-dimensionalen Raumes vorstellen solle!

In diesem Kapitel wollen wir auf die einfachsten und zwar auf die Integration von Funktionen mit einer Variablen beschränken (meistens: x, in den Naturwissenschaften oft auch die Zeit t).

Wenn wir mit dem Kapitel durch sind, könnt Ihr dann genau berechnen, wieviel Wasser Ihr für Eure Tasse Kaffee benötigt, wenn sie z. B. kegelförmig wie in Abbildung 9.1 gezeigt ist.

Abbildung 9.1: Darstellung des Inhalts einer kegelförmigen Tasse bestimmbar mittels Integration

Wie bereits erwähnt, kann man mit der Integralrechnung für diesen einfachen Fall die Fläche unter einer vorgegebenen Kurve berechnen, indem die zur Kurve gehörenden Funktion integriert wird. Das hört sich abschreckend an, ist aber halb so wild! Denn eigentlich werden nur unendlich dünne Balken eines entsprechenden Diagramms zu einer Fläche zusammengezählt!

Und das geht so: Die x-Achse wird im Intervall, für das die Fläche berechnen werden soll, in Abschnitte gleicher Breite unterteilt. Nun zeichnet man ein vertikales Rechteck, dessen horizontale Kante dem ganz linken Abschnitt entspricht, so ein, dass eine seiner beiden oberen Ecken immer auf der Kurve liegt und die andere oberer Ecke immer oberhalb der Kurve. Für den rechts daneben liegenden Abschnitt wird nach gleichem Prinzip ein Rechteck eingezeichnet. Dies wird nun so lange wiederholt, bis man durch alle Abschnitte des Intervalls durch ist. Nun kann die Fläche eines jeden Rechtecks einfach durch Höhe × Breite bestimmt werden. Die gesamte Fläche der Kurve lässt sich somit durch das Aufsummieren aller Rechteckflächen annähern. Diese Summe wird Obersumme[1] genannt, weil sie immer oberhalb der Kurve liegt. Abbildung 9.2 veranschaulicht die Methode der Obersummenbildung.

Formelmäßig sieht das dann so aus:

$$A = \sum_i max\left[f(x_i), f(x_{i+1})\right](x_{i+1} - x_i), \text{ mit } x_i < x_{i+1}. \tag{9.1}$$

Dabei steht $f(x_i)$ für den Funktionswert an der Stelle x_i. Der Ausdruck $max\left[f(x_i), f(x_{i+1})\right]$ bedeutet, dass wir den größten Wert der in der rechteckigen Klammer stehenden Werte verwenden

---

[1]Hier handelt es sich nicht um ein saftiges Trinkgeld für den Chef-Kellner!

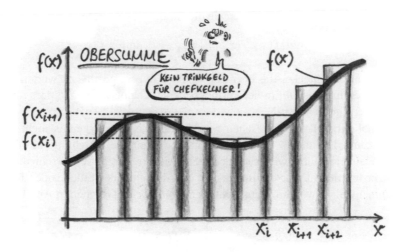

Abbildung 9.2: Obersumme

sollen, also entweder $f(x_i)$, wenn dieser größer ist als $f(x_{i+1})$ oder eben den anderen. Dieser Wert stellt für die Obersumme die Höhe des Rechtecks dar. Da die Funktionswerte $f(x_i)$ bzw. $f(x_{i+1})$ auch negative Werte annehmen können, gibt es auch negative „Flächen". Das Vorzeichen wird nun entsprechend berücksichtigt und alle „negativen" Rechteckflächen abgezogen.

Die Fläche kann auch abgeschätzt werden, indem gemäß Abb. 9.3 die Rechtecke der unter der Kurve betrachtet werden. Damit erhält man die Untersummen.

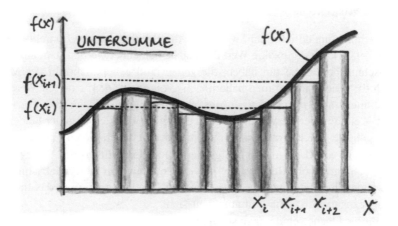

Abbildung 9.3: Untersumme

Die dazugehörige Formel schaut fast so aus wie die für die Obersumme:

$$A = \sum_i min\,[f(x_i), f(x_{i+1})]\,(x_{i+1} - x_i),\ \text{mit}\ x_i < x_{i+1}. \tag{9.2}$$

In beiden Fällen sind Rechtecke, die über der x-Achse liegen, positiv zu werten und die, die unterhalb liegen, negativ. Das *min* in der Formel bedeutet analog zum *max*, dass in diesem Fall der kleinste der Werte gesucht wird.

Wie hier einmal wirklich leicht gesehen werden kann, ist das Ergebnis nicht exakt, es ist nur eine Abschätzung der Fläche! Und jetzt kommt es: Wenn die Abschnitte mit der Breite Δx immer mehr verkleinert werden, wird auch der Fehler kleiner, also der Unterschied zwischen der wirklichen Fläche und der Summe der Rechtecke, weil die fehlenden Stücke oder die Stücke, die zu viel sind, immer kleiner werden. Vergleicht hierzu bitte beide Graphen in Abbildung 9.4.

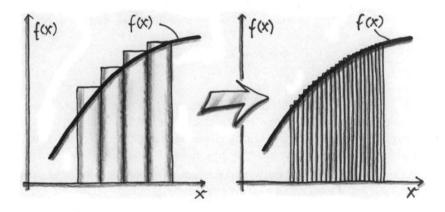

Abbildung 9.4: Verkleinerung der Säulenbreite $\Delta x = x_{i+1} - x_i$ führt zur Verringerung des Fehlers.

Werden die Abschnitte unendlich dünn, wenn also die Breite Δx gegen 0 strebt (mathematisch ausgedrückt: $\Delta x \to 0$), kann der exakte Wert der Fläche berechnet werden. Um anzudeuten, dass wir es mit Abschnittsbreiten zu tun haben, die gegen Null gehen, schreibt der Mathematiker statt Δx einfach dx.[2] Die Obersummen nähern sich „von oben" dem exakten Wert an, die Untersummen von unten (sofern $f(x) > 0$, ansonsten anders herum). Dann fällt $f(x_i)$ mit $f(x_{i+1})$ zusammen und es entfällt die Notwendigkeit, den größeren oder kleineren der beiden Werte auszuwählen (sind ja beide gleich groß) und wir nehmen dann einfach gleich $f(x)$.

Um den Übergang von der Summe der groben Rechtecke mit groben Intervallabschnitten $(x_{i+1} - x_i)$ zu einer Summe von „Rechtecken" mit extrem schmalen Intervallabschnitten zu kennzeichnen, verwenden die Mathematiker ein besonderes Zeichen, und zwar das Integralzeichen, das wie ein langgezogenes „S" (für „Summe") aussieht.

Die Formel für die Fläche schaut dann so aus:

$$\int f(x)dx\ \text{statt}\ \sum f(x) \cdot \Delta x. \tag{9.3}$$

---

[2]dx ist dabei infinitesiminitotalganz klein...

Das dx kommt also durch den Übergang zum Infinitesimalen von $\Delta x = x_{i+1} - x_i$. Anschaulich gesagt steht also hinter dem Integralzeichen eigentlich das Analoge zu $max[f(x_i), f(x_{i+1})]\Delta x$, aber eben mit d$x$ als unendlich dünnem Streifchen. Das Integralzeichen selbst ist dann ein langgestrecktes S für Summe. Auch beim Übergang zum Infinitesimalen werden die Vorzeichen entsprechend berücksichtigt, so dass die Flächen, die unterhalb der x-Achse liegen, abgezogen werden.

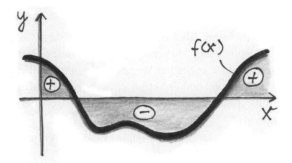

Abbildung 9.5: Vorzeichenregel bei der Integration von Flächen unter Kurven

9.1 Anwendungsbeispiele

Integration kommt in der freien Natur, also der Welt des Ingenieurs[3], mindestens so häufig vor wie die Ableitung. Dementsprechend gibt es zahlreiche Anwendungsgebiete, wobei die Zusammenhänge nicht immer einfach und manchmal auch schwierig sind!

Die wohl naheliegendste Anwendung für den Maschinenbauer oder die Maschinenbäuerin ist der Einsatz des Newtonschen Gesetzes, welches zur Berechnung der Bewegungsgrößen das Produkt aus Masse und Beschleunigung der Summe aller äußeren angreifenden Kräfte gleichsetzt. Dies entspricht der berühmten Formel $F = m \cdot a$, die Herr Newton freundlicherweise erfunden hat. Durch die Integration der Beschleunigung kann auf die Geschwindigkeit des Körpers und durch die Integration der so erhaltenen Geschwindigkeit auf den zurückgelegten Weg oder, bei Vektoren, auf die Bahn, auf der sich der Körper bewegt, geschlossen werden. Denn summiert man eine Geschwindigkeit v für einen Zeitraum t, so erhält man die dabei zurückgelegte Strecke $s = v \cdot t$. Wenn sich dabei aber die Geschwindigkeit ständig ändert, muss man eben integrieren, also: $s = \int v \mathrm{d}t$. Und hier schließt sich der Kreis: Die Ableitung des Weges (allerdings nach der Zeit t) ist die Geschwindigkeit und deren Ableitung wiederum die Beschleunigung! In der Raumfahrt zum Beispiel kommt das Newtonsche Gesetz mit anschließender zweimaliger Integration bei der Berechnung von Satelliten- und Raketenbahnen zum Einsatz.

Wie man aus obiger anschaulicher Herleitung der Integration vielleicht erraten hat, wird die Integralrechnung auch häufig dazu verwandt, ebene Flächen zu berechnen, z. B. bei der Bestimmung des Flächenschwerpunkts. Mit Hilfe der Flächenberechnung kann sogar das Volumen von

---

[3]Herr Dr. Romberg bezweifelt ausdrücklich, dass die „Welt des Ingenieurs" etwas mit der „freien Natur" zu tun hat.

Rotationskörpern bestimmt werden (z. B. der Inhalt einer Bierflasche). Wie das geht, werden wir ebenfalls im Abschnitt 9.6 zeigen.

Weitere Anwendungsbeispiele erfordern Mehrfachintegrale, die (leider, leider) in diesem Buch keine Berücksichtigung finden können. Wir verweisen daher auf die entsprechende Fachliteratur.

9.2 Das unbestimmte Integral

Wenn eine Funktion (z. B. die einer über die Zeit veränderlichen Geschwindigkeit $v = f(t)$) vorgegeben ist, die als Steigung einer Ursprungsfunktion interpretiert werden kann (im Falle der Geschwindigkeit also des zurückgelegten Weges $s(t)$), führt die Fragestellung, aus welcher Ursprungsfunktion denn diese gegebene Funktion entstanden ist, auf das *unbestimmte Integral* (was es mit dem Wort „unbestimmt" auf sich hat, werden wir genauer erklären, wenn wir zum bestimmten Integral kommen).[4]

Jetzt benötigen wir den Begriff der *Stammfunktion*. Eine Stammfunktion $F(x)$ ist eine Funktion, aus deren Ableitung $f(x)$ gewonnen werden kann, d. h. $F'(x) = f(x)$. Die Funktion $f(x)$ „entstammt" sozusagen der Funktion $F(x)$. Oder umgekehrt: Eine Stammfunktion ist eine Funktion, die durch Integration von $f(x)$ erhalten wird.

Wie bereits mehrmals erwähnt, kann die Integration als die Umkehrung der Ableitung aufgefasst werden, dass heißt $f(x)$ stellt die *Steigung der Stammfunktion* $F(x)$ dar. Da aber nun unendlich viele Funktionen gefunden werden können, für welche $f(x)$ die Steigung darstellt, indem z. B. die Stammfunktion parallel nach oben oder nach unten beliebig verschoben wird (d. h. um einen beliebigen konstanten Wert C, durch dessen Hinzuzählen zur Stammfunktion und dessen Ableitung 0 ist), gibt es entsprechend unendlich viele Stammfunktionen zur Funktion $f(x)$. Ist aber nun eine Stammfunktion von $f(x)$ bekannt, können alle anderen Stammfunktionen ganz einfach hergeleitet werden, indem wir einfach irgendeine Konstante C (deren Ableitung ja schließlich Null ist) dazu addieren, also:

$$\int f(x)\mathrm{d}x = F(x) + C. \tag{9.4}$$

Alle möglichen Stammfunktionen zusammengenommen nennen wir das *unbestimmte Integral*.

Beispiel:

$$f(x) = 2x.$$

Aus Kapitel 4, in dem wir die Ableitungen behandelten, wissen wir, dass die Ableitung von x^2 gleich $2x$ ist, d. h.

$$\frac{\mathrm{d}x^2}{\mathrm{d}x} = 2x.$$

Also ist x^2 eine Stammfunktion von $2x$.

---

[4]Denn alles, was nicht bestimmt ist, ist unbestimmt. Logisch, nicht wahr?

Allerdings ist auch die Ableitung von $x^2 + C = 2x$. Die Konstante C kann dabei jeden beliebigen reellen Wert zwischen $-\infty$ und $+\infty$ annehmen, also z. B. 23418,5623 oder einfach -4. Demnach ist $x^2 + C$ ebenfalls eine Stammfunktion. Nun ist ohnehin für $C = 0$ (der einfachste mögliche Fall) die Stammfunktion x^2 in der Menge $x^2 + C$ enthalten.

Für jede stetige Funktion gibt es eine Stammfunktion. Allerdings ist deren Bestimmung oft nicht ganz so einfach (und manchmal schwierig oder gar unmöglich). Wir wollen dann versuchen, die zu integrierende Funktion so umzuformen, dass sie sich aus einfacheren Funktionen zusammensetzt bzw. aus Funktionen, deren Integrale bereits bekannt sind. In den folgenden Abschnitten wollen wir Euch gängige Verfahren dazu vorstellen. Wenn Ihr lernt, aus der Form der vorgegebenen Funktion herauszusehen, welches Verfahren zum Ziel führt und das Verfahren anwendet, ist das Ganze schon fast gewonnen, denn wir haben dann eine gute Grundlage[5]! Zunächst aber ein paar

9.2.1 Rechenregeln

Was wäre nur die Mathematik ohne Rechenregeln? Denn diese Rechenregeln werden uns beim Umformen auf dem Weg zur Lösung sehr hilfreich sein.

Vorziehen eines konstanten Faktors
Kann aus $f(x)$ ein konstanter Faktor ausgeklammert werden, so kann dieser vor das Integral wandern:

$$f(x) = a \cdot g(x) \rightarrow \int f(x)\mathrm{d}x = a \cdot \int g(x)\mathrm{d}x \text{ für } a \text{ unabhängig von } x, \tag{9.5}$$

aber wirklich nur dann, wenn a keine Funktion von x ist! Wir erinnern uns: Ein Integral ist letztendlich nichts anderes als eine Summe unendlich schmaler Rechtecke...

Das Integral einer Summe
Ist die zu integrierende Funktion eine Summe, so kann jeder einzelne Summand separat integriert und dann entsprechend der zu integrierenden Funktion zusammengezählt werden, wobei allerdings die Vorzeichen zu beachten sind. Also:

$$\int [f(x) + g(x) - h(x)]\,\mathrm{d}x = \int f(x)\mathrm{d}x + \int g(x)\mathrm{d}x - \int h(x)\mathrm{d}x. \tag{9.6}$$

Wichtigste Regel überhaupt
Eine gute mathematische Formelsammlung ist des Ingenieurstudenten (m/w) bester Freund (nach(!) einer kühlen Flasche Möwenbräu, aber noch vor(!) dem Smartphone mit Taschenrechner-App). Dies gilt insbesondere für die Integration. Die gängigsten Verfahren für die Integration zielen darauf ab, ein kompliziertes Integral so umzuwandeln, dass es soweit wie möglich aus einfacheren Grundformen besteht. Mit Hilfe einer Formelsammlung lässt sich das Integral anschließend vergleichsweise einfach lösen. Wenig Wünsche offen bezüglich solcher Formeln lässt

---

[5]Frau Dipl.-Ing. Dietlein betont an dieser Stelle, dass eine gute Grundlage die beste Voraussetzung für eine solide Basis sei!

das „Taschenbuch der Mathematik" von Bronstein & Semedjajew (siehe [Bro93]), liebevoll auch einfach nur „Bronstein" genannt.

9.2.2 Integrationsmethoden

In diesem Abschnitt wollen wir Euch verschiedene Methoden zur Integration nahebringen. Die meisten Prüfungsaufgaben lassen sich lösen, indem sogenannte „Kochrezepte" angewendet werden. Der Trick dabei ist, dass anhand der vorliegenden Funktion, die integriert werden soll, rasch erkannt wird, welches Verfahren am schnellsten und einfachsten zum Ziel führt. Hierbei hilft fleißiges Üben. Wir haben hierzu ein paar Aufgaben mit Lösungsweg in den Anhang gestellt. Frau Dipl.-Ing. Dietlein empfiehlt aber, sich weitere einschlägige Übungsaufgaben zu besorgen und diese in Ruhe durchzurechnen. Die Betonung liegt auf „Ruhe", denn in der Ruhe liegt die Kraft!

9.2.2.1 Integration durch Substitution

Der Gedanke hinter diesem Verfahren ist, durch geschickte Substitution (Nerd-Term für „Ersetzen") die zu integrierende Funktion in eine einfacher zu integrierende Form zu überführen. Die anschließende Rücksubstitution nach der Integration erlaubt dann die Lösung des ursprünglichen Integrals. Dabei wird die zu integrierende Funktion als eine Funktion aufgefasst, deren Argument selbst wiederum eine (einfache) Funktion ist. Durch geschickte Wahl der Substitutionsgleichung wird so versucht, die zu integrierende Funktion in die Form $f(\varphi(t)) \cdot \varphi'(t)$ zu überführen. Nun aber keine Panik! Erstmal das „Kochrezept".

Das generelle Vorgehen ist wie folgt:

1. Aufstellen der Substitutionsformel $t = \varphi^{-1}(x)$ und anschließende Umkehrung (Auflösung nach x): $x = \varphi(t)$. Nicht verwirren lassen: Die hier symbolisch mit $\varphi^{-1}(x)$ dargestellte Funktion ist der Form nach eine Umkehrfunktion. Wichtig ist hier aber nur, dass wir als Substitutionsformel eine Formel wählen, die wir umkehren können. Nach der Umkehrung der Umkehrung haben wir dann die unumkehrte Funktion $\varphi(x)$, also $\left[\varphi^{-1}(x)\right]^{-1} = \varphi(x)$,

denn schließlich ist die Umkehrung nichts anderes als die Umkehrung der Umkehrung der Umkehrung: $\varphi^{-1} = \left\{ \left[\varphi^{-1}(x) \right]^{-1} \right\}^{-1}$.

2. Ableitung der Substitutionsformel $\frac{dx}{dt} = \varphi'(t)$ und Auflösen nach dx ergibt $dx = \varphi' dt$. Alternativ können wir auch die Umkehrung aussparen, einfach gleich die Ableitung $\frac{dt}{dx} = \frac{d\varphi(x)}{dx}$ bilden und dann nach dx auflösen.

3. Einsetzen in die Integralgleichung.

4. Lösung des Integrals durch Integrieren über t.

5. Rücksubstitution.

Das Integrieren über t funktioniert übrigens wie das Integrieren über x, nur dass man hier halt t statt x schreibt. Also dadurch nicht ins Boxhorn jagen lassen!

An folgendem Beispiel soll das Vorgehen gezeigt werden. Hier die Aufgabe:

$$\int \cos(2 - 8x) dx = ?$$

Gehen wir den Lösungsweg Schritt für Schritt durch:

1. Substitution: $t = 2 - 8x$, denn $\int cos(t) dt$ kennen wir ($= sin(t) + C$)!

2. Ableiten von t nach x und Auflösen nach dx: $\frac{dt}{dx} = -8 \rightarrow dx = -\frac{1}{8} dt$

3. Einsetzen: $\int \cos(2 - 8x) dx = \int \cos(t)(\frac{-1}{8}) dt = -\frac{1}{8} \int \cos(t) dt$.

4. Lösen: $-\frac{1}{8} \int \cos(t) dt = -\frac{1}{8} \sin(t) + C$ (Achtung: Konstante C nicht vergessen, denn $\frac{dC}{dx} = 0$)

5. Rücksubstitution: $-\frac{1}{8} \sin(t) + C \rightarrow -\frac{1}{8} \sin(2 - 8x) + C$

Das war's auch schon!

9.2.2.2 Ableitung des Nenners im Zähler

In manchen Fällen lässt sich ein Integrand auf einen Bruch zurückführen, dessen Zähler die Ableitung des Nenners ist. Dann kann die Lösung sofort hingeschrieben werden, denn es gilt

$$\int \frac{1}{x} dx = \ln x,$$

weil halt

$$\frac{d}{dx} \ln x = \frac{1}{x} \cdot 1.$$

Der nicht ganz zum Spaß, dafür aber zugunsten der Klarheit noch hingeschriebene Multiplikator 1 hinter dem Bruch entsteht durch Nachdifferenzierung von x, weil wir ja die *Kettenregel* anwenden müssen beim Differenzieren von Funktionen, wie in Abschnitt 4.4 beschrieben. Demnach gilt also:

$$\int \frac{f'(x)}{f(x)} dx = \ln|f(x)| + C, \tag{9.7}$$

mit $f'(x)$ als *innere Ableitung*.

Wir gelangen zu dieser Lösung auch, indem wir das *Substitutionsverfahren* anwenden und $t = f(x)$ setzen. Beachtet dabei, dass das Argument des natürlichen Logarithmus in der Lösung als Betrag steht. Dies ist notwendig, weil für $f(x)$ im Integrand alle Werte außer Null, d. h. auch negative Werte i. d. R. erlaubt sind, was aber für den Logarithmus nicht der Fall ist. Damit die Stammfunktion auch für alle x-Werte gilt, für die $f(x)$ negative Werte annimmt, müssen Betragsstriche gesetzt werden. Hinweis: In vielen Formelsammlungen wird beim Integrieren das Argument des Logarithmus nicht in Betragsstriche gesetzt. Diese sind aber der Vollständigkeit halber hinzuschreiben.

Beispiel:

$$\int \tan x \, dx = \int \frac{\sin x}{\cos x} dx = \int \frac{-\frac{d}{dx} \cos x}{\cos x} dx = -\ln|\cos x| + C.$$

9.2.2.3 Partielle Integration

Die partielle Integration kommt dann zum Einsatz, wenn die zu integrierende Funktion aus der Ableitung eines Produktes zweier Funktionen hervorgegangen ist. Dieser Ansatz ist insbesondere dann sinnvoll, wenn der Integrand selbst nur ein Produkt ist. In diesem Fall lässt sich oft das Integral auf ein einfacheres zurückführen (aber leider nicht immer, daher muss man das eben ausprobieren).

Lässt sich die Stammfunktion $F(x)$ als Produkt aus zwei Funktionen schreiben, also

$$F(x) = u(x)v(x), \tag{9.8}$$

dann ist die Ableitung nach der Produktregel:

$$F'(x) = \frac{d}{dx}[u(x)v(x)] = u'(x)v(x) + u(x)v'(x). \tag{9.9}$$

Das heißt:

$$F(x) = u(x)v(x) = \int [u'(x)v(x) + u(x)v'(x)]dx = \int u'(x)v(x)dx + \int u(x)v'(x)dx. \tag{9.10}$$

Wenn nun eine Funktion, die selbst ein Produkt ist, integriert werden soll, kann man dies folgendermaßen ausnutzen. Das geht so:

$$\int f(x)dx = \int g(x)h(x)dx. \tag{9.11}$$

Wir behaupten, der Integrand ist aus der Ableitung eines Produkts entstanden und setzen erstmal:

$$g(x) = u'(x) \text{ und } h(x) = v(x).$$

Somit wird folgendes Integral erhalten:

$$\int f(x)dx = \int u'(x)v(x)dx. \tag{9.12}$$

Vergleichen wir das mit Gleichung 9.10, dann sehen wir, dass das dem ersten Summenterm entspricht. Nun wird Gleichung 9.10 so umgeformt, dass der zweite Summand auf der linken Seite steht. Damit haben wir:

$$\int u'(x)v(x)dx = u(x)v(x) - \int u(x)v'(x)dx. \tag{9.13}$$

Um das Integral lösen zu können, muss noch $g(x) = u'(x)$ integriert werden, damit wir das Produkt $u(x)v(x)$ und den Integranden $u(x)v'(x)$ hinschreiben können. Und auch das Produkt $u(x)v'(x)$ müssen wir schließlich integrieren. Aber warum macht man das? Jetzt müssen wir sogar zwei Funktionen ($g(x) = u(x)$ und eben das Produkt $u(x)v'(x) = \int g(x)dx \cdot \frac{d}{dx}h(x)$) integrieren anstatt nur eine Funktion. Nun, meistens ist es eben viel einfacher (und schneller), zwei mal einfachere Integrale zu lösen als ein kompliziertes, denn oft sind die zu integrierenden Terme nach diesem Umformungsprozess einfacher zu handhaben! Wir versuchen das durch folgendes Beispiel mal zu zeigen.

Also:

$$\int 12x^3 \ln|x|dx.$$

Die Integration von $12x^3$ ist einfacher als die von $\ln|x|$, das sich wiederum sehr einfach ableiten lässt. Wir schreiben also:

$$u'(x) = 12x^3$$

und

$$v(x) = \ln|x|.$$

Natürlich hätte man das auch anders herum ansetzen können, aber die Autoren weigern sich in diesem Fall *ln|x|* zu integrieren. Jetzt also dann mal u integrieren:

$$u(x) = \int 12x^3 \mathrm{d}x = 3x^4.$$

Hier lassen wir die Konstante C weg, da wir an dieser Stelle keine Stammfunktion ermitteln wollen.

Nun müssen wir noch v ableiten:

$$v' = \frac{\mathrm{d}\ln|x|}{\mathrm{d}x} = \frac{1}{x}.$$

Damit lässt sich gemäß Gleichung 9.13 das gegebene Integral recht zügig lösen:

$$\int 12x^3 \ln|x|\mathrm{d}x = 3x^4 \ln|x| - \int 12x^3 \frac{\mathrm{d}(\ln|x|)}{\mathrm{d}x}\mathrm{d}x = 3x^4 \ln|x| - \int 12x^2 \mathrm{d}x = 3x^4 \ln|x| - 4x^3 + C.$$

Wie angedeutet würde das Gleichsetzen von u' mit $\ln|x|$ und v mit $12x^3$ auf kompliziertere Integrationen in den Zwischenschritten führen, weil in diesem Fall das Integral von $\ln|x|$ berechnet werden müsste. Man kann sich also durch geschickte Zuordnung der Produktterme das Leben einfach machen. Streng genommen besteht die Funktion in unserem Beispiel aus drei Termen (12, x^3 und $\ln|x|$). Man könnte natürlich andere Kombinationen beim Zuordnen der Funktionen u' und v, z. B. $u' = 12$ und $v = x^3 \ln|x|$ wagen, aber das würde die Sache nur schwieriger machen. Deswegen lassen wir das. Insbesondere gilt: Wenn ein Produktterm ein Polynom oder eine einfach e-Funktion ist und der andere Produktterm eine unangenehmere Funktion (wie zum Beispiel eben der Logarithmus), so wird man in der Regel eher zum Ziel kommen, wenn man das Polynom (oder die e-Funktion) zu u' setzt und den schwierigeren Term zu v, den man dann nur noch ableiten „muss".

9.2.2.4 Partialbruchzerlegung

Liegt eine rationale Funktion vor, die integriert werden soll und das Integral kann nicht auf Anhieb gelöst werden, so können wir durch Partialbruchzerlegung immer (!) ans Ziel gelangen. Dies erreichen wir dadurch, dass wir die rationale Funktion auf Grundintegrale zurückführen. Die gängigsten Grundintegrale sind in Tabelle 9.1 aufgeführt.

Tabelle 9.1: Lösungsansätze für die Integration typischer Brüche

Grundintegral	Lösung
$\int \frac{1}{x-a}\mathrm{d}x$	$\ln|x-a|$
$\int (x-a)^n\mathrm{d}x$	$\frac{(x-a)^{n+1}}{n+1}$ für $n \neq 1$
$\int \frac{1}{(x-a)^b}\mathrm{d}x$	$\frac{(x-a)^{-b+1}}{-b+1}$ für $b \neq 1$
$\int \frac{1}{(x^2+px+q)^n}\mathrm{d}x$	Findet Ihr im Bronstein! [Bro93]

Weitere Grundintegrale stehen im Bronstein [Bro93]. Oder einfach gooooooogeln!

DER NEUESTE TREND NICHT NUR
IN WIEN: DER GOOGLE-HUPF

Folgende Schritte sind für die Partialbruchzerlegung durchzuführen:

Schritt 1: Durchdividieren. Ist der Grad (die höchste vorkommende Potenz) im Zähler kleiner oder gleich dem des Nenners, so entfällt dieser Schritt, da nicht weiter geteilt werden kann.
   Zum Beispiel:

$$\int \frac{x^3 - 4x^2 + x + 16}{x^2 - 1}\mathrm{d}x = \int x + \frac{-4x^2 + 2x + 16}{x^2 - 1}\mathrm{d}x$$
$$= \int x - 4 + \frac{2x + 12}{x^2 - 1}\mathrm{d}x = \int x\mathrm{d}x - \int 4\mathrm{d}x + \int \frac{2x + 12}{x^2 - 1}\mathrm{d}x,$$

wobei die ersten beiden Terme schon mal um Längen einfacher zu integrieren sind!

Schritt 2: Bestimmen der Nullstellen des Nenners des übrigen noch nicht geknackten Terms. Hierbei werden die kleinstmöglichen Faktoren identifiziert, aus denen sich der Nenner zusammensetzt. In unserem Beispiel:

$$x_{1,2} = \pm 1.$$

Schritt 3: Aufstellen vom Ansatz der Partialbrüche. Die ersten Summanden in unserem Beispiel lassen sich direkt integrieren unter Anwendung der Regel für Summen im Integrand. Der verbleibende Bruch wird nun partial zerlegt. Hierfür stellt man unter Ausnutzung des Ergebnisses aus Schritt 2 folgenden Ansatz auf:

$$\frac{2x+12}{(x+1)(x-1)} = \frac{A}{x+1} + \frac{B}{x-1}. \tag{9.14}$$

Hierbei ist folgendes unbedingt zu berücksichtigen:

Gibt es eine mehrfache Nullstelle im Nenner des Integranden, so wird dies berücksichtigt, indem in den Ansatz (Schritt 3) alle Vielfachheiten des Nenners geschrieben werden, also für eine n-fache Nullstelle a:

$$\frac{A_n}{(x-a)^n} + \frac{A_{n-1}}{(x-a)^{n-1}} + \cdots + \frac{A_1}{x-a} + \frac{B_m}{(x-b)^m} + \frac{B_{n-1}}{(x-b)^{n-1}} + \cdots + \frac{B_1}{x-b} + \frac{C}{x-c} + \cdots$$

Schritt 4: Bestimmung der Koeffizienten. Zur Bestimmung der Koeffizienten stehen drei Methoden zur Auswahl:

Methode 1: Zuhaltemethode. Diese geht nur bei Linearfaktoren, da man durch Einsetzen der Nullstelle in die Gleichung nach Umformung lästige Terme einfach ausknipsen kann. Wie das geht, zeigen wir gleich anhand eines Beispiels. Diese Methode benötigt vergleichsweise wenig Rechenaufwand.

Methode 2: Koeffizientenvergleich. Der geht immer!

Methode 3: Einsetzmethode. Geht auch immer!

Bei der Zuhaltemethode gilt folgendes Vorgehen: Der Ansatz 9.14 wird mit einem der Nenner auf der rechten Seite durchmultipliziert, in unserem Beispiel bietet sich $x + 1$ an. Dann steht dort

$$\frac{2x+12}{x-1} = A + \frac{B(x+1)}{x-1}.$$

Nun setzen wir $x = -1$ (die Gleichung muss ja für alle x erfüllt sein), so dass der zweite Term auf der rechten Seite wegfällt. Dann können wir leicht A ausrechnen: $A = -5$. Man kann auch schnell dahin kommen, indem man sich den zweiten Term (oder alle anderen auf der rechten Seite bis auf den mit dem zu bestimmenden Koeffizienten) sowie den zum ersten rechtsseitigen Bruch gehörenden Nenner (hier $x + 1$) auf beiden Seiten wegdenkt (oder „mit dem Daumen zuhält"). Dann einfach die zu diesem Nenner gehörende Nullstelle einsetzen. Analog lässt sich mit den anderen Koeffizienten verfahren.

Für Methode 2 (Koeffizientenvergleich) wird die rechte Seite des Ansatzes 9.14 auf einen Nenner gebracht:

$$\frac{A(x-1)+B(x+1)}{(x+1)(x-1)}$$

und der Zähler ausmultipliziert, also

$$Ax - A + Bx + B = Ax + Bx - A + B = (A+B)x + (B-A).$$

Durch Vergleich mit dem ursprünglichen Zähler $2x + 12$ ergibt sich folgendes lineares Gleichungssystem:

a) A+B=2

b) -A+B=12

Zwei Gleichungen, zwei Unbekannte[6]. Hieraus folgt, dass $A = -5$ und $B = 7$ sein muss.

Noch ein Beispiel: Gegeben sei das Integral:

$$\int \frac{3x+1}{x^4 + 6x^3 + 14x^2 + 14x + 5} dx = ?$$

Schritt 1: Dividieren durch den Nenner. Dies entfällt hier, da die höchste Potenz im Zähler kleiner ist als im Nenner.

Schritt 2: Bestimmung der Nullstellen des Nenners:

$$x^4 + 6x^3 + 14x^2 + 14x + 5 = 0$$

Durch Probieren (oder mit gottgleichem Allwissen) wird die erste Nullstelle zu $x_1 = -1$ bestimmt. Nun dividieren wir den Nenner durch $x+1$ und erhalten das Polynom

$$x^3 + 5x^2 + 9x + 5.$$

Was für ein Zufall: Die zweite Nullstelle ist ebenfalls $x_2 = -1$ (haben wir ebenfalls durch Ausprobieren gefunden). Wir haben also eine doppelte Nullstelle bei $x = -1$.

Nochmaliges Dividieren durch $(x+1)$ führt auf das quadratische Polynom mit zwei Lösungen:

$$x^2 + 4x + 5.$$

Dieses hat wie so oft im Leben zwei Lösungen:

---

[6]Mit so etwas kann man Frau Dipl.-Ing. Dietlein eine Freude machen, wobei laut Herrn Dr. Romberg gilt: Freude F = Mangel an Information I.

Die Nullstellen des quadratischen Polynoms können nun ganz einfach mit der bekannten p,q-Formel errechnet werden (siehe Abschnitt 3.7.1) und sind $x_{3,4} = 2 \pm j$, sie sind also nicht reell, sondern komplex (siehe Kapitel 6). Damit lässt sich der Nenner nicht weiter zerlegen und wir erhalten folgenden Bruch:

$$\frac{3x+1}{(x^2+4x+5)(x+1)^2}.$$

Schritt 2: Ansatz der Partialbrüche.

Der Ansatz wird aufgestellt:

$$\frac{3x+1}{(x^2+4x+5)(x+1)^2} = \frac{Ax+B}{x^2+4x+5} + \frac{C}{x+1} + \frac{D}{(x+1)^2}.$$

Es ist wichtig zu beachten, dass für den ersten Bruch auf der rechten Seite der Zähler als Polynom angesetzt wird, dessen höchste Potenz um eins kleiner ist als die höchste Potenz seines Nenners. Dies ist wirklich wichtig, damit hier kein Term unterschlagen wird.

Durch die Zuhaltemethode wird D zu $D = -1$ bestimmt. Nun können wir schreiben:

$$\frac{3x+1}{(x^2+4x+5)(x+1)^2} + \frac{1}{(x+1)^2} = \frac{Ax+B}{x^2+4x+5} + \frac{C}{x+1}.$$

Die linke Seite wird auf einen Nenner gebracht:

$$\frac{x^2+7x+6}{(x^2+4x+5)(x+1)^2} = \frac{Ax+B}{x^2+4x+5} + \frac{C}{x+1}.$$

Als nächsten Schritt würden wir jetzt versuchen, durch die Zuhaltemethode C zu erhalten. Allerdings ist der einfache Nenner im zugehörigen Bruch zweifach auf der linken Seite im Nenner enthalten. Das Einsetzen der Nullstelle $x = -1$ würde daher dazu führen, dass links im Nenner Null steht. Dies führt also nicht zu einer Lösung. Nun könnte man an dieser Stelle mit dem Koeffizientenvergleich weitermachen. Allerdings wollen wir zunächst noch etwas anderes versuchen. Es kann ja sein, dass man zufälligerweise den kritischen Produktterm $(x+1)$ im Nenner auf der linken Seite wegkürzen kann. Denn wie es der Zufall will, ist $x = -1$ eine Nullstelle vom Zähler der linken Seite[7] und es lässt sich durch $x+1$ kürzen. Somit erhalten wir

$$\frac{x+6}{(x^2+4x+5)(x+1)} = \frac{Ax+B}{x^2+4x+5} + \frac{C}{x+1}.$$

Jetzt können wir wieder die Zuhaltemethode anwenden und bekommen für C den Wert $\frac{5}{2}$. Eingesetzt ergibt das

$$\frac{x^2+7x+6}{(x^2+4x+5)(x+1)^1} = \frac{Ax+B}{x^2+4x+5} + \frac{\frac{5}{2}}{x+1}.$$

Dies wird wieder ausmultipliziert, nach Potenzen geordnet und anschließend werden die Koeffizienten verglichen:

$$\left(A+\frac{5}{2}\right)x^2 + (A+B+10)x + B + \frac{25}{2} = x+6.$$

Damit erhalten wir folgendes Gleichungssystem

a) $A+\frac{5}{2} = 0$

b) $A+B+10 = 1$

c) $B+\frac{25}{2} = 6$

Das sind drei Gleichungen für zwei Unbekannte. Eine der drei Gleichungen kann somit als Probe verwendet werden. Zum Lösen des Gleichungssystems nehmen wir natürlich die einfachsten her. Das sind die erste und die dritte Gleichung, die direkt aufgelöst werden können. Wir erhalten somit für $A = -\frac{5}{2}$ und für $B = -\frac{13}{2}$. Eingesetzt in die mittlere Gleichung zeigt, dass alles korrekt gelaufen ist.

---

[7]Laut Herrn Dr. Romberg und – nach eigenen Angaben – „Kollegen" Prof. Einstein gibt es keinen Zufall.

9.2.2.5 Integration irrationaler Funktionen

Bei irrationalen Funktionen wie z. B. Wurzelfunktionen gibt es leider keine rationalen (=vernünftigen) Methoden, mit denen man nach Schema F zum Ziel kommt, wie bei den gerade eben vorgestellten Problemstellungen. Manchmal kann man aber durch geschickte Substitution diesen Funktionen Vernunft beibringen, das heißt „rational machen", so dass mit oben erklärten Methoden (Partialbruchzerlegung) fortgefahren werden kann.

In Tabelle A.1 im Anhang werden bestimmte Typen nicht rationaler Funktionen und die dazugehörigen sinnvollen Substitutionen gezeigt. Leider kann an dieser Stelle nicht garantiert werden, dass diese Substitutionen immer zum Ziel führen. Die Autoren empfehlen hier ~~das Thema auf Lücke zu setzen~~ den regen Gebrauch von einschlägiger Literatur (z. B. [Bro93]).

9.3 Das bestimmte Integral

Wenn es ein unbestimmtes Integral gibt, muss es auch ein bestimmtes geben. Und genau damit wollen wir uns in diesem Abschnitt beschäftigen. Was unterscheidet denn nun ein bestimmtes von einem unbestimmten Integral? Bislang haben wir uns das Ganze veranschaulicht dadurch, dass wir durch Integration aus dem Steigungsverlauf auf den Kurvenverlauf schließen wollen (als Umkehrung der Differenzierung) oder dass wir damit eben die Fläche unter der Kurve bestimmen. Ausgeschwiegen haben wir uns bis jetzt darüber, von wo bis wohin wir eigentlich die Fläche bzw. das Integral denn berechnen wollen. Wenn wir eine Fläche errechnen wollen, müssen wir schließlich wissen, wo wir anfangen und wo wir aufhören sollen, weil die allermeisten Funktionen einfach keinen Anfang oder kein Ende kennen. Hierzu setzt man dem Integral Grenzen und zwar eine untere und eine obere Grenze, die angibt, von wo bis wohin wir das Integral (oder die Fläche) berechnen sollen.

An dieser Stelle sei vorgreifend erwähnt, dass in bestimmten Fällen das Integral nicht zwingend gleichbedeutend mit einer wahren Fläche ist. Aber dazu später. Hier wollen wir erst noch bei der anschaulichen Darstellung bleiben und dann auf die weniger anschaulichen erweitern.

Wenn wir uns noch einmal die Veranschaulichung der Integration mittels der Ober- oder Untersummen ansehen, so würden wir z. B. von einer bestimmten Stelle $x_1 = a$ (untere Grenze) die rechteckigen Flächen aufsummieren, so lange, bis wir die Stelle $x_2 = b$ (obere Grenze) erreichen. Formelmäßig wird das so geschrieben:

$$\int_a^b f(x)\mathrm{d}x.$$

Vergleicht hierzu bitte Abbildung 9.6 auf S. 177.

Weiter oben wurde bereits erklärt, was eine Stammfunktion ist. Diese brauchen wir jetzt, bevor wir richtig loslegen, für den *Hauptsatz der Differential- und Integralrechnung*. Dieser besagt, dass ein bestimmtes Integral berechnet wird, indem die an der Untergrenze a ausgewertete Stammfunktion von der an der Obergrenze b ausgewertete Stammfunktion abgezogen wird. Formelmäßig wird das so dargestellt:

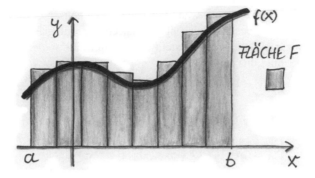

Abbildung 9.6: Bildung der Obersumme zwischen zwei gesetzten Grenzen

$$\int\limits_a^b f(x)\mathrm{d}x = [F(x)]_a^b = F(b) - F(a).$$

Ganz einfach ausgedrückt: Ein bestimmtes Integral löst man, indem man zunächst die Stammfunktion bestimmt und diese dann in eckige Klammern setzt. Nun setzen wir noch die Grenzen hinter die rechte eckige Klammer, die obere Grenze (bis zu der integriert wird) an das rechte obere Eck, die untere Grenze (von welcher aus das Integral berechnet wird) an das rechte untere Eck. Im nächsten Schritt setzen wir die obere Grenze in die Stammfunktion ein und schreiben den Wert hin. Zu guter Letzt setzen wir die untere Grenze in die Stammfunktion ein und ziehen diesen Wert von dem zuvor bestimmten Wert ab. Das war es dann auch schon. So, nun tief durchatmen und diesen Absatz nochmal lesen! In der Mathematik muss gaaaaaanz formal vorgegangen werden! Und dabei immer schön auf Vorzeichen, Indizes, Klammern und Satzzeichen achten, damit die Bedeutung einer Aussage nicht verändert wird!

Veranschaulichen lässt sich das Ganze, wenn wir wieder Flächen unter einer Kurve betrachten. Für diese Veranschaulichung beschränken wir uns auf eine zu integrierende Kurve, die im betrachteten Intervall immer positiv ist. Dann stellt die Stammfunktion den Flächeninhalt, von der unteren Grenze an gerechnet, bis zur Stelle x dar.

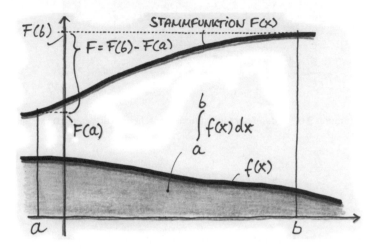

Abbildung 9.7: Fläche unter einer Kurve als Differenz der Stammfunktion an den Grenzen

Dazu zwei Rechenbeispiele:

1. $\int\limits_{3}^{9} x^2 \mathrm{d}x = \left[\frac{1}{3}x^3\right]_3^9 = \frac{1}{3} \cdot 9^3 - \frac{1}{3}3^3 = 243 - 9 = 234.$

2. $\int\limits_{1}^{e} \frac{1}{x}\mathrm{d}x = [\ln|x|]_1^e = ln|e| - ln|1| = 1$

Und jetzt noch ein paar hilfreiche Rechenregeln:

1. Abschnittsweise Integration: Man kann einen Bereich, über den integriert werden soll, in mehrere zusammenhängende Intervalle unterteilen und das Integral für jedes Intervall bestimmen. Anschließend werden die Ergebnisse für alle Intervalle zusammengezählt:

$$\int\limits_{a}^{b} f(x)\mathrm{d}x = \int\limits_{a}^{c} f(x)\mathrm{d}x + \int\limits_{c}^{b} f(x)\mathrm{d}x.$$

2. Bei Vertauschung der Grenzen dreht sich das Vorzeichen um:

$$\int\limits_{a}^{b} f(x)\mathrm{d}x = - \int\limits_{b}^{a} f(x)\mathrm{d}x.$$

3. Ist der Integrand eine Summe, so ist dessen Integral gleich der Summe der Einzelintegrale. Für beide Einzelintegrale sind die Grenzen identisch mit denen des Integrals der Summe. Also:

$$\int_a^b (f(x) + g(x))\mathrm{d}x = \int_a^b f(x)\mathrm{d}x + \int_a^b g(x)\mathrm{d}x.$$

4. Eine Konstante kann wie gehabt einfach aus dem Integral „rausgezogen" werden:

$$\int_a^b c \cdot f(x)\mathrm{d}x = c \cdot \int_a^b f(x)\mathrm{d}x.$$

Nun soll noch kurz ein weiterer Begriff eingeführt werden, und zwar jener der stückweisen Stetigkeit auf einem Intervall $[a, b]$. Darunter wird verstanden, dass das Intervall geschickt in Unterintervalle unterteilt wird, und zwar so, dass in jedem dieser Unterintervalle die betreffende Funktion stetig ist. Anders ausgedrückt: Es befinden sich dann die Unstetigkeitsstellen (wenn vorhanden), genau an den Grenzen der Unterintervalle.

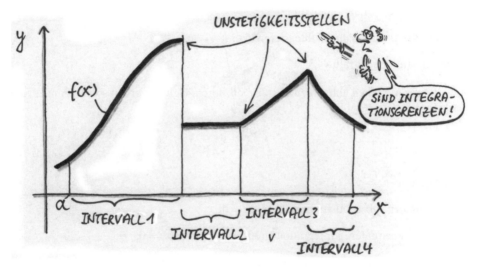

Abbildung 9.8: Setzen der Integrationsgrenzen an Unstetigkeitsstellen

Dann können wir ganz bequem diese Funktion integrieren, indem wir sie abschnittsweise behandeln, und zwar über jedes dieser Unterintervalle separat. Das Ergebnis ist dann die Summe dieser Einzelintegrale.

Ob nun bestimmtes oder unbestimmtes Integral, zunächst wird in beiden Fällen die Stammfunktion bestimmt. Beim bestimmten Integral kommt nur noch hinzu, dass zum Schluss die Grenzen einsetzt werden müssen. Als Ergebnis für ein bestimmtes Integral erhalten wir also eine Zahl! Zur Bestimmung der Stammfunktion stehen uns die Methoden, die wir bereits vorgestellt haben, sowie einschlägige Formelsammlungen zur Verfügung (z. B. [Bro93]). Eine dieser Methoden, wir erinnern uns (hoffentlich), ist die der Substitution (siehe Abschnitt 9.2.2.1). Hier sind die Integrationsgrenzen anzupassen. Das ist notwendig, weil wir die Integrationsvariable durch die Substitution ändern und somit zwangsläufig die Grenzen angepasst werden müssen. Wir zeigen im Folgenden wie. Hier also noch einmal die allgemeine Vorgehensweise, diesmal aber für ein bestimmtes Integral.

Zu lösen sei[8]:

$$\int_a^b f(x)\mathrm{d}x.$$

1. Aufstellen der Substitutionsformel $t = \varphi^{-1}(x)$ und anschließende Umkehrung (Auflösung nach x): $x = \varphi(t)$

2. Ableitung der Substitutionsformel $\frac{\mathrm{d}x}{\mathrm{d}t} = \varphi(t)'$ und Auflösen nach $\mathrm{d}x$ ergibt $\mathrm{d}x = \varphi'\mathrm{d}t$.

3. <u>Umrechnen der Integrationsgrenzen:</u> $\alpha = \varphi^{-1}(a),\ \beta = \varphi^{-1}(b) \to \int_\alpha^\beta f(\varphi(t))\varphi'(t)\mathrm{d}t$.

4. Einsetzen in die Integralgleichung.

5. Lösung des Integrals durch Integrieren über t.

6. <u>Rücksubstitution entfällt!</u>

Gehen wir dieses Vorgehen anhand eines Beispiels durch. Gelöst werden soll folgendes Integral:

$$\int_0^2 3x^2 e^{x^3}\mathrm{d}x.$$

1. Substitution: $x^3 = \varphi^{-1}(x) = t$.

2. Ableitung der Substitutionsformel: $3x^2\mathrm{d}x = \mathrm{d}t$.

3. Umrechnen der unteren Integrationsgrenze: $\varphi^{-1}(0) = 0^3 = 0$.

4. Umrechnen der oberen Integrationsgrenze: $\varphi^{-1}(2) = 2^3 = 8$.

5. Einsetzen in das Integral und Lösen: $\int_0^8 e^t\mathrm{d}t = [e^t]_0^8 = e^8 - 1$.

Es ist aber auch möglich, das Umrechnen der Integrationsgrenzen zu umgehen, indem erst das Integral als unbestimmtes Integral mit Substitution berechnet wird, im vorliegenden Fall also:

$$\int e^t\mathrm{d}t = e^t + C.$$

---

[8]Herr Dr. Romberg merkt an, dass man statt dieser altfränkischen Ausdrucksweise „zu lösen sei" auch einfach schreiben kann: „zu lösen ist". Das sei moderner, und wer nicht mit der Zeit geht, muss mit der Zeit gehen!

Nun wird rücksubstituiert, womit sich als Stammfunktion ergibt:

$$e^{x^3} + C.$$

Unter Berücksichtigung der ursprünglichen Grenzen erhalten wir dann:

$$[e^{x^3}]_0^2 = e^{2^3} - e^{0^3} = e^8 - 1.$$

Das Ergebnis ist ohne große Überraschung identisch mit der zuvor gefundenen Lösung.

Das Vorgehen beim bestimmten Integral mittels partieller Integration ist absolut gleich dem unbestimmten Integral, außer dass man eben die Grenzen hinschreibt und beim Lösen zum Schluss einsetzt. Formelmäßig sieht das so aus:

$$\int_a^b u' \cdot v \mathrm{d}x = [u \cdot v]_a^b - \int_a^b u \cdot v' \mathrm{d}x.$$

Hiermit haben wir erfolgreich partiell integriert.

9.4 Berechnung von Flächen

Wie wir bereits erläutert haben, wird das bestimmte Integral unter anderem für die Berechnung von Flächen eingesetzt. In diesem Abschnitt möchten wir darauf näher eingehen. Wenn wir von

Flächen sprechen, so meinen wir die Fläche, die zwischen der betrachteten Kurve und der x-Achse eingeschlossen wird und durch die untere und obere Grenze des Integrationsbereichs limitiert wird.

An dieser Stelle soll folgendes vorausgeschickt werden: Rein rechnerisch nimmt das Integral negative Werte für die Abschnitte an, für welche die Kurve negativ ist, d. h. „unterhalb" der x-Achse liegt. Das ist in vielen Anwendungsfällen sogar sinnvoll. Da wir hier aber die tatsächliche Fläche berechnen wollen, muss für diese Abschnitte der Betrag genommen werden bzw. der Integralwert für genau diese Abschnitte mit -1 multipliziert werden. Mathematisch ausgedrückt:

$$F = \int_a^b f(x)\mathrm{d}x, \text{ wenn} f(x) \geq 0 \text{ auf } [a,b],$$

$$F = -\int_a^b f(x)\mathrm{d}x, \text{ wenn} f(x) < 0 \text{ auf } [a,b].$$

Weist die Funktion im betrachteten Integrationsintervall Nullstellen auf, so bedeutet das in der Regel, dass innerhalb dieses Abschnitts die Funktion abschnittsweise negative Werte annimmt. Würden wir einfach ohne Rücksicht auf Verluste von der unteren Grenze bis zur oberen Grenze des Bereichs integrieren, würden die negativen Abschnitte von der Gesamtfläche abgezogen werden. Es bleibt einem also nichts anderes übrig, als für diese negativen Abschnitte den Betrag des Integrals zu nehmen, oder einfach wie vorhin den Wert für dieses Integral mit -1 multiplizieren.

Abbildung 9.9 soll das noch einmal veranschaulichen.

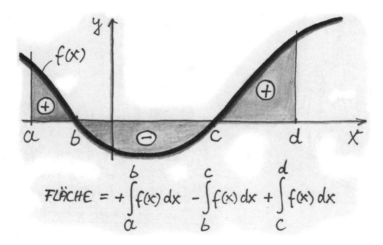

Abbildung 9.9: Berechnung des Flächeninhalts einer Kurve

Diese Vorgehensweise ist aber nur wirklich dann sinnvoll, wenn wir wirklich wissen wollen, wieviel Fläche von der Kurve mit der x-Achse eingeschlossen wird. Für etliche physikalische Prozesse interessieren wir uns nicht wirklich für die Fläche, sondern nur für das Integral einer Funktion. In so einem Fall brauchen wir nicht das Vorzeichen der zu integrierenden Funktion beachten! Es ist also wichtig zu wissen, was bei einer Aufgabenstellung wirklich gewünscht ist: die Fläche, also ein bestimmter Zahlenwert, oder das Integral (in der Regel eher das Integral als die Fläche, das sei an dieser Stelle schon einmal verraten).

Wenn also die Fläche unter einer Kurve berechnet werden soll und nicht das Integral, so ist es ratsam, die Funktion darauf zu testen, ob diese im Bereich, über den integriert werden soll, Nullstellen aufweist. Anschließend kann das Integral in Teilintegrale aufgeteilt werden, wobei die Nullstellen die Grenzen der Teilintegrale bilden. Dann werden noch die Vorzeichen der Kurvenabschnitte bestimmt (z. B. durch Einsetzen eines Wertes in die Funktion innerhalb des Teilabschnittes) und bei der Aufsummierung entsprechend berücksichtigt.

Vorsicht: Diese Vorgehensweise macht nur dann Sinn, wenn wir auch tatsächlich die Fläche[9] berechnen wollen. Soll nur das Integral berechnet werden, dann integrieren wir ohne Rücksicht auf Vorzeichenwechsel über den ganzen Bereich hinweg. Das Integral selbst berücksichtigt also den Vorzeichenwechsel der Kurve nicht und ist damit nicht deckungsgleich mit der Fläche. So werden bei der Bestimmung des Integrals für die Kurve aus Abbildung 9.9 ohne Betragnehmen oder Multiplizieren mit -1 die integrierten Abschnitte einfach aufsummiert, während für die Flächenberechnung die mit einem Minus-Zeichen versehenen Abschnitte zuerst mit -1 multipliziert werden.

9.5 Uneigentliche Integrale

Dieses wichtige Kapitel über Uneigentliche Integrale befindet sich auch in allen „echten" Lehrbüchern! Herr Dr. Romberg zählte auf der letzten Frankfurter Buchmesse ca. 100 Bücher über Ingenieurmathematik mit diesem Thema. Ansonsten hätte er sich nach eigenen Angaben auf der Messe gelangweilt und bereute zutiefst, dass er sich nichts zu Lesen mitgenommen hatte.

---

[9]Laut des Nichtmathematikers Herr Dr. Romberg gäbe es in der Realität solche Flächen auch in der Wirklichkeit!

Und weil 100 Autoren nicht irren können, entschlossen sich die Autoren dieses Werkes, Euch das Kapitel über uneigentliche Integrale nicht vorzuenthalten.

Es gibt zwei Typen von uneigentlichen Integralen, die dann so genannt werden, wenn entweder eine oder beide Integrationsgrenzen oder der Integrand selbst auf dem Integrationsbereich an wenigstens einer Stelle unendlich wird.

Nochmal etwas formaler ausgedrückt: Uneigentliche Integrale sind vom

1. Typ I, für die wenigstens eine der beiden Integrationsgrenzen im Unendlichen liegt, also:
$$\int_a^\infty f(x)\mathrm{d}x, \quad \int_{-\infty}^b f(x)\mathrm{d}x \text{ oder } \int_{-\infty}^\infty f(x)\mathrm{d}x, \text{ oder}$$

2. Typ II, für die der Integrand innerhalb des zu integrierenden Bereichs selbst unbeschränkt ist, das heißt, Stellen aufweist, an denen der Funktionswert unendlich ist (diese Stellen nennt man auch Singularitäten).

Ein paar Beispiele für uneigentliche Integrale wollen wir aber auch nicht vorenthalten:

Unbeschränkter Integrationsbereich (uneigentliches Integral vom Typ I):

$$\int_1^\infty \frac{1}{x^2}\mathrm{d}x, \quad \int_{-\infty}^{-1} \frac{1}{x}\mathrm{d}x, \quad \int_{-\infty}^\infty x\mathrm{d}x$$

Der Integrand ist unbeschränkt an bestimmten Stellen innerhalb des Integrationsbereichs (uneigentliches Integral vom Typ II):

$$\int_{-1}^1 \frac{1}{x^2}\mathrm{d}x \text{ mit einer uneigentlichen Stelle bei } x = 0,$$

$$\int_{-1}^1 \frac{1}{x^2 - 1}\mathrm{d}x \text{ mit einer uneigentlichen Stelle bei } x = -1 \text{ und } x = 1.$$

Hierbei ist zu beachten, dass das Integral auch dann ein uneigentliches Integral ist, wenn der Integrand am Rande des Integrationsbereichs selbst unbeschränkt wird. Auch kann es geschehen, dass der Integrand an mehreren Stellen innerhalb des Bereichs unendlich werden kann. Sollte dies der Fall sein, kann das Integral in mehrere aufzusummierende Teilintegrale aufgespalten werden, deren Integrationsgrenzen gerade den kritischen Stellen, an denen der Integrand uneigentlich wird, entsprechen. So hat der Integrand $\frac{1}{x^2-1}$ aus unserem Beispiel zwei Stellen, nämlich -1 und 1, an denen er unendlich wird. Soll er nun von z. B. -5 bis $+5$ integriert werden, kann man das Integral wie folgt aufspalten:

$$\int_{-5}^5 \frac{1}{x^2 - 1}\mathrm{d}x = \int_{-5}^{-1} \frac{1}{x^2 - 1}\mathrm{d}x + \int_{-1}^1 \frac{1}{x^2 - 1}\mathrm{d}x + \int_1^5 \frac{1}{x^2 - 1}\mathrm{d}x.$$

Zur Berechnung dieser Integrale benutzt der ~~bis dahin gestrandete~~ gestandene Mathematiker bzw. die gestandene Mathematikerin (und Ingenieur/in) den Grenzübergang. Kann ein endlicher

Wert (bzw. eine endliche Fläche) berechnet werden durch den Grenzübergang, nennt man das uneigentliche Integral konvergent, im gegenteiligen Fall divergent.

Für uneigentliche Integrale vom Typ I formulieren wir den Grenzübergang wie folgt:

1. $\displaystyle\int_a^\infty f(x)\mathrm{d}x = \lim_{b\to\infty}\int_a^b f(x)\mathrm{d}x,$

2. $\displaystyle\int_{-\infty}^b f(x)\mathrm{d}x = \lim_{a\to-\infty}\int_a^b f(x)\mathrm{d}x,$

3. $\displaystyle\int_{-\infty}^\infty f(x)\mathrm{d}x = \lim_{a\to-\infty}\int_a^b f(x)\mathrm{d}x + \lim_{c\to\infty}\int_b^c f(x)\mathrm{d}x,$ mit b als eine beliebige Grenze.

Interessiert hier wieder die Fläche und nicht der reine Integralwert, dann muss auch hier wieder das Vorzeichen des Funktionswertes beachtet werden.

Ein paar Beispiele mit Lösungen für uneigentliche Integrale vom Typ I:

$$\int_1^\infty -\frac{1}{x^2}\mathrm{d}x = \lim_{b\to\infty}\int_1^b -\frac{1}{x^2}\mathrm{d}x = \lim_{b\to\infty}\left[\frac{1}{x}\right]_1^b = \lim_{b\to\infty}\frac{1}{b} - 1 = -1.$$

Anmerkung: Gilt für $\int_{-\infty}^\infty f(x)\mathrm{d}x$, dass $\int_{-\infty}^\infty |f(x)|\mathrm{d}x$ konvergiert, dann heißt dieses Integral absolut konvergent und ist damit auch konvergent. Allerdings ist ein konvergentes Integral nicht auch zwangsläufig absolut konvergent!

Zum Beispiel ist $\int_{-\infty}^\infty x^3\mathrm{e}^{-x^4}\mathrm{d}x$ absolut konvergent, da:

$$\int_{-\infty}^\infty \left|x^3\mathrm{e}^{-x^4}\right|\mathrm{d}x = \int_{-\infty}^0 \left|x^3\mathrm{e}^{-x^4}\right|\mathrm{d}x + \int_0^\infty \left|x^3\mathrm{e}^{-x^4}\right|\mathrm{d}x = \lim_{a\to-\infty}\int_a^0 -x^3\mathrm{e}^{-x^4}\mathrm{d}x + \lim_{b\to\infty}\int_0^b x^3\mathrm{e}^{-x^4}\mathrm{d}x$$

$$= \lim_{a\to-\infty}\left[\frac{1}{4}\mathrm{e}^{-x^4}\right]_a^0 + \lim_{b\to\infty}\left[-\frac{1}{4}\mathrm{e}^{-x^4}\right]_0^b = \frac{1}{4} + \frac{1}{4} = \frac{1}{2}.$$

Da der Grenzwert für das Integral der in Betrag genommenen Funktion von $-\infty$ bis ∞ endlich ist, ist das Integral absolut konvergent und damit konvergent.

Geht es nur darum zu bestimmen, ob ein uneigentliches Integral (vom Typ I) konvergiert, so reicht es meist aus, folgendes hinreichendes Kriterium anzuwenden:

Existiert das Integral

$$\int_a^b f(x)\mathrm{d}x$$

für alle $b > a$, so ist

$$\int\limits_{a}^{\infty} f(x)\mathrm{d}x$$

konvergent, wenn es ein $t > 1$ gibt, für welches der Grenzübergang

$$\lim_{x\to\infty} x^t \cdot f(x)$$

existiert. Es ist divergent, wenn für $t = 1$ dieser Grenzwert von Null abweicht.

Das folgende kann getrost auf Lücke gesetzt werden. ~~Wer so schlau ist~~ Wen uneigentliche Integrale vom Typ II eigentlich nicht interessieren, begibt sich gemeinsam mit Herrn Dr. Romberg zu Kapitel 9.6.

Handelt es sich um ein uneigentliches Integral vom Typ II, so ist die Vorgehensweise eine andere. Hierbei wird der Grenzübergang durch eine Annäherung an die kritische Stelle durchgeführt. Im günstigsten Fall liegt die einzige kritische Stelle bereits genau an einer der Integrationsgrenzen. Ansonsten wird durch Aufspalten des Integrals in eine Summe aus Teilintegralen so umgeformt, dass jedes Teilintegral nur eine kritische Stelle an eine der beiden Grenzen des Teilintegrals aufweist.

Liegt die kritische Stelle an der Obergrenze des Integrals, d. h. der Integrand $f(x)$ des Integrals $\int\limits_{a}^{b} f(x)\mathrm{d}x$ ist bei b unbeschränkt, so wird der Grenzübergang wie folgt formuliert:

$$\int\limits_{a}^{b} f(x)\mathrm{d}x = \lim_{c\to b-o} \int\limits_{a}^{c} f(x)\mathrm{d}x.$$

Wird es an der unteren Grenze a kritisch, so lautet der Grenzübergang folgendermaßen:

$$\int\limits_{a}^{b} f(x)\mathrm{d}x = \lim_{c\to a+o} \int\limits_{c}^{b} f(x)\mathrm{d}x.$$

Hier ein Beispiel für eine uneigentliche Stelle an der oberen Integrationsgrenze:

$$\int\limits_{-2}^{-1} \frac{x}{\sqrt{x^2-1}}\mathrm{d}x = \lim_{b\to-1} \int\limits_{-2}^{b} \frac{x}{\sqrt{x^2-1}}\mathrm{d}x = \lim_{b\to-1} \left[\sqrt{x^2-1}\right]_{-2}^{b}$$
$$= \lim_{b\to-1} \sqrt{b^2-1} - \sqrt{3} = \sqrt{0} - \sqrt{3} = -\sqrt{3}.$$

Weist der Integrand sowohl an der unteren Grenze a als auch an der oberen Grenze b eine Stelle auf, für die er gegen die Unendlichkeit strebt, so wird das Integral kurzerhand in zwei Summanden geteilt und für die beiden Teilintegrale der Grenzübergang analog zu den bereits beschriebenen Vorgehen gebildet. Zum Beispiel so:

$$\int_{-1}^{1} \frac{-2x}{(x^2-1)^2}\,\mathrm{d}x = \lim_{a\to-1} \int_{a}^{0} \frac{-2x}{(x^2-1)^2}\,\mathrm{d}x + \lim_{b\to1} \int_{0}^{b} \frac{-2x}{(x^2-1)^2}\,\mathrm{d}x.$$

Liegt eine Stelle, für die der Integrand unendlich wird, innerhalb des Integrationsbereichs vor, so wird das Integral in zwei Teilintegrale zerlegt, so dass die kritische Stelle einmal als obere Grenze und einmal als untere Grenze erscheint. Dann wird wieder der Grenzübergang formuliert. Zum Beispiel für das vorherige Beispiel mit anderen Integrationsgrenzen:

$$\int_{0}^{2} \frac{-2x}{(x^2-1)^2}\,\mathrm{d}x = \lim_{b\to1} \int_{0}^{b} \frac{-2x}{(x^2-1)^2}\,\mathrm{d}x + \lim_{a\to1} \int_{a}^{2} \frac{-2x}{(x^2-1)^2}\,\mathrm{d}x.$$

Entsprechend wird das Integral in mehrere Teilintegrale aufgespalten, sollte der Integrand innerhalb des Integrationsbereichs gleich mehrmals gegen unendlich gehen.

Manchmal interessiert allerdings nur, ob Konvergenz oder Divergenz für ein uneigentliches Integral vom Typ II vorliegt. In diesem Fall wird es in der Regel genügen, folgendes hinreichendes Kriterium anzuwenden:

Wird der Integrand

$$\int_{a}^{b} f(x)\mathrm{d}x$$

an der oberen Grenze unendlich und existiert das Integral

$$\int_{a}^{c} f(x)\mathrm{d}x$$

für alle c aus $]a,b[$, so ist das Integral $\int_{a}^{b}$ konvergent, wenn es ein $t < 1$ gibt, für das der Grenzübergang

$$\lim_{x\to b-} (b-x)^t \cdot f(x)$$

existiert. Es ist divergent, wenn der Grenzübergang

$$\lim_{x\to b-} (b-x) \cdot f(x) \neq 0.$$

Für an der unteren Grenze uneigentliche Integrale wird analog verfahren, indem der Grenzübergang $\lim_{x\to a+}$ gebildet wird.

Zu guter Letzt: Ein Integrationsmeister ist noch nicht vom Himmel gefallen. Um die Matheklausur zu bestehen, heißt es hartnäckig bleiben und üben, üben und üben.

9.6 Zu guter Letzt…

…wollen wir endlich wissen, wie wir den Inhalt einer Flasche Möwenbräu berechnen können[10]. Hierzu wenden wir das an, was wir im Abschnitt 9.3 über das bestimmte Integral (hoffentlich) gelernt haben.

Der Grundgedanke bei der Bestimmung des Volumens eines rotationssymmetrischen Körpers beruht auf der Ausnutzung eben dieser Rotationssymmetrie, indem die erzeugende Kontur integriert wird, d. h. deren Fläche mit der Rotationsachse bestimmt und anschließend sozusagen rotiert wird.

Ganz allgemein kann der Inhalt eines Rotationskörpers, wenn man die Erzeugende des Rotationskörpers (die Hälfte der Kontur) als Funktion $f(x)$ darstellen kann, wie folgt berechnet werden (denn $f(x)$ kann als veränderlicher Radius eines Kreises aufgefasst werden und die Fläche dieses Kreises ist πr^2):

$$V = \pi \int_a^b f(x)^2 \mathrm{d}x. \tag{9.15}$$

Den Inhalt der Flasche Möwenbräu kann entsprechend berechnet werden, wenn sich die Erzeugende der Innenkontur als $f(x)$ darstellen lässt, wobei die x-Achse der Rotationsachse entspricht und die Integrationsgrenzen a und b vom Boden bis zur Oberfläche des Gerstensafts gehen.

Da wir uns das Leben ein wenig einfach machen wollen (es geht ja nur ums Prinzip, gell?), nähern wir die Erzeugende der Innenkontur der Bierflasche an (siehe gestrichelte Linie, Zeichnung 9.10).

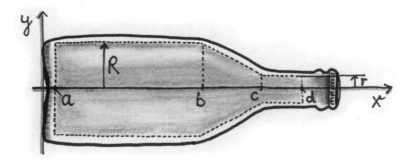

Abbildung 9.10: Berechnung des Inhalts einer Flasche Möwenbräus (oder einer anderen Marke)

Unser angenäherter Bierflascheninhalt setzt sich aus drei Abschnitten zusammen: einen zylindrischen mit Radius R von der Intervallgrenze a bis zur Intervallgrenze b, einem weiteren zylindrischen Abschnitt mit Radius r von c bis d und zwischen b und c aus einem geradlinigen Übergang.

Zunächst bestimmen wir die Gleichung, mit der wir die Erzeugende für die drei Abschnitte darstellen können. Für die zylindrischen Abschnitte ist dies ganz einfach:

---

[10]Hinweis: Bei einer Dose Möwenbräu wäre das wesentlich einfacher :-)

$$f_1(x) = R \text{ (1. Abschnitt)}$$

und

$$f_3(x) = r \text{ (3. Abschnitt)}.$$

Für den Übergangsbereich zwischen b und c müssen wir die Geradengleichung erst bestimmen. Hierzu setzen wir eine Geradengleichung an:

$$y = mx + t,$$

worin m die Steigung und t die Verschiebung der Ursprungsgerade parallel zur y-Achse beschreibt. Die Steigung lässt sich schließlich ganz einfach bestimmen, indem man die Differenz der y-Werte der beiden bekannten Punkte durch deren Abstand auf der x-Achse teilt, ergo also folglich:

$$m = \frac{R - r}{b - c}.$$

Die Verschiebung erhalten wir, indem wir einen der beiden bekannten Punkte in die Geradengleichung zusammen mit der nun bekannten Steigung einsetzen:

$$R = \frac{R - r}{b - c} b + t.$$

Damit erhalten wir:

$$t = \frac{rb - Rc}{b - c},$$

so dass wir die Geradengleichung hinschreiben können:

$$f_2(x) = \frac{R - r}{b - c} x + \frac{rb - Rc}{b - c} \text{ (2. Abschnitt)}.$$

Nach unserem vereinfachten Bierflaschenmodell haben wir zwei Knickstellen, und zwar bei $x = b$ und bei $x = c$. Wir unterteilen also das Integral in drei aufzusummierende Integrale, deren Integranden eben genau die gerade bestimmten Funktionen $f_1(x)$, $f_2(x)$ und $f_3(x)$ sind. Der Inhalt der Flasche Möwenbräu (sofern noch voll), ist demnach:

$$V = \pi \int_a^b R^2 \mathrm{d}x + \pi \int_b^c \left(\frac{R - r}{b - c} x + \frac{rb - Rc}{b - c} \right)^2 \mathrm{d}x + \pi \int_c^d r^2 \mathrm{d}x.$$

Spaßeshalber könnte der geneigte Student eine Flasche ausmessen und die ermittelten Größen R, r, a, b, c und d oben einmal einsetzen. Es sollte dann in etwa 0,5 l dabei herauskommen.

Zu guter Letzt: Auf einem Taschenrechner gibt es die Integraltaste, siehe Abbildung 9.11. Bemerkenswert dabei ist, dass bei Drehung um 90 Grad im Uhrzeigersinn ausgerechnet die Taste zur Integration gewisse Ähnlichkeit mit einer äußerst berüchtigten Person aus der Weltgeschichte hat...

Abbildung 9.11: Integraltaste eines handelsüblichen Taschenrechners

10 Nicht nur einer kann sich verändern: Funktionen mehrerer Veränderlicher

Bislang haben wir Funktionen betrachtet, die von einer einzigen Variablen abhängen. Diese Variable nennen wir in der Regel x und eine Funktion von x bezeichnen wir üblicherweise $f(x)$ o. ä.. In vielen natürlichen oder technischen Vorgängen hängt das betrachtete Phänomen jedoch von mehreren Faktoren ab. Nehmen wir z. B. das ideale Gasgesetz:

$$p = \rho RT,$$

mit p: der Druck, ρ: die Gasdichte, T: die Temperatur, R: die Gaskonstante.

<Werbeblock>Wertvolles Wissen über das überaus interessante Themengebiet der Thermodynamik und dem idealen Gasgesetz finden Sie im berühmten Buch des berühmten Herrn Dr. Rombergs: „Keine Panik vor Thermodynamik!" Kaufinformationen finden Sie unter [Lab12]. <Werbeblock Ende>

Der Druck ist also eine Funktion der Temperatur und der Dichte. Erhöhen wir in einem Behälter die Dichte, indem wir mehr Gas einfüllen, erhöhen wir den Druck. Wir können den Druck aber auch steigern, indem wir die Temperatur erhöhen. Oder beides gleichzeitig vergrößern. In diesem letzten Kapitel möchten wir Euch den Umgang mit solchen Funktionen zeigen.

Fangen wir mal wieder damit an, wie wir so etwas überhaupt hinschreiben. Für Funktionen einer Veränderlicher schreiben wir bekanntlich

$$y = f(x).$$

Diese Formulierung entspricht bei reellen Funktionen einer Abbildung (z. B. Zuordnung in einem Koordinatensystem y über x) der Menge reeller Zahlen auf sich selbst, also

$$f\colon \mathbb{R} \to \mathbb{R}.$$

Ganz ähnlich formulieren wir eine Abbildung, die durch eine reellwertige Funktion mehrerer Veränderlicher dargestellt ist (also z. B. eine Zuordnung p über ρ, T):

$$f\colon \mathbb{R}^n \to \mathbb{R}.$$

Das hochgestellte n über dem $\mathbb{R}$ bedeutet, dass wir n reellwertige Variablen haben und durch die Rechenvorschrift, repräsentiert durch die Funktion f bilden wir sozusagen den n-dimensionalen Raum $\mathbb{R}^n$ auf die Menge der reellen Zahlen $\mathbb{R}$ ab. Das ist eine beliebte geschwollene Ausdrucksweise und klingt doch viel cooler, nicht wahr? Für Normalsterbliche wird damit also nur gesagt, dass wir eine reellwertige Funktion haben, die von n reellwertigen Variablen abhängt[1]. In Funk-

---

[1]Ist z. B. $n = 4$, dann hängt der Funktionswert von vier voneinander unabhängigen Variablen ab.

tionsschreibweise haben wir dann zur Formulierung der Rechenvorschrift

$$y = f(x_1, x_2, x_3, \ldots, x_n).$$

Im Falle des Druckes p ist $n = 2$ und wir können auch sagen, dass $p = f(\rho, T)$ ist.

In diesem Buch machen wir, um Gleichungen leserlicher zu gestalten, immer wieder einmal von der Vektorschreibweise Gebrauch, indem wir statt $x_1, x_2, x_3, \ldots, x_n$ einfach $\vec{x}$ schreiben, wobei die Komponenten des Vektors $\vec{x}$ die einzelnen Variablen darstellen. Unsere Rechenvorschrift lautet dann kurzum

$$y = f(\vec{x}) \text{ mit } \vec{x} \in \mathbb{R}^n.$$

Für Abbildungen $f: \mathbb{R}^2 \to \mathbb{R}$ verwenden wir auch manchmal andere Buchstaben für die einzelnen Variablen:

$$z = f(x, y).$$

In vielen physikalischen Vorgängen, in denen die Zeit eine große Rolle spielt, kommt als dritte Variable t als Platzhalter für die Zeit hinzu:

$$z = f(t, x, y).$$

10.1 Die Darstellung von Funktionen mehrerer Veränderlicher

Den Verlauf einer Funktion mit nur einer Veränderlichen können wir veranschaulichen, wenn wir diese als Graphen aufzeichnen, indem wir uns einen Wert auf der x-Achse suchen, ihn in die Funktionsgleichung einsetzen und den erhaltenen Funktionswert auf der y-Achse entsprechend eintragen. Für Funktionen mehrerer Veränderlicher gelingt das nur noch anschaulich für maximal zwei Veränderliche. Wir wählen uns einen x- und einen y-Wert und berechnen hierfür den Funktionswert $z = f(x, y)$. Wir erhalten so einen Punkt im Raum. Könnten wir die wahre Erdoberfläche (also unter Berücksichtigung sämtlicher Erderhebungen wie Gebirge, Hügel und Senken) als Funktion des Längen- und Breitengrades darstellen, so entspräche z z. B. der Höhe über dem Meeresspiegel und wir könnten uns so einen Globus basteln (oder mithilfe eines 3D-Druckers drucken). Jedem Paar aus Längen- und Breitengrad ließe sich so eine Höhe zuordnen und wir erhielten eine huckelige gekrümmte Oberfläche (leider gibt es keine analytische Funktion, welche die Oberfläche der Erdkugel geografisch korrekt wiedergibt, bestenfalls Ersatzmodelle). Analog dazu erhalten wir für jede Funktion mit zwei Veränderlichen eine mehr oder weniger Falten werfende Fläche im Raum.

Meistens haben wir aber nur den Computerbildschirm oder ein Blatt Papier zur Verfügung. Es gibt mittlerweile schicke und hilfreiche Computerprogramme, die solche Flächen im Raum mit dem passenden dreidimensionalen Koordinatensystem schön darstellen können. Dennoch ist es sinnvoll zu wissen, wie wir eine solche Funktion selbst auf dem Papier darstellen können, auch wenn wir – wie im Falle von Herrn Dr. Romberg – nicht künstlerisch begabt sind.

Hierfür ist das Konzept der *Höhenlinien* bzw. *Niveaulinien* sehr nützlich. Diese stellen Linien auf der durch unsere Funktion zweier Veränderlicher definierte Fläche im Raum dar, die alle dieselbe „Höhe", also denselben z-Wert haben. Anders ausgedrückt, sie sind Linien konstanter Höhe. Wir berechnen sie, indem wir uns eine beliebige „Höhe" (also einen beliebigen z-Wert) vorgeben und dann nach y auflösen.

Beispiel: Wir möchten die Funktion $z = 2x^2 + y^2$ aufzeichnen. Um die Gleichungen für die Höhenlinien zu erhalten, behandeln wir z als Konstante und nennen sie z. B. H. Nun lösen wir nach y auf. Wir zeigen Euch das Schritt für Schritt.

Schritt 1: $H = konst.$ ergibt

$$H = 2x^2 + y^2.$$

Schritt 2: Wir bringen alle Terme, in denen kein y enthalten ist, auf eine Seite:

$$y^2 = H - 2x^2.$$

Schritt 3: Jetzt müssen wir noch die Wurzel ziehen. Dabei ist aber zu beachten, dass wir sowohl den negativen als auch positiven Anteil der Wurzel berücksichtigen, also

$$y = \pm\sqrt{H - 2x^2}.$$

Schritt 4: Nun setzen wir verschiedene Werte für H ein und zeichnen für jedes H die in Schritt 3 bestimmte Funktion in ein xy-Koordinatensystem ein, wie wir es gewohnt sind. Gleich neben jeder Höhenlinie schreiben wir den zugehörigen Wert H hin.

Wir hätten aber auch schon bei Schritt 1 sehen können, dass wir es mit einer besonderen Gleichung zu tun haben. Wenn wir sie nämlich durch H teilen und ein wenig umschreiben, erhalten wir

$$\frac{x^2}{0.5H} + \frac{y^2}{H} = 1.$$

Für alle konstanten $H > 0$ handelt es sich um die Gleichung einer Ellipse (allgemein: $\frac{x^2}{a^2} + \frac{y^2}{b^2} = 1$). Die Höhenlinien sind demnach Ellipsen mit den Halbachsen $\sqrt{0.5H}$ und $\sqrt{H}$. Die große Halbachse ist also immer $\sqrt{2}$ mal so groß wie die kleine.

Setzen wir $H = 0$, dann können wir die Ellipsengleichung nicht mehr verwenden, aber wir können aus der Ausgangsgleichung $H = 2x^2 + y^2 = 0$ erkennen, dass $x = y = 0$ sein muss. Für $H < 0$ gibt es keine reellen Lösungen mehr. Abbildung 10.1 zeigt die Fläche praktisch so, als würden wir senkrecht von oben auf sie blicken.

Gerne wird auch die *Schrägperspektive* gewählt, bei der wir die z-Achse senkrecht nach oben zeichnen und die y-Achse horizontal nach rechts. Die x-Achse vervollständigt dann das Koordinatensystem, indem wir es schräg nach links unten ($135°$ zur y-Achse) zeigend einzeichnen. Alle Linien, die parallel zur y-Achse (d. h. für alle $x = konst.$ und $z =$ const.) sind, werden darin horizontal eingezeichnet, alle Linien parallel zur x-Achse werden parallel zu ihr eingezeichnet und alle Linien parallel zur z-Achse vertikal nach oben. Haben wir wirklich alles korrekt eingezeichnet, können wir aus dem Graphen mithilfe einiger Hilfskonstruktionen die y- und die z-Werte

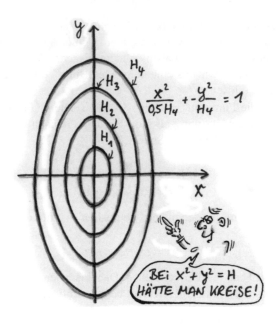

Abbildung 10.1: Höhenliniendarstellung der Funktion $z = 2x^2 + y^2$

ausmessen, jedoch nicht die x-Werte, die „verzerrt" dargestellt sind. Uns genügt es aber, mithilfe dieser Darstellung uns einen Eindruck vom räumlichen Verlauf der Funktion zu verschaffen, so dass wir auf eine exakte Darstellung verzichten und nur versuchen, die Proportionen zu treffen. Das halbwegs korrekte Hinzeichnen von ein paar Hilfspunkten kann uns dabei unterstützen. Für eine korrekte Darstellung stehen uns ja wie zuvor bereits erwähnt professionelle Computerprogramme und willige Nerds (früher: Praktikanten) zur Verfügung.

In diese Schrägperspektive können wir die Funktion unter Zuhilfenahme der Höhenlinien darstellen. Jedoch wird üblicherweise speziell für diese Art der Darstellung die Funktion durch eine Art „Netz" gezeichnet, deren Linien den Verlauf der Funktion räumlich möglichst anschaulich wiedergeben. Dieses Netz besteht aus Linien, die entstehen, wenn wir Ebenen orthogonal (d. h. senkrecht) zu den anderen beiden Koordinatenachsen (x- und y-Achse) mit unserer Fläche in verschiedenen Abständen schneiden (vgl. Abbildung 10.2).

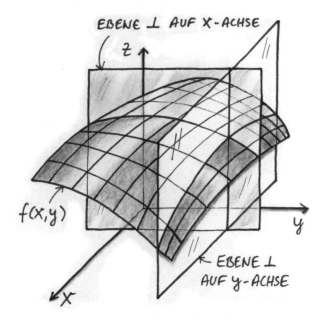

Abbildung 10.2: Eine Funktion zweier Veränderlicher in der Schrägperspektive

Bei rotationssymmetrischen Flächen wird gerne auch ein Netz verwendet, dessen Linien aus der Verschneidung unserer Fläche mit einer Ebene entstehen, die wir um die Rotationsachse der darzustellenden Fläche rotieren lassen, wobei zwei Positionen der Ebene jeweils immer den gleichen Winkel einschließen. Um ein Netz zu erhalten, verwenden wir zudem noch die Höhenlinien. Abbildung 10.3 zeigt unsere Funktion $z = 2x^2 + y^2$ in Schrägperspektive.

Erwähnen möchten wir noch abschließend die isometrische Darstellung, bei der die drei Achsen jeweils einen Winkel von $120°$ bilden. Die x- und y-Achse sind meist nach unten links bzw. unten rechts orientiert sind, wogegen die z-Achse wie gewohnt vertikal aufgezeichnet ist. Damit wollen wir es aber auch gut sein lassen.

10.2 Und stetig grüßt das Murmeltier

Falls Ihr jetzt ein Deja-Vu habt, ist es kein Wunder. Denn dieser Abschnitt handelt in der Tat wieder von der Stetigkeit. Glücklicherweise[2] gelten hier die gleichen Rechengesetze wie bei Funktionen einer Veränderlichen. Deswegen können wir diesen Abschnitt kurz halten.

---

[2]Der Mathematiker merkt an, dass dies ganz und gar nichts mit Glück zu tun hat!

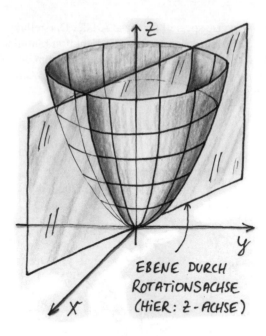

Abbildung 10.3: Räumliche Darstellung der Funktion $z = 2x^2 + y^2$

Allgemein heißt eine Funktion mehrerer Veränderlicher in einem Punkt $(a_1, a_2, \ldots, a_n)$ stetig, wenn ihr Grenzwert in diesem Punkt existiert und Teil der Funktion ist, also wenn

$$\lim_{(x_1, x_2, \ldots, x_n) \to (a_1, a_2, \ldots, a_n)} f(x_1, x_2, \ldots, x_n) = f(a_1, a_2, \ldots, a_n). \tag{10.1}$$

Kleine Anmerkung: Diese Schreibweise des Limes für Funktionen mehrerer Veränderlicher besagt nichts anderes, als dass wir sämtliche Variablen $(x_1, x_2, \ldots, x_n)$ gleichzeitig gegen den Punkt $(a_1, a_2, \ldots, a_n)$ konvergieren lassen, d. h. ihm wirklich sehr, sehr nahe kommen, so dass sie nicht mehr wirklich unterscheidbar sind. Existiert der Grenzübergang, dann rückt auch der Funktionswert immer näher an den Grenzwert. Formal ausgedrückt hat die Funktion f in einem Punkt $(a_1, a_2, \ldots, a_n)$ genau dann einen Grenzwert c, wenn für alle Punkte $(x_1, x_2, \ldots, x_n)$ innerhalb einer Umgebung um $(a_1, a_2, \ldots, a_n)$ der Abstand zwischen den entsprechenden Funktionswerten $f(x_1, x_2, \ldots, x_n)$ und dem Grenzwert c kleiner als ein (beliebig kleiner) Wert ε ist. Wir denken uns eine sehr kleine Umgebung – für $n = 2$ einen sehr kleinen Kreis und für $n = 3$ eine sehr kleine Kugel mit Radius r – um den Mittelpunkt $(a_1, a_2, \ldots, a_n)$. Um der Anschaulichkeit willen beschränken wir uns bei der zeichnerischen Darstellung (siehe Abbildung 10.4) auf den Fall $n = 2$, dann ist unsere Umgebung ein Kreis, wie in der Zeichnung dargestellt.

Für eine Funktion zweier Variablen lautet der Test der Stetigkeit

$$\lim_{x, y \to x_0, y_0} f(x, y) = f(x_0, y_0). \tag{10.2}$$

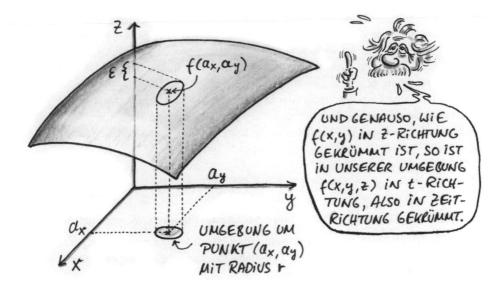

Abbildung 10.4: Umgebung um Punkt (a_x, a_y)

Als *unstetig* gilt eine Funktion mehrerer Veränderlicher, wie auch bei Funktionen einer Veränderlichen, wenn

- die Funktion eine *Definitionslücke* hat, d. h., wenn sie an einer Stelle $x_1, x_2, \ldots, x_n$ nicht definiert ist,

- die Funktion an einer Stelle $x_1, x_2, \ldots, x_n$ einen (endlichen, d. h. nicht unendlichen) Sprung vollführt, oder wenn

- die Funktion an einer Stelle $x_1, x_2, \ldots, x_n$ nach der Unendlichkeit strebt (z. B. an einer Polstelle, siehe [Tie12]).

Eine Treppe ist demnach, wenn wir die Höhe über Grund als Funktion zweier Variablen (z. B. Entfernung von der ersten Stufe und Entfernung des linken Geländers), keine stetige Funktion, weil sie Sprünge aufweist. Eine Rampe dagegen können wir als stetige Funktion darstellen.

Noch eine kleine Anmerkung: Hat eine Funktion an einer Stelle $x_1, x_2, \ldots, x_n$ eine Definitionslücke, ist sonst aber stetig, können wir sie *stetig ergänzen*, indem wir einen passenden Wert für diese Stelle separat definieren, so dass wir die Funktion schön „durchzeichnen" können.

Wie für Funktionen mit nur einer Variablen gilt, dass das Produkt, die Summe und die Differenz aus stetigen Funktionen ebenfalls stetig ist. Das gilt auch für den Quotienten stetiger Funktionen für alle Stellen, für die der Nenner nicht 0 ist.

Das ist jetzt die formelle Darstellung. Nur: Wie weisen wir nach, ob eine Funktion an einer Stelle stetig ist oder nicht? Für Funktionen einer Veränderlichen bestimmen wir einfach den rechtsseitigen und linksseitigen Limes und überprüfen, ob der jeweilige Grenzwert, wenn er denn existiert, identisch ist oder nicht. Existiert er nicht, haben wir bereits unsere Antwort (die

Funktion ist unstetig). Existiert er jedoch, aber wir erhalten unterschiedliche Werte, weist die Funktion Sprünge auf, so dass wir hier ebenfalls eine unstetige Funktion vorliegen hatten. Das ist bei einer Funktion mehrerer Veränderlicher nicht mehr ganz so einfach, denn wir müssen uns entsprechend von mehreren Richtungen (also nicht nur von links oder rechts) dem Grenzwert annähern, um zu sehen, ob er existiert und wenn, ob wir jedes Mal den gleichen Wert erhalten. Denn nur dann ist eine Funktion stetig oder kann zumindest stetig ergänzt werden.

Für eine Funktion zweier Veränderlicher reicht es in den meisten Fällen, wenn wir nachweisen, dass der Grenzwert existiert und identisch ist für folgende drei Grenzwerte:

Grenzwert 1:

$$\lim_{x \to x_0} \left(\lim_{y \to y_0} f(x,y) \right),$$

d. h. wir bilden erst den Grenzwert $\lim\limits_{y \to y_0}$ und erhalten eine Funktion, die nur noch von x abhängt (sofern der Grenzwert bei y_0 existiert). Anschließend lassen wir dann noch x gegen x_0 gehen und sehen, was dabei herauskommt. Wir nähern uns dabei der kritischen Stelle entlang einer Geraden, die parallel zur x-Achse ist und durch y_0 geht.

Grenzwert 2:

$$\lim_{y \to y_0} \left(\lim_{x \to x_0} f(x,y) \right).$$

Das ist analog zu Grenzwert 1, nur dass wir uns in diesem Fall über eine Gerade parallel zur y-Achse annähern.

Grenzwert 3: Hier laufen wir entlang der Winkelhalbierenden $x = y$ und nähern uns der kritischen Stelle. Das bewerkstelligen wir, indem wir die Gleichung für die Winkelhalbierende in unsere Funktion einsetzen und den Limes berechnen, also

$$\lim_{x \to x_0} f(x,x).$$

Bevor wir uns dem Beispiel zuwenden, noch ein sehr wichtiger Tipp: Gaaaaaanz formal pragmatisch und langsam vorgehen! Es passiert geschwind, dass x und y verwechselt werden oder wir eine Klammer vergessen oder falsch setzen. Sorgfalt ist in der Mathematik die halbe Miete (wie auch manchmal bei Texten, wo ein Sinn sich völlig verändert, nur weil man aus Versehen Striche über a, u oder das o setzt, wo sie nicht hingehören. Herr Dr. Romberg fällt da das Wort „Vogelei" ein...)

Beispiel: Wir haben die Funktion

$$f(x,y) = \frac{x^3 y^3}{x^2 + y^2}$$

mit einer Definitionslücke bei $(x_0, y_0) = (0,0)$ (wir beschränken uns hier auf reelle Zahlen).

Wir berechnen zunächst den Grenzwert 1, also

$$\lim_{x \to 0} \left(\lim_{y \to 0} f(x,y) \right) = \lim_{x \to 0} \frac{x^3 \cdot 0}{x^2 + 0} = 0.$$

Analog erhalten wir für den Grenzwert 2

$$\lim_{y \to 0} \left(\lim_{x \to 0} f(x,y) \right) = \lim_{y \to 0} \frac{0 \cdot y^3}{0 + y^2} = 0.$$

Berechnen wir zum Schluss noch Grenzwert 3:

$$\lim_{y \to 0} f(x,x) = \lim_{x \to 0} \frac{x^5}{2x^2} = 0.$$

Wir erhalten also immer den gleichen Wert. Theoretisch sollten wir wohl jetzt auch noch ausprobieren, ob aus anderen Richtungen derselbe Grenzwert herauskommt, aber das sparen wir uns an dieser Stelle (da sich sämtliche Geraden durch unsere kritische Stelle $(0,0)$ nur in ihren Steigungen unterscheiden, ändert sich nichts am Grenzwert). Wir können also mit Fug und Recht behaupten, dass die Funktion

$$f(x,y) = \frac{x^3 y^3}{x^2 + y^2}$$

bei $(x_0, y_0) = (0,0)$ den Grenzwert 0 hat und sich folglich dort stetig ergänzen lässt:

$$f(x,y) = \begin{cases} \frac{x^3 y^3}{x^2 + y^2} & \text{für } (x,y) \neq (0,0) \\ 0 & \text{für } (x,y) = (0,0). \end{cases}$$

Dagegen existiert für die Funktion

$$f(x,y) = \frac{xy}{x^2 + y^2}$$

bei $(0,0)$ kein Grenzwert, denn

1. $\lim\limits_{x \to 0} \frac{x \cdot 0}{x^2 + 0^2} = 0,$

2. $\lim\limits_{y \to 0} \frac{0 \cdot y}{0^2 + y} = 0$ und

3. $\lim\limits_{x \to 0} \frac{x^2}{2x^2}$ wird nach Kürzen durch x^2 zu $\frac{1}{2}$.

10.3 Ableitung von Funktionen mehrerer Veränderlicher

In Kapitel 4 haben wir erläutert, was die Ableitung einer Funktion einer einzigen Veränderlichen ist (sie repräsentiert die Steigung) und wie wir sie durchführen. Wir wollen jetzt sehen, wie das auch für Funktionen mehrerer Veränderlicher funktioniert. Zu diesem Zweck führen wir den Begriff der *partiellen Ableitung* ein[3].

---

[3] ... und erfreuen uns an der höchst qualifizierten Äußerung des Herrn Dr. Romberg: „Mathematik ist echt eine Wissenschaft für sich!"

10.3.1 Die partielle Ableitung: keine halben Sachen!

Um eine Funktion partiell abzuleiten, müssen wir uns erst entscheiden, nach welcher der Veränderlichen wir ableiten wollen und behandeln dann die andere Variablen, als wären sie Konstanten. Dann leiten wir ab, wie wir es von den Funktionen einer Variablen gewohnt sind.

Beispiel: Wir haben die Funktion

$$f(x,y) = x^3y^2 + x^2y + 2x.$$

Wir möchten zunächst nach x ableiten und tun dabei so, als wäre y eine Konstante. Wir nennen das Ergebnis die *partielle Ableitung nach x* und verwenden dafür die mathematische Schreibweise $\frac{\partial f(x,y)}{\partial x}$ oder einfach $f_x(x,y)$. Das Zeichen ∂ ersetzt hier das d, das wir bei der Ableitung von Funktionen einer Variablen kennengelernt haben. Es kennzeichnet, dass es sich hier um eine „teilweise" (daher „partielle") Ableitung handelt, für die nur nach einer Variablen, also sozusagen nur „in eine Richtung" abgeleitet wird, während alle anderen konstant gehalten werden. Streng genommen macht dieses Zeichen also nur bei Funktionen mehrerer Variablen Sinn.

Für unser Beispiel ist also die partielle Ableitung nach x einfach

$$\frac{\partial f(x,y)}{\partial x} = f_x(x,y) = 3x^2y^2 + 2xy + 2.$$

Die Teilterme y^2 und y werden einfach übernommen, weil sie als Produkt mit x stehen. Wir erinnern uns: Konstanten, mit der die Variable, nach der abgeleitet werden soll, multipliziert werden, lassen wir als Multiplikator stehen.

Analog zur partiellen Ableitung nach x bestimmen wir die partielle Ableitung nach y:

$$\frac{\partial f(x,y)}{\partial y} = f_y(x,y) = 2x^3y + x^2.$$

Ist nicht schwer, oder?

Hat die Funktion mehr als nur zwei Variablen, gibt es entsprechend viele partielle Ableitungen, nämlich die partiellen Ableitungen nach x_i, wobei wir alle anderen Variablen als Konstanten auffassen:

$$\frac{\partial f(x_1,x_2,x_3,\ldots,x_i,\ldots,x_n)}{\partial x_i} = f_{x_i}(x_1,x_2,x_3,\ldots,x_i,\ldots,x_n). \tag{10.3}$$

Anschaulich ist die partielle Ableitung nach einer Variable (= Koordinatenrichtung!) x_i die Steigung der Kurve, die entsteht, wenn wir eine Fläche, die senkrecht auf allen anderen durch die Variablen repräsentierten Koordinatenrichtungen steht (also alle x_j mit $j = 1,2,\ldots,n$, wobei $j \neq i$), mit unserer Funktion schneiden. Das ganze ist für $n > 2$ nicht mehr sehr anschaulich, daher schauen wir uns das für $n = 2$ mal an. In dem Fall entspricht die partielle Ableitung nach x der Steigung der Kurve, die wir erhalten, wenn wir unsere Fläche $f(x,y)$ mit einer Ebene senkrecht auf die y-Achse schneiden. Wir können uns so z. B. die Kurve ansehen, die entsteht, wenn unsere Ebene bei $y = y_0$ liegt, wie in Abbildung 10.5 dargestellt.

Die partielle Ableitung nach y ist analog dazu die Steigung der Kurve, die aus dem Schnitt unserer Fläche mit Ebenen senkrecht auf die x-Achse entstehen.

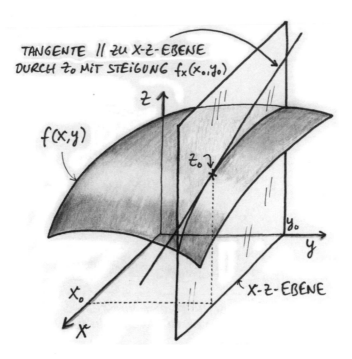

Abbildung 10.5: Partielle Ableitung nach x: Tangente parallel zur x-Achse

Dass wir die partiellen Ableitungen überhaupt bilden können, setzt voraus, dass die Funktion überhaupt an einer Stelle $(a_1, a_2, a_3, \ldots, a_i, \ldots, a_n)$ *partiell nach x_i differenzierbar*, also ableitbar ist. Da es sich bei der partiellen Ableitung um eine Ableitung wie die von Funktionen einer Variablen handelt, gelten für die Differenzierbarkeit die selben Regeln!

Gelegentlich werden sämtliche partiellen Ableitungen einer Funktion $f(x_1, x_2, \ldots, x_n)$ zu einem Vektor zusammengefasst, den wir den *Gradienten der Funktion f* nennen. Also

$$\operatorname{grad} f(x_1, x_2, \ldots, x_n) = \begin{pmatrix} \frac{\partial f}{\partial x_1} \\ \frac{\partial f}{\partial x_2} \\ \vdots \\ \frac{\partial f}{\partial x_n} \end{pmatrix}. \tag{10.4}$$

Der Gradient umfasst demnach alle partiellen Ableitungen, die ja die Steigungen entlang der Koordinatenrichtungen angeben. Der Gradient in einem beliebigen Punkt ist also parallel zur Tangentialebene in diesem Punkt.

Der Begriff „Gradient" kommt übrigens aus dem Lateinischen von „gradiens", d. h. „Anstieg, Gefälle".

DIESEN ZUSAMMENHANG VERSTEHEN
NUR LATEINER MIT RÜCKENWIND.

Die nach einer partiellen Ableitung erhaltene Funktion ist in der Regel wiederum eine Funktion mehrerer Veränderlicher, die wir entsprechend noch einmal partiell ableiten können und zwar nach einer beliebigen Variablen. Es muss nicht zwingend dieselbe sein. Voraussetzung ist natürlich, dass die schon einmal partiell abgeleitete Funktion weiterhin differenzierbar ist.

Leiten wir für unser Beispiel die partielle Ableitung nach x noch einmal partiell nach x ab:

$$\frac{\partial}{\partial x}\left(\frac{\partial f}{\partial x}\right) = \frac{\partial^2 f}{\partial x^2} = f_{xx}(x,y) = 6xy^2 + 2y.$$

Wir können sie aber auch nach y ableiten und erhalten dann die folgende partielle Ableitung:

$$\frac{\partial}{\partial y}\left(\frac{\partial f}{\partial x}\right) = \frac{\partial^2 f}{\partial y \partial x} = f_{xy}(x,y) = 6x^2 y + 2x.$$

Die andere partielle Ableitung aus unserem Beispiel, die nach y, können wir ebenfalls erneut ableiten. Zunächst nach y:

$$\frac{\partial}{\partial y}\left(\frac{\partial f}{\partial y}\right) = \frac{\partial^2 f}{\partial y^2} = f_{yy}(x,y) = 2x^3.$$

Wir können sie aber, analog zu vorhin, auch nach x ableiten und bekommen dann

$$\frac{\partial}{\partial x}\left(\frac{\partial f}{\partial y}\right) = \frac{\partial^2 f}{\partial x \partial y} = f_{yx}(x,y) = 6x^2 y + 2x.$$

Wenn wir f_{xy} mit f_{yx} vergleichen, stellen wir fest, dass wir das selbe Ergebnis erhalten haben! In der Tat dürfen wir die Reihenfolge der Bildung partieller Ableitungen vertauschen, also

$$\frac{\partial}{\partial x_i}\left(\frac{\partial f}{\partial x_j}\right) = \frac{\partial}{\partial x_j}\left(\frac{\partial f}{\partial x_x}\right). \tag{10.5}$$

Einschränkung: Die Vertauschung ist nur möglich, wenn die partiellen Ableitungen selbst jeweils stetig sind!

Abschließend möchten wir Euch noch die Kettenregel für partielle Ableitungen vorstellen. Diese benötigen wir in bestimmten Fällen, wenn die Variablen der partiell abzuleitenden Funktion f wiederum selbst Funktionen anderer Variablen (bzw. Parameter wie z. B. der Zeit) sind, wenn wir also folgende Funktionsdarstellung haben

$$f(x_1, x_2, \ldots, x_n)$$

mit

$$x_i = x_i(u_1, u_2, \ldots, u_m)$$

bzw.

$$f(x_1, x_2, \ldots, x_n) = f(x_1(u_1, u_2, \ldots, u_m), x_2(u_1, u_2, \ldots, u_m), \ldots, x_n(u_1, u_2, \ldots, u_m)).$$

Die Kettenregel brauchen wir genau dann, wenn uns nicht die partiellen Ableitungen nach x_i interessieren, sondern die nach u_j! Diese partiellen Ableitungen lauten dann

$$f_{u_j} = f_{x_1}\frac{\partial x_1}{\partial u_j} + f_{x_2}\frac{\partial x_2}{\partial u_j} + \cdots + f_{x_n}\frac{\partial x_n}{\partial u_j}. \tag{10.6}$$

Haben wir z. B. eine Funktion zweier Veränderlicher, deren Veränderliche selbst beispielsweise Funktionen der Zeit t sind, also

$$f(x, y) = f(x(t), y(t)),$$

dann ist die partielle Ableitung nach t

$$f_t(x(t), y(t)) = f_x\frac{\mathrm{d}x}{\mathrm{d}t} + f_y\frac{\mathrm{d}y}{\mathrm{d}t}. \tag{10.7}$$

Beispiel:

$$f(x, y) = \mathrm{e}^{x^2 y}, \text{ mit } x = t\sin t \text{ und } y = t\cos t.$$

Wir möchten die Ableitung nach der Zeit t bestimmen. Hierfür berechnen wir zunächst die partiellen Ableitungen nach x und nach y mit der bekannten Ableitungsregeln aus Kapitel 4. Also:

$$f_x(x, y) = 2xy\mathrm{e}^{x^2 y}$$

und

$$f_y(x,y) = x^2 e^{x^2 y}.$$

Jetzt noch schnell die Ableitungen von $x(t)$ und $y(t)$ nach t bestimmt, also

$$\frac{dx(t)}{dt} = \dot{x}(t) = \sin t + t \cos t$$

und

$$\frac{dy(t)}{dt} = \dot{y}(t) = \cos t - t \sin t.$$

Der Punkt über den beiden Variablen x und y ist übrigens eine gängige Kennzeichnung für die Ableitung nach der Zeit t.

Das Ganze eingesetzt in Gleichung 10.7 ergibt

$$\dot{f}(t) = 2t^2 \sin t \cos t e^{t^3 sin^2 t \cos t} \cdot (\sin t + t \cos t) + t^2 \sin^2 t e^{t^3 sin^2 t \cos t} \cdot (\cos t - t \sin t).$$

Natürlich hätten wir auch gleich die Funktionen $x = x(t)$ und $y = y(t)$ in die Gleichung $f(x,y)$ einsetzen und erst dann die Funktion nach t ableiten können, aber dann hättet Ihr ja die Kettenregel verpasst.

10.3.2 WOLLT IHR DIE TOTALE ABLEITUNG?!?

Wir kennen jetzt die partielle Ableitung, die entsteht, wenn wir entlang einer der Koordinatenrichtungen ableiten, ohne die anderen Variablen zu verändern. Die partielle Ableitung ist also ein Maß dafür, wie stark sich der Funktionswert ändert, wenn sich die Veränderliche, nach der partiell abgeleitet wird, ein klein wenig ändert. So ändert sich z. B. der Druck bei einer kleinen Temperaturänderung wie folgt (wir verwenden die ideale Gasgleichung $p = \rho R T$):

$$\frac{\partial p}{\partial T} = \rho R.$$

Wissen wir, wie stark sich die Temperatur T ändert (nämlich um dT [4]), dann können wir mit Hilfe dieser partiellen Ableitung die Änderung des Drucks berechnen, die klein ausfällt (daher auch dp und nicht Δp) wegen der kleinen Temperaturänderung:

$$(dp)_T = \frac{\partial p}{\partial T} dT.$$

Die Steigung entlang T repräsentiert durch den Faktor $\frac{\partial p}{\partial T}$ legt also fest, wie stark sich eine Temperaturänderung auf den Druck auswirkt. Je kleiner dieser Faktor, also je flacher die Kurve $p = f(T)$, desto schwächer ist der Einfluss der Temperatur auf den Druck.

Analog können wir den Einfluss der Dichte auf den Druck bestimmen:

---

[4] Achtung: Wir bleiben unbedingt bei kleinen Änderungen, also bei dT statt ΔT, da entlang einer großen Temperaturänderung ρ möglicherweise nicht konstant gehalten werden kann, wir sie aber bei unserer partiellen Ableitung als konstant betrachten.

$$(dp)_\rho = \frac{\partial p}{\partial \rho} d\rho = RT d\rho.$$

Aber was ist, wenn sich mehrere oder z. B. alle Veränderlichen gleichzeitig ändern? Wie verhält sich der Druck, wenn sich Temperatur <u>und</u> Dichte ein wenig ändern?

Nun, wir addieren einfach die beiden Einflüsse, also

$$dp = (dp)_T + (dp)_\rho.$$

Die obigen Gleichungen eingesetzt ergeben das *totale Differential* bzw. die *totale Ableitung*:

$$dp = \frac{\partial p}{\partial T} dT + \frac{\partial p}{\partial \rho} d\rho.$$

Für eine Funktion zweier Veränderlicher allgemein geschrieben ist das totale Differential

$$df(x_0, y_0) = f_x(x_0, y_0) dx + f_y(x_0, y_0) dy. \tag{10.8}$$

Zur Unterscheidung gegenüber den partiellen Ableitungen kennzeichnen wir das totale Differential mit dem d anstelle des ∂. Für eine Funktion mit mehr als zwei Veränderlichen ist die totale Ableitung

$$df(\vec{x_0}) = f_{x_1}(\vec{x_0}) dx_1 + f_{x_2}(\vec{x_0}) dx_2 + \cdots + f_{x_n}(\vec{x_0}) dx_n. \tag{10.9}$$

Wir können das totale Differential auch als Skalarprodukt aus dem Gradienten und den die dx_i zusammenfassenden Vektor

$$d\vec{x} = \begin{pmatrix} dx_1 \\ dx_2 \\ \vdots \\ dx_n \end{pmatrix}$$

darstellen, also

$$dp = \text{grad} f(\vec{x}) \cdot d\vec{x}. \tag{10.10}$$

Voraussetzung für die Existenz der totalen Ableitung ist die Existenz aller partiellen Ableitungen (d. h. wir können den Grenzwert aus Gleichung 4.2, Abschnitt 4.1 bilden). Allerdings ist damit noch nicht sichergestellt, dass auch das totale Differential existiert. Hierfür muss der Grenzwert (hier für eine Funktion zweier Veränderlicher)

$$\lim_{x,y \to x_0,y_0} \frac{f(x,y) - f(x_0,y_0) - f_x(x_0,y_0)(x-x_0) - f_y(x_0,y_0)(y-y_0)}{|(x,y) - (x_0,y_0)|} = 0. \tag{10.11}$$

existieren. Für eine allgemeine Funktion mehrerer Veränderlicher ist dieser Grenzwert

$$\lim_{\vec{x} \to \vec{a}} \frac{f(\vec{x}) - f(\vec{a}) - f_{x_1}(\vec{a})(x_1 - a_1) - \cdots - f_{x_n}(\vec{a})(x_n - a_n)}{|\vec{x} - \vec{a}|} = 0. \tag{10.12}$$

Achtung: Die partiellen Ableitungen müssen existieren, damit wir das totale Differential bilden können. Dass die partiellen Ableitungen existieren, sagt jedoch noch lange nichts darüber aus, dass das totale Differential existiert, denn es kann immer noch sein, dass der Grenzwert aus Gleichung 10.12 nicht existiert.

Hier sparen wir uns eine entsprechende Beweisführung und formulieren das „Axiom": Die Behauptungen der Autoren sind immer richtig und glaubwürdig und den Empfehlungen von Doktoren ist Folge zu leisten!

Genau wie bei der Tangente an einer Funktion mit einer Variable können wir hier eine Tangentialebene von $f(x,y)$ bei (x_0, y_0) beschreiben:

$$T(x,y) = f(x_0, y_0) + f_x(x_0, y_0)(x - x_0) + f_y(x_0, y_0)(y - y_0). \tag{10.13}$$

Sie enthält die Tangente entlang x repräsentiert durch die partielle Ableitung nach x und entlang y repräsentiert durch die partielle Ableitung nach y (s. Abbildung 10.6).

Wir wollen jetzt für die Gleichung $f(x,y) = x^3 y^2 + x^2 y + 2x$ aus unserem Beispiel aus Abschnitt 10.3.1 die Tangentialebene bilden. Hierzu bedienen wir uns der partiellen Ableitungen nach x und nach y, die wir bereits bestimmt haben. Das totale Differential ist folglich

$$df(x,y) = (3x^2 y^2 + 2xy + 2)dx + (2x^3 y + x^2)dy.$$

Betrachten wir z. B. den Punkt $(1,1)$. Wir setzen diese Werte in die Gleichung des totalen Differentials in unserem Beispiel ein und erhalten

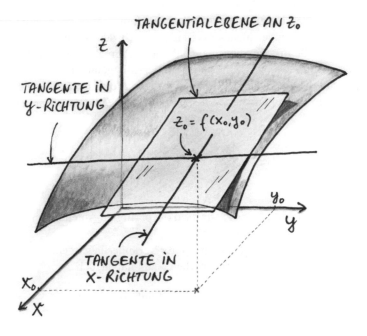

Abbildung 10.6: Tangentialebene an eine Fläche

$$\mathrm{d}f(1,1) = 7\mathrm{d}x + 3\mathrm{d}y.$$

Laut Gleichung 10.13 hat die Tangentialebene in diesem Punkt die Gleichung

$$T(1,1) = 4 + 7(x-1) + 3(y-1) = 7x + 3y - 6.$$

Für den Punkt $(0,0)$ lautet die Tangentialebene übrigens

$$T(0,0) = 2x.$$

Es handelt sich bei dieser Ebene also um eine, die unabhängig von y ist, also parallel dazu. Da sie auch durch den Ursprung geht, enthält diese Ebene die y-Achse.

10.4 Echt extrem: Extremwerte einer Funktion zweier Veränderlicher

Funktionen mehrerer Veränderlicher können wie die einfachen Funktionen voll extrem werden. Ein *absolutes Extremum* liegt vor, wenn sämtliche anderen Funktionswerte entweder kleiner (sprich: ein absolutes Maximum) oder immer größer (sprich: absolutes Minimum) sind. Ein *relatives Extremum* bzw. *lokales Extremum* finden wir nur an den Stellen, für welche die Funktion innerhalb einer festgelegten Umgebung ausschließlich kleiner (relatives Maximum) oder größer (relatives Minimum) ist. Darüber hinaus müssen wir auch den Rand betrachten, um zu überprüfen, ob an dieser Stelle die Funktion maximal oder minimal wird. Mit Rand ist wieder der Definitionsbereich oder die Grenzen vorgegebener Intervalle gemeint.

Bevor wir weitermachen, möchten wir (naja, wir müssen eigentlich) die *Hesse-Matrix* von f in Punkt $\vec{x}$ einführen. In ihr werden die zweiten partiellen Ableitungen zusammengefasst:

$$H_f(\vec{x}) = \begin{pmatrix} f_{x_1 x_1} & f_{x_1 x_2} & \cdots & f_{x_1 x_n} \\ f_{x_2 x_1} & f_{x_2 x_2} & \cdots & f_{x_2 x_n} \\ \vdots & \vdots & \ddots & \vdots \\ f_{x_n x_1} & f_{x_n x_2} & \cdots & f_{x_n x_n} \end{pmatrix}. \tag{10.14}$$

Diese Matrix ist <u>immer</u> quadratisch und, sofern wir die partiellen Ableitungen vertauschen dürfen (d. h. wenn sie stetig sind), auch symmetrisch.

Bei Extremwertaufgaben für Funktionen mehrerer Veränderlicher gehen wir genauso vor, wie wir es für Funktionen mit nur einer Veränderlichen getan haben, d. h.

Schritt 1: Identifikation des Definitionsbereichs der Funktion f.

Schritt 2: Identifikation der stationären Punkte.

Schritt 3: Untersuchung des Randes des Definitionsbereichs bzw. der vorgegebenen Intervalle (solche Intervalle werden im Zusammenhang mit Funktionen mehrerer Veränderlicher auch gerne mal „Gebiete" genannt). Dazu gehört auch, dass wir die Eckpunkte des Gebietsrands untersuchen, sofern vorhanden, was i. d. R. einfach ist, weil wir nur deren Koordinaten in die Funktionsgleichung einsetzen müssen.

Schritt 4: Untersuchung der Stellen, an denen wenigstens eine der partiellen Ableitungen nicht existiert.

Schritt 5: Bestimmung der absoluten Extrema durch Vergleich der in Schritt 2 und 3 identifizierten Extremwerte.

Schritt 1 sollte ~~kein Problem~~ keine Herausforderung darstellen, aber zur Verdeutlichung ein kleines und einfaches Beispiel. Die Funktion

$$f(x, y) = \frac{x^2 y^2}{\sqrt{x^2 - y^2}}$$

hat als Definitionsbereich $\mathbb{D} = \{x \mid x \in \mathbb{R}, |x| > |y|\}$, denn der Term unter der Wurzel darf einerseits nicht 0 werden (also $x^2 - y^2 \neq 0$, d. h. $x \neq \pm y$) und darf andererseits nicht negativ sein (also $x^2 - y^2 \not< 0$). Anders ausgedrückt $x^2 > y^2$, was äquivalent zu unserer Bedingung $|x| > |y|$ ist.

Bei Schritt 2 „interessieren" uns die Stellen, an denen sich die Funktion in unmittelbarer Umgebung nicht ändert. Diese Punkte nennen wir *stationäre Punkte*. Im Fall von Funktionen einer Veränderlichen waren das die Punkte, an denen die Tangente die Steigung 0 hatte (die Steigung entspricht der Änderung der Kurve in unmittelbarster Umgebung des Punktes), d. h. $f'(x) = 0$.

Wir erinnern uns ferner, dass $f'(x) = 0$ bedeutet, dass an dieser Stelle die Tangente horizontal ist und die 1. Ableitung $f'(x)$ eben eine Nullstelle hat. Das ist bei Funktionen mehrerer Veränderlicher nicht wirklich anders. Auch hier identifizieren wir zunächst die stationären Punkte, die dadurch gekennzeichnet sind, dass ihre Tangentialebenen (im Falle von Funktionen zweier Veränderlicher) an diesen Stellen horizontal sind. Die Bedingung für eine horizontale Tangentialebene ist, dass die partiellen Ableitungen $f_x = 0$ und im selben Punkt $f_y = 0$ (vgl. Gleichung 10.13). Haben wir eine Funktion mit mehr als zwei Veränderlichen, so müssen sämtliche partiellen Ableitungen in den stationären Punkten 0 werden, d. h.

$$f_{x_i}(a_1, a_2, \ldots, a_i, \ldots, a_n) = 0, \text{ mit } i = 1, 2, \ldots, n. \tag{10.15}$$

Wir können diese Bedingung auch wie folgt hinschreiben:

$$\operatorname{grad} f(\vec{a}) = \vec{0}. \tag{10.16}$$

Darüber hinaus müssen wir feststellen, ob an dieser Stelle tatsächlich ein Extremum vorliegt oder einfach nur ein sogenannter *Sattelpunkt*. An dieser Stelle wird es leider etwas formalistisch, mit anderen Worten nicht mehr ganz so anschaulich. Das sollte aber keinen Leser davon abhalten, einfach zu lernen, wie wir hier am Besten vorgehen (Stichwort: Kochrezept!). Um nun festzustellen, um welchen Typ von Punkt es sich handelt, müssen wir uns hier die Hesse-Matrix $H_f(\vec{x})$ für den stationären Punkt $\vec{a}$ anschauen. Denn es gilt (siehe [Mey93]) für einen stationären Punkt $\vec{a}$:

- $\vec{a}$ ist ein lokales Minimum, wenn $H_f(\vec{a})$ *positiv definit* ist,

- $\vec{a}$ ist ein lokales Maximum, wenn $H_f(\vec{a})$ *negativ definit* ist,

- $\vec{a}$ ist ein Sattelpunkt, wenn $H_f(\vec{a})$ *indefinit* ist.

Zu erläutern, was genau *positiv oder negativ definit* bzw. was *indefinit* ist, würde den Rahmen dieses Buches sprengen und wir möchten hier auf die einschlägige Literatur (z. B. [Mey93]) verweisen. An dieser Stelle wollen wir uns lediglich darauf beschränken, wie wir herausfinden können, zu welcher Kategorie unsere Hesse-Matrix gehört. Es gibt hierfür verschiedene Methoden. Was uns die Sache wieder ein wenig erleichtert, ist, dass es sich bei H_f in der Regel um eine symmetrische Matrix (d. h. es gilt $H_f = H_f^T$) handelt.

So können wir uns über die *Definitheit* klar werden, wenn wir uns, sofern $H_f = H_f^T$, die Eigenwerte der Matrix ansehen (siehe Abschnitt 8.5). Es gilt nämlich für symmetrische Matrizen $A = A^T$:

- A ist positiv definit, wenn alle ihre Eigenwerte größer 0 sind, d. h. wenn alle $\lambda_i > 0$,

- A ist negativ definit, wenn alle Eigenwerte kleiner 0 sind, d. h. wenn alle $\lambda_i < 0$, und

- A ist indefinit, wenn es sowohl positive als auch negative Eigenwerte gibt.

Vorsicht: Die Matrix A heißt *semidefinit*, wenn wenigstens einer ihrer Eigenwerte genau 0 ist. In diesem Fall können wir mit der hier vorgestellten Methode <u>keine</u> Aussage darüber machen, um welche Art von Extremum es sich handelt. Hier wären andere Methoden anzuwenden. Das würde aber zu weit führen. Außerdem wird dieses Thema in der Regel nicht in Prüfungen des Grundstudiums im Ingenieurswesen verlangt.

Es gibt als Alternative den *Positivitätstest*, erfunden von Herrn C. G. Jacobi, mit dessen Hilfe wir überprüfen können, ob eine symmetrische Matrix positiv definit ist. Demnach ist eine symmetrische Matrix genau dann positiv definit, wenn ihre *Hauptunterdeterminanten* bzw. *Hauptminoren M_i* positiv sind.

Für eine symmetrische Matrix

$$A = \begin{pmatrix} a_{11} & a_{12} & a_{13} & \ldots & a_{1n} \\ a_{21} & a_{22} & a_{23} & \ldots & a_{2n} \\ a_{31} & a_{32} & a_{33} & \ldots & a_{3n} \\ \vdots & \vdots & \vdots & \ddots & \vdots \\ a_{n1} & a_{n2} & a_{n3} & \ldots & a_{nn} \end{pmatrix}$$

haben wir n Hauptuntermatrizen M_i, die nach folgendem Muster gebildet werden:

$$M_1 = a_{11}, M_2 = \begin{pmatrix} a_{11} & a_{12} \\ a_{12} & a_{22} \end{pmatrix}, M_3 = \begin{pmatrix} a_{11} & a_{12} & a_{13} \\ a_{21} & a_{22} & a_{23} \\ a_{31} & a_{32} & a_{33} \end{pmatrix}, \ldots, M_n = A.$$

Für jede einzelne dieser Matrizen ist die Determinante zu berechnen. Wenn sie allesamt positiv sind, ist A positiv definit.

Leider sagt der Positivitätstest nur etwas darüber aus, ob eine symmetrische Matrix positiv definit ist. Wenn jetzt die Determinante auch nur einer der Hauptminoren nicht positiv ist, heißt das noch lange nicht, dass sie deswegen negativ definit ist[5]. Allerdings können wir sagen, dass eine Matrix A negativ definit ist, wenn $-A$ positiv definit ist. Wir müssen also für $-A$ die positive Definitheit feststellen und dann ist A negativ definit. Wir müssen also jedes Element der Matrix mit -1 multiplizieren und für diese Matrix die Determinanten der Hauptminoren bestimmen. Wir erinnern uns jetzt bitte an den Abschnitt 8.4 und zwar an die Rechenregel für Determinanten. Wenn wir eine Konstante k mit der $n \times n$ Matrix Q multiplizieren, gilt:

$$\det(k \cdot Q) = k^n \det Q.$$

Entsprechend lauten die Determinanten unserer Hauptuntermatrizen N_i der Matrix $-A$ dann

$$\det N_i = (-1)^i \det M_i,$$

wobei die M_i die i-te Hauptminore der Matrix A ist. Damit A also als negativ definit identifiziert werden kann, muss gelten, dass

$$\det N_i > 0, i = 1, 2, \ldots, n,$$

d. h. dass

---

[5]Das ist ein gutes Beispiel für ein *notwendiges*, aber nicht *hinreichendes Kriterium*.

$$(-1)^i \det M_i > 0. \tag{10.17}$$

Die Determinanten der Hauptuntermatrizen der Matrix A müssen demnach alternierend positiv und negativ sein, damit A als negativ definit eingestuft werden kann, also

$$\det M_1 < 0, \det M_2 > 0, \det M_3 < 0, \dots$$

Für $n = 2$ gibt es glücklicherweise ein einfacheres Verfahren, um festzustellen, ob es sich bei dem stationären Punkt um ein Minimum, Maximum oder Sattelpunkt handelt. Dies wollen wir Euch natürlich auf keinen Fall vorenthalten!

Wir berechnen dazu für den zu untersuchenden stationären Punkt $\vec{a}$ einfach die Determinante der Hesse-Matrix (sofern symmetrisch) zu

$$D = f_{xx}f_{yy} - f_{xy}^2.$$

- Es handelt sich bei $\vec{a}$ um ein lokales Minimum, wenn gilt, dass $D > 0$ und sowohl $f_{xx} > 0$ als auch $f_{yy} > 0$.

- Es handelt sich bei $\vec{a}$ um ein lokales Maximum, wenn gilt, dass $D > 0$ und sowohl $f_{xx} < 0$ als auch $f_{yy} < 0$.

- Es handelt sich bei $\vec{a}$ um einen Sattelpunkt, wenn gilt, dass $D < 0$.

- Es handelt sich laut Herrn Dr. Romberg hier um ein völlig unwichtiges Thema!

- Ist für $\vec{a}$ $D = 0$, so ist dieser Punkt gesondert zu betrachten.

Im Fall von Funktionen einer Veränderlichen haben wir gesehen, dass die Krümmung einer Kurve, d. h. die *Änderung der Steigung* derselbigen, durch die zweite Ableitung bestimmt werden kann, wobei die Steigung an einer bestimmten Stelle zunimmt, wenn die 2. Ableitung dort positiv ist, und abnimmt, wenn die 2. Ableitung dort negativ ist. Eine positive 2. Ableitung an einer stationären Stelle besagt demnach, dass es sich um ein Minimum handelt. Eine negative 2. Ableitung entspricht analog dazu einem Maximum.

Eine vergleichbare Rolle übernehmen hier die 2. partiellen Ableitungen f_{xx} und f_{yy}. Ist f_{xx} positiv, heißt dass, dass die Kurve, die entsteht, wenn wir eine zur y-Achse senkrecht stehende Ebene mit unserer Fläche schneiden, nach oben gekrümmt ist, d. h. ihre Steigung nimmt zu. Analoges gilt für die 2. partielle Ableitung f_{yy}. Sind beide positiv, nimmt die Steigung der Kurven entlang der x- und der y-Achse zu, wir haben es also mit einer gewissen Wahrscheinlichkeit mit einem lokalen Minimum zu tun. Allerdings wäre es ja immer noch möglich, dass die Kurve noch unterhalb dieser Stelle liegt, wenn wir z. B. entlang der Winkelhalbierenden der x-Achse und y-Achse gehen. Deshalb benötigen wir noch das Kriterium, ob auch die Determinante positiv ist oder eben nicht. Bei negativen f_{xx} und f_{yy} verhält es sich umgekehrt. Daher Vorsicht: Um eine Aussage darüber zu machen, ob es sich um ein Minimum oder Maximum handelt, reicht es nicht aus, zu überprüfen, welches Vorzeichen f_{xx} und f_{yy} haben. Es muss, wie oben bereits angeführt, die Determinante überprüft werden.

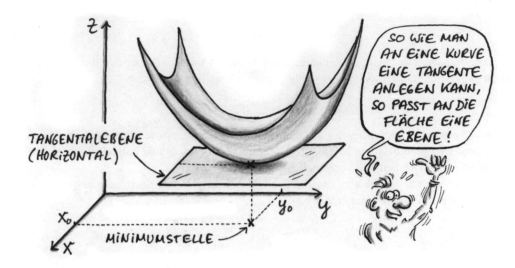

Abbildung 10.7: Minimum einer Funktion zweier Veränderlicher

Wir wollen den ganzen Vorgang anhand eines Beispiels durchexerzieren.
  Die Funktion

$$f(x,y) = xy^2(2-x-y)$$

soll auf ihre Extrema hin untersucht werden. Dabei sollen nur die Punkte betrachtet werden, die innerhalb des Gebietes liegen, das durch $x = 0$, $y = 0$ und $x + y = 4$ abgesteckt wird.

Schritt 1: Dieser Schritt ist schnell erledigt, denn wir sehen sofort, dass die Funktion in allen Punkten definiert ist.

Schritt 2: In Schritt 2 identifizieren wir zunächst die stationären Punkte, indem wir die partiellen Ableitungen bilden und zu 0 setzen. Die partiellen Ableitungen sind

$$f_x(x,y) = y^2(2-2x-y)$$

und

$$f_y(x,y) = xy(4-2x-3y).$$

Wir setzen zunächst eine der beiden partiellen Ableitungen zu 0. Es bietet sich hier an, mit f_y anzufangen, weil wir an ihrer Form bereits durch Hinschauen zwei Stellen identifizieren können. Denn wir sehen, dass

$$f_y = xy(4-2x-3y) = 0,$$

wenn $x = 0$ bzw. $y = 0$ ist. Hier sieht man das sofort, aber manchmal muss man ziemlich suchen, um es zu finden!

Setzen wir $x = 0$ in f_x ein, sehen wir, dass diese nicht 0 wird. Allerdings liegen die Punkte, welche f_y verschwinden lassen, auf dem Rand unseres Gebiets, das wir in Schritt 3 untersuchen wollen. Aber auch $y = 0$ liegt auf unserem Rand. Wir heben uns das also für später auf.

Darüber hinaus kann jedoch noch der zweite Term 0 werden, um die partielle Ableitung nach y verschwinden zu lassen. Also muss

$$4 - 2x - 3y = 0$$

erfüllt sein. Wir lösen diese Gleichung z. B. nach x auf (also $x = 2 - 1{,}5y$) und setzen diesen Punkt in die partielle Ableitung nach x ein. Damit erhalten wir die Gleichung

$$f_x(2 - 1{,}5y, y) = 2y^2(y - 1),$$

die wir ebenfalls 0 setzen und für y lösen. Wie vorhin erhalten wir als mögliche Lösung, dass $y = 0$, was aber wiederum auf unserem Rand liegt und wir das später betrachten wollen. Als zweite mögliche Lösung finden wir

$$y = 1.$$

Diesen Wert setzen wir in unsere Lösungsgleichung ein, die wir durch Nullsetzen der partiellen Ableitung nach y erhalten haben und bekommen als stationären Punkt (und somit möglichen Kandidaten) für ein lokales Extremum

$$(x_0, y_0) = (0{,}5, 1).$$

Bevor wir weitermachen, sollten wir unbedingt überprüfen, ob diese Stelle überhaupt innerhalb des Gebietes liegt, das wir betrachten wollen. Am schnellsten geht das, wenn wir uns das Gebiet auf ein Blatt Papier skizzieren und die Stelle eintragen wie in Abbildung 10.8.

Wir sehen, dass der Punkt deutlich innerhalb unseres Gebietes liegt. Das ist also ein heißer Kandidat für ein Extremum. Um zu entscheiden, ob es sich um ein lokales Minimum, lokales Maximum

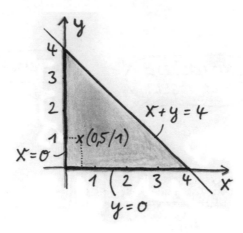

Abbildung 10.8: Kandidat für lokales Extremum auf dem betrachteten Gebiet

oder um einen Sattelpunkt handelt, bestimmen wir erst einmal die 2. partiellen Ableitungen. Es sind derer drei:

$$f_{xx}(x,y) = -2y^2,$$

$$f_{yy}(x,y) = 2x(2 - x - 3y)$$

und

$$f_{xy}(x,y) = 2y(2 - 2x - 3y).$$

An der uns interessierenden Stelle ist $f_{xx} = -2$, $f_{yy} = -1{,}5$ und $f_{xy} = -1$. Damit ist die Determinante $D = f_{xx}f_{yy} - f_{xy}^2$ für unseren Punkt $(0{,}5, 1)$

$$D = 2 > 0.$$

Da $f_{xx} < 0$ (ebenso wie f_{yy}) und $D > 0$ ist diese stationäre Stelle ein lokales Maximum. Den Funktionswert erhalten wir, indem wir $(0{,}5, 1)$ in die Funktion $f(x,y)$ einsetzen. Wir erhalten $z = 0{,}5$.

<u>Schritt 3</u>: Beschäftigen wir uns nun mit unserer Randgruppe $x = 0$, $y = 0$ und $x + y = 4$. Herr Dr. Romberg drückt an dieser Stelle sein tiefes Bedauern darüber aus, dass Frauen in den Ingenieurwissenschaften aus unerfindlichen Gründen noch immer eine Randgruppe darstellen. So unterschiedlich sind Frauen und Männer doch gar nicht!!!

Für die beiden ersten Ränder ($x = 0$ und $y = 0$) ist, eingesetzt in unsere Funktion, diese 0. Uns interessiert nun, ob auf diesen Rändern lokale Minima oder Maxima liegen. Ist z. B. in einem bestimmten Bereich auf unserem Gebiet in der Nähe des betrachteten Randabschnitts die Funktion größer als die Randkurve (in unserem Fall die Geraden $x = 0$ und $y = 0$), dann haben wir dort ein lokales Minimum. Das ist in unserem Beispiel dann der Fall, wenn die Funktion in der Nähe des Randes positiv ist. Ist die Funktion dort negativ, handelt es sich entsprechend um ein lokales Maximum.

Vorsicht: Folgendes Vorgehen nutzt den Umstand aus, dass unsere Randkurven für die Ränder des Gebietes $x = 0$ und $y = 0$ Geraden mit $z = 0$ sind!

Wir behelfen uns wieder, indem wir zum Zeichenstift greifen und die Höhenlinie $f(x, y) = 0$, diese Kurven also, die durch den Schnitt unserer Fläche mit der xy-Ebene entstehen, skizzieren und eintragen, wo die Funktion positiv ist und wo negativ (bzw. allgemein, wo die Funktion größer oder kleiner als der betrachtete Randabschnitt ist). Wir setzen dazu unsere Funktion

$$xy^2(2 - x - y) = 0.$$

Diese Gleichung ist für die Geraden $x = 0$, $y = 0$ und $y = -x + 2$ erfüllt. Das ist das Äquivalent zu unseren Nullstellen von Funktionen einer Veränderlichen. Anderswo ist unsere Funktion also niemals 0. Unser Gebiet wird durch diese Höhenlinien in zwei Untergebiete unterteilt (siehe Abbildung 10.9). Wir testen nun jedes dieser beiden Untergebiete, ob dort die Funktion positiv oder negativ ist, indem wir jeweils eine Stelle aus jedem der beiden Untergebiete in unsere Funktionsgleichung einsetzen. Nun können wir unsere Skizze vervollständigen, wie in Abbildung 10.9 dargestellt.

Auf dem Gebiet, das von den Höhenlinien eingeschlossen wird (Gebiet I), ist unsere Funktion positiv, auf Gebiet II negativ. Unser Rand $x = 0$ ist also auf der ganzen Strecke ein lokales Minimum für $0 \leq y < 2$ und ein lokales Maximum für $2 < y \leq 4$. Bei $(0, 2)$ liegt kein lokales

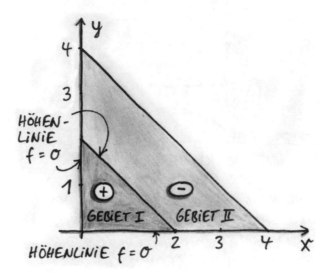

Abbildung 10.9: Einteilung des Gebiets in „positiv" und „negativ".

Extremum vor, da in unmittelbarer Umgebung die Funktion größer <u>und</u> kleiner ist.

Analog ist der Rand $y = 0$ ein lokales Minimum für $0 \leq x < 2$ und ein lokales Maximum für $2 < x \leq 4$. Der Punkt $(2,0)$ ist kein lokales Extremum aus dem selben Grund, warum $(0,2)$ keines ist.

Jetzt verbleibt nur noch, den Rand $x + y = 4$ zu untersuchen. Zu diesem Zweck lösen wir die Randgleichung nach x auf (es ginge auch nach y, aber dann müssten wir später die ganze Chose quadrieren, igitt) und setzen das in unsere Funktion ein und erhalten so eine Funktion einer Veränderlichen, die wir $g(y)$ nennen:

$$g(y) = f(4 - y, y) = -2y^2(4 - y).$$

An dieser Stelle suchen wir für $g(y)$ die Extremwerte, wie wir es für Funktionen einer Veränderlichen gelernt haben. Wir leiten also zunächst (hier nach y) ab und setzen das Ergebnis anschließend zu 0.

Die Ableitung von $g(y)$ lautet

$$\frac{\mathrm{d}}{\mathrm{d}y} g(y) = y(6y - 16)$$

und als Nullstelle dieser Ableitung erhalten wir $y_1 = 0$ und $y_2 = \frac{8}{3}$.

Der Punkt $y_1 = 0$ liegt auf unserem Rand $y = 0$, den wir an dieser Stelle bereits als lokales Maximum identifiziert haben, daher brauchen wir uns daher nicht weiter mit ihm zu befassen. Betrachten wir also den zweiten Punkt genauer. Für diesen bilden wir die zweite Ableitung von $g(y)$, d. h.

$$\frac{\mathrm{d}^2}{\mathrm{d}y^2} = -16 + 12y$$

und setzen dort $y_2 = \frac{8}{3}$ ein. Wir erhalten dort den Wert 16. Das ist eindeutig positiv, also liegt auf dem Rand $x + y = 4$ ein lokales Minimum. Den zugehörigen x-Wert ermitteln wir, indem wir y_2 in die Gleichung für den Rand (oder auch in $g(y)$) einsetzen. Wir bekommen $x_2 = \frac{4}{3}$.

An dieser Stelle müssten wir noch die Eckpunkte unseres Gebietes untersuchen, indem wir ihre Koordinaten in die Funktionsgleichung einsetzen und ganz am Ende checken, ob sie größer oder kleiner als alle anderen Extrema sind, was sie dann zu einem absoluten Extremum machen würde. Es sind derer drei, nämlich $(0,0)$, $(4,0)$ und $(0,4)$. Alle liegen jedoch auf den beiden Randabschnitten $x = 0$ und $y = 0$, auf dem der Funktionswert durchgehend 0 ist. Die Eckpunkte liegen also samt und sonders ebenfalls auf der xy-Ebene und können daher nicht extremer als die beiden Randstücke selbst sein.

Schritt 4: Dieser entfällt hier, da alle partiellen Ableitungen existieren.

Schritt 5: Nachdem wir nun alle lokalen Extrema identifiziert haben, vergleichen wir deren Funktionswerte, um die beiden Sieger (das absolute Maximum und das absolute Minimum) zu küren (einen dritten Platz gibt es nicht).

Fassen wir also die Ergebnisse aus Schritt 2 und 3 zusammen:

Die Stelle $(0,5, 1)$ im Gebiet	lokales Maximum	$f = 0,25$
Rand $x = 0$ für $0 \leq x < 2$	lokales Minimum	$f = 0$
Rand $x = 0$ für $2 < x \leq 4$	lokales Maximum	$f = 0$
Rand $y = 0$ für $0 \leq y < 2$	lokales Minimum	$f = 0$
Rand $y = 0$ für $2 < y \leq 4$	lokales Maximum	$f = 0$
Randpunkt $\left(\frac{4}{3}, \frac{8}{3}\right)$	lokales Minimum	$f = -\frac{512}{27}$

Da der Funktionswert für den Punkt $\left(\frac{4}{3}, \frac{8}{3}\right)$ noch viel negativer ist als die Funktionswerte der als lokale Minima identifizierten Orte, ist das unser absolutes Minimum. Analog übertrifft unsere Funktion auf dem betrachteten Gebiet die Stelle bei $(0,5, 1)$ nirgendwo, es handelt sich hierbei um das absolute Maximum (auf diesem Gebiet). Abbildung 10.10 fasst unsere mühsam erhaltene Information noch einmal zusammen.

In unserem Beispiel haben wir die Höhenlinie für $f = 0$ aufgezeichnet, um zu sehen, ob auf dem Rand des Gebiets Extrema liegen. Diese Methode kann für die Punkte, bei der die normale Vorgehensweise nicht greift, verwendet werden. Hierzu zeichnen wir für den betrachteten Punkt (x_0, y_0) die Höhenlinie

$$f(x, y) = f(x_0, y_0)$$

und teilen so das Gebiet in mehrere Untergebiete auf. Wir müssen nur noch überprüfen, ob der

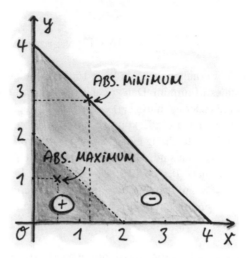

Abbildung 10.10: Übersicht globales Maximum und Minimum

Funktionswert der einzelnen Untergebiete größer oder kleiner als $f(x_0, y_0)$ ist. Sind die benachbarten Untergebiete größer, so handelt es sich auf dem entsprechenden Abschnitt um ein lokales Minimum, sind sie kleiner, dann um ein lokales Maximum. Gibt es benachbarte Untergebiete, die größer sind, aber auch welche die kleiner sind, dann haben wir es mit keiner Extremwertstelle zu tun.

10.5 Taylor-Entwicklung für Funktionen mehrerer Veränderlicher

Für Funktionen einer Veränderlichen haben wir die Taylor-Reihe kennengelernt, die uns die Annäherung (Nerd-Term: Approximation) einer komplizierten Funktion durch eine einfacher zu handhabende Funktionsreihe ermöglicht. Eine solche Näherung existiert auch für Funktionen mit mehr als nur einer Veränderlichen. Bevor wir diese vorstellen, müssen wir erst noch die *Richtungsableitung* einführen.

Die Richtungsableitung braucht, wie der Name bereits andeutet, eine Richtung, in die abgeleitet werden soll. Bei der partiellen Ableitung entspricht die Richtung den Koordinatenachsen, bei der Richtungsableitung ist die Richtung eine beliebige. Eine beliebige Richtung wird zu diesem Zweck mit einem Vektor $\vec{v}$ angegeben, wobei dieser Vektor genauso viele Komponenten hat, wie die Funktion Veränderliche aufweist. Anstelle des Begriffs Richtungsableitung verwenden wir auch gerne den Ausdruck *Ableitung längs $\vec{v}$*, was den Vorteil bietet, dass schon aus der Bezeichnung die Richtung, entlang der wir ableiten wollen, hervorgeht. Wir berechnen die Ableitung entlang $\vec{v}$ so:

$$\partial_{\vec{v}} = v_1 \frac{\partial}{\partial x_1} + v_2 \frac{\partial}{\partial x_2} + \cdots + v_n \frac{\partial}{\partial x_n}. \qquad (10.18)$$

Letztendlich ist die Ableitung nach $\vec{v}$ also nichts anderes als das Skalarprodukt aus dem Vektor $\vec{v}$ und dem Gradienten. Mit anderen Worten also

$$\partial_{\vec{v}} f(\vec{x}) = \operatorname{grad} f(\vec{x}) \cdot \vec{v}. \qquad (10.19)$$

Wir können Gleichung 10.18 bzw. Gleichung 10.19 auch wie folgt deuten. Wir wichten die einzelnen partiellen Ableitungen entsprechend der „Gewichtung" der Komponenten des Vektors $\vec{v}$. Haben wir z. B. bei einer Funktion zweier Veränderlicher den Vektor $\vec{v} = \begin{pmatrix} 2 & 1 \end{pmatrix}^T$, so ist das ein Vektor, der zweimal stärker in Richtung der x-Achse weist als in Richtung der y-Achse. Entsprechend wichten wir die Ableitung längs der x-Achse (= partielle Ableitung nach x) doppelt so stark wie die Ableitung längs der y-Achse (= partielle Ableitung nach y). Übrigens ist auch die partielle Ableitung nach x nichts anderes als eine Ableitung längs der x-Achse, d. h. entlang des Vektors $\begin{pmatrix} 1 & 0 \end{pmatrix}^T$. Analog dazu ist die partielle Ableitung nach y die Richtungsableitung entlang $\begin{pmatrix} 0 & 1 \end{pmatrix}^T$.

Die 2. Richtungsableitung kennzeichnen wir mit $\partial_{\vec{v}}^2$. Diese lässt sich nun wieder nicht mehr so einfach erläutern. Die Rechenvorschrift lautet für diese

$$\partial_{\vec{v}}^2 f(\vec{x}) = \vec{v}^T H_f(\vec{x}) \vec{v}. \qquad (10.20)$$

Die Matrix $H_f(\vec{x})$ ist unsere bereits bekannte Hesse-Matrix, die ganz gewohnt mit Gleichung 10.14 berechnet wird.

Wir erhalten Gleichung 10.20, wenn wir Gleichung 10.18 rein formal quadrieren, also

$$\partial_{\vec{v}}^2 = (v_1 \frac{\partial}{\partial x_1} + v_2 \frac{\partial}{\partial x_2} + \cdots + v_n \frac{\partial}{\partial x_n})^2.$$

Überprüfen wir das mal für eine Funktion mit zwei Variablen. Wir haben also als 2. Richtungsableitung nach $\vec{v}$

$$\partial_{\vec{v}}^2 = (\partial_{\vec{v}})^2 = \left(v_1 \frac{\partial}{\partial x_1} + v_2 \frac{\partial}{\partial x_2} \right)^2 = v_1^2 \frac{\partial^2}{\partial x_1^2} + 2 v_1 v_2 \frac{\partial}{\partial x_1} \frac{\partial}{\partial x_2} + v_2^2 \frac{\partial^2}{\partial x_2^2}.$$

Formen wir das ein wenig um, dann erhalten wir für die 2. Richtungsableitung

$$\begin{aligned}
\partial_{\vec{v}}^2 &= v_1^2 \frac{\partial^2}{\partial x_1^2} + v_1 v_2 \frac{\partial}{\partial x_1} \frac{\partial}{\partial x_2} + v_1 v_2 \frac{\partial}{\partial x_1} \frac{\partial}{\partial x_2} + v_2^2 \frac{\partial^2}{\partial x_2^2} \\
&= v_1 \left(v_1 \frac{\partial^2}{\partial x_1^2} + v_2 \frac{\partial}{\partial x_1} \frac{\partial}{\partial x_2} \right) + v_2 \left(v_1 \frac{\partial}{\partial x_1} \frac{\partial}{\partial x_2} + v_2 \frac{\partial^2}{\partial x_2^2} \right).
\end{aligned}$$

Der aufmerksame Leser erkennt, dass wir hier das Ergebnis eines Skalarprodukts vorliegen haben. Das Skalarprodukt können wir mit der Gleichung 5.4 aus Abschnitt 5.4.1 ableiten. Oder wir machen uns den Formalismus aus der Matrizenmultiplikation („Zeile mal Spalte", siehe Abschnitt 8.2.3) zunutze, indem wir das Skalarprodukt als Produkt der transponierten 2×1 Matrix $\begin{pmatrix} v_1 & v_2 \end{pmatrix}$ mit der 2×1 Matrix schreiben, die wir aus den Termen in den Klammern bilden. Also

$$v_1 \left(v_1 \frac{\partial^2}{\partial x_1^2} + v_2 \frac{\partial}{\partial x_1} \frac{\partial}{\partial x_2} \right) + v_2 \left(v_1 \frac{\partial}{\partial x_1} \frac{\partial}{\partial x_2} + v_2 \frac{\partial^2}{\partial x_2^2} \right) = \begin{pmatrix} v_1 & v_2 \end{pmatrix} \begin{pmatrix} v_1 \frac{\partial^2}{\partial x_1^2} + v_2 \frac{\partial}{\partial x_1} \frac{\partial}{\partial x_2} \\ v_1 \frac{\partial}{\partial x_1} \frac{\partial}{\partial x_2} + v_2 \frac{\partial^2}{\partial x_2^2} \end{pmatrix}.$$

Den rechten Vektor (also diese 2×1 Matrix) können wir wiederum als Matrixprodukt aus einer Matrix mit dem Vektor $\vec{v}$ schreiben. Somit erhalten wir für die 2. Richtungsableitung längs $\vec{v}$, wie schon in Gleichung 10.20 allgemein angedeutet

$$\partial_{\vec{v}}^2 = \vec{v}^T \begin{pmatrix} \frac{\partial^2}{\partial x_1^2} & \frac{\partial}{\partial x_1} \frac{\partial}{\partial x_2} \\ \frac{\partial}{\partial x_1} \frac{\partial}{\partial x_2} & \frac{\partial^2}{\partial x_2^2} \end{pmatrix} \vec{v}.$$

Diese Matrix aber ist genau die Hesse-Matrix! Die Erweiterung auf Funktionen mit mehr als zwei Veränderlichen verläuft analog, sofern man sich nicht unterwegs verrechnet.

Die k-te Richtungsableitung berechnen wir auch nicht anders, nämlich als k-fache potenzierte Richtungsableitung

$$\partial_{\vec{v}}^k = (\partial_{\vec{v}})^k.$$

Es läuft also immer gleich, selbst wenn k = mehrere Millionen sein sollte.

Die allgemeine Formel für die Taylor-Reihenentwicklung einer Funktion mit n Veränderlichen lautet dann

$$f(\vec{x} + \vec{v}) = f(\vec{x}) + \partial_{\vec{v}} f(\vec{x}) + \frac{1}{2!} \partial_{\vec{v}}^2 f(\vec{x}) + \cdots + \frac{1}{k!} \partial_{\vec{v}}^k f(\vec{x}) + R_k(\vec{x}, \vec{v}) \qquad (10.21)$$

mit dem Restglied $R_k(\vec{x}, \vec{v}) = \dfrac{1}{(k+1)!} \partial_{\vec{v}}^{k+1} f(\vec{x} + \xi_k \vec{v})$

und einer Zahl $\xi_k \in [0, 1]$.

In Gleichung 10.21 ist mit $\vec{v} = \vec{x} - \vec{x_0}$ der Verbindungsvektor vom Punkt $\vec{x_0}$, an dem wir die

Funktion annähern (Nerd-Term: approximieren) möchten, und einem beliebigen Punkt $\vec{x}$ gegeben. Wichtig ist dabei, dass alle Punkte, die auf der durch den Vektor $\vec{v}$ vorgegebenen Strecke herumlungern, innerhalb des Definitionsbereichs liegen.

An dieser Stelle wollen wir es gut sein lassen mit dem Formalismus und zeigen Euch noch als Abschluss dieses Abschnitts die viel praktischeren Formeln für zwei Variablen und mit $k \leq 2$.

Für $k = 1$, mit $\Delta x = x - x_0$ und $\Delta y = y - y_0$:

$$f(x,y) = f(x_0,y_0) + f_x(x_0,y_0)\Delta x + f_y(x_0,y_0)\Delta y + R_1, \tag{10.22}$$

Für $k = 2$, mit $\Delta x = x - x_0$ und $\Delta y = y - y_0$:

$$f(x,y) \approx f(x_0,y_0) + f_x(x_0,y_0)\Delta x + f_y(x_0,y_0)\Delta y$$
$$+ \frac{1}{2}f_{xx}(x_0,y_0)(\Delta x)^2 + f_{xy}(x_0,y_0)\Delta x\Delta y + \frac{1}{2}f_{yy}(x_0,y_0)(\Delta y)^2. \tag{10.23}$$

10.6 Ein Ausflug in das Reich der impliziten Funktionen

Zum Schluss möchten wir noch explizit auf *implizite Funktionen* eingehen, wogegen wir bisher immer implizit von expliziten Funktionen gesprochen haben. Zunächst aber wollen wir klären, wie sich implizite von expliziten Funktionen unterscheiden.

Die Funktionen, die wir bisher kennen gelernt haben, hatten stets folgende Form:

$$x_{n+1} = f(x_1, x_2, \ldots, x_n).$$

Wir haben hier die einzelnen Variablen einfach nummeriert, weil wir andeuten wollen, dass es im Prinzip möglich ist, auch mehr Variablen zu haben als das Alphabet Buchstaben hat. Außerdem haben wir den sonst üblichen Buchstaben, der für den Funktionswert steht (y oder z) durch x_{n+1} ersetzt. Das ist lediglich hier eine Möglichkeit der Darstellung, also nicht verwirren lassen. Kehren wir aber für ein Beispiel, das gleich kommt, zu der üblichen Schreibweise zurück.

So ist z. B. die Funktion

$$z = f(x,y) = \sin x \cos y$$

eine explizite Funktion. Sie heißt explizit, weil z (unser Funktionswert bzw. der Wert, den wir z. B. auf die z-Achse eintragen) explizit da steht und wir die Formel, mit der wir seinen Wert bestimmen können, bereits explizit gegeben ist, ohne dass wir noch wild herumrechnen müssen.

Dagegen ist bei einer impliziten Funktion der Funktionswert nicht einfach berechenbar, denn er steht nicht explizit da. Eine solche implizite Funktion hat die allgemeine Form

$$F(x_1, x_2, \ldots, x_n, x_{n+1}) = 0$$

bzw.

$$F(x,y,z) = 0.$$

Der Funktionswert ist also in der Funktion enthalten.

Alle impliziten Funktionen haben gemeinsam, dass wir sie in der Regel mit einem Großbuchstaben darstellen und sie immer gleich 0 sind. Eine implizite Funktion ist z. B.

$$F(x,y,z) = z\sin(zx) + e^{xy} + xy = 0.$$

Wenn wir uns die formale Darstellung impliziter Funktionen anschauen, fällt uns die Analogie zu den Höhenlinien auf (siehe Abschnitt 10.1 dieses Kapitels). In der Tat können wir die implizite Funktion als Höhenlinie mit Funktionswert 0 interpretieren. So entspricht die implizite Funktion $F(x,y,z) = 0$ der Höhenlinie mit Höhe 0 einer Funktion $w = f(x,y,z)$.

Meistens ist es leider nicht möglich, eine implizite Funktion nach einer der Variablen (in der Regel die mit dem höchsten Index oder die Bezeichnung auf den hintersten Bänken des lateinischen Alphabets) aufzulösen. Dennoch können wir sie differenzieren und so Informationen über ihren Verlauf gewinnen.

Betrachten wir zunächst eine implizite Funktion der Form $f(x,y) = 0$. Könnten wir nach y auflösen, könnten wir auch schreiben, dass $y = g(x)$ und wir hätten eine „normale" explizite Funktion. Leider ist das oft nicht möglich. Die Variable y ist also eine Funktion von x, weshalb wir unsere implizite Funktion auch $f(x,g(x)) = 0$ schreiben können.

Leiten wir diese Funktion ab, d. h. wir bilden die 1. Ableitung (nach x), müssen wir die Kettenregel (siehe Gleichung 10.6) verwenden und wir erhalten dann

$$f_x(x,g(x))\frac{\partial x}{\partial x} + f_y(x,g(x))\frac{\partial g(x)}{\partial x} = f_x(x,g(x)) + f_y(x,g(x))g'(x) = 0.$$

Die 2. Ableitung verläuft absolut analog (wir wenden wieder die Kettenregel an), wir müssen aber hier die 1. Ableitung noch einmal ableiten. Also

$$\frac{\partial}{\partial x}[f_x(x,g(x)) + f_y(x,g(x))g'(x)] = \frac{\partial}{\partial x}f_x(x,g(x)) + \frac{\partial}{\partial x}\left[f_y(x,g(x))g'(x)\right]$$

$$= f_{xx} + f_{xy}g'(x) + g'(x)\frac{\partial}{\partial x}f_y(x,g(x)) + f_y g''(x)$$

$$= f_{xx} + f_{xy}g'(x) + g'(x)[f_{yx} + f_{yy}g'(x)] + f_y g''(x) = 0.$$

Lösen wir die 1. Ableitung nach $g'(x)$ auf, setzen das Ergebnis in die 2. Ableitung ein und lösen diese nach $g''(x)$ auf, dann bekommen wir folgende wichtige Gleichungen für die ersten zwei Ableitungen einer impliziten Funktion der Form $f(x,g(x)) = 0$:

$$g'(x) = -\frac{f_x}{f_y}; \tag{10.24}$$

$$g''(x) = -\frac{1}{f_y^3}[f_{xx}(f_y^2) - 2f_{xy}f_x f_y + f_{yy}f_x^2]. \tag{10.25}$$

Gilt $g'(x) = 0$, dann ist

$$g''(x) = -\frac{f_{xx}}{f_y}.$$

Beide Gleichungen ergeben nur dann sinnvolle Werte, wenn $f_y \neq 0$, da diese partielle Ableitung im Nenner steht und sonst die Ableitungen gegen ∞ oder $-\infty$ streben. Setzen wir das voraus, können wir Aussagen über Maxima und Minima treffen.

- Die durch die implizite Funktion $f(x,y) = 0$ definierte Funktion $g(x)$ weist dort eine horizontale Tangente auf, wo $f_x(x,y) = 0$.

- Hat $g(x)$ an einer Stelle eine horizontale Tangente ($g'(x) = 0$) und ist dort $-\frac{f_{xx}(x,y)}{f_y(x,y)} < 0$, dann handelt es sich um ein lokales Maximum.

- Hat $g(x)$ an einer Stelle eine horizontale Tangente ($g'(x) = 0$) und ist dort $-\frac{f_{xx}(x,y)}{f_y(x,y)} > 0$, dann handelt es sich um ein lokales Minimum.

Beispiel: Wir haben als Ausgangsgleichung die implizite Funktion

$$f(x,y) = e^{2y} + y^3 + x^3 + x^2 + 3 = 0,$$

bzw. mit $y = g(x)$

$$f(x,g(x)) = e^{2g(x)} + g(x)^3 + x^3 + x^2 + 3 = 0.$$

Bilden wir für die Ausgangsgleichung zunächst die erste partielle Ableitung von f nach x, die da ist

$$f_x(x,y) = 3x^2 + 2x.$$

Entsprechend ist die erste partielle Ableitung nach y

$$f_y(x,y) = 2e^y + 3y^2.$$

Letztere ist immer positiv, so dass unsere Voraussetzung $f_y \neq 0$ stets erfüllt ist. Wir können also weitermachen. Die Funktion $y = g(x)$ hat demnach, nach Anwendung der Gleichung 10.24, die 1. Ableitung

$$g'(x) = -\frac{3x^2 + 2x}{2e^y + 3y^2}.$$

Setzen wir sie zu 0, erhalten wir als mögliche Stellen für ein Minimum oder Maximum die Werte

$$x_1 = 0$$

und

$$x_2 = -\frac{2}{3}.$$

Um zu erfahren, ob es sich um ein Maximum oder Minimum (oder keines von beiden) handelt, müssen wir testen, ob $-\frac{f_{xx}}{f_y}$ für x_1 bzw. x_2 positiv oder negativ ist. Berechnen wir also f_{xx}:

$$f_{xx} = 6x + 2.$$

Für $x_1 = 0$ wird $-\frac{f_{xx}}{f_y}$ negativ (f_y ist ja immer positiv und für $x = 0$ ist der Zähler ebenfalls positiv, so dass der Bruch negativ wird). Es handelt sich also hier um ein Maximum. Bei $x_2 = -\frac{2}{3}$ handelt es sich dagegen um ein Minimum, weil der Ausdruck $-\frac{f_{xx}}{f_y}$ positiv ist.

Die Nullstellen einer impliziten Funktion können wir übrigens berechnen, wenn wir $y = 0$ in unserer Funktion $f(x,y) = 0$ setzen. Für unser Beispiel bedeutet das, dass

$$1 + x^3 + x^2 + 3 = 0 \text{ bzw. } x^3 + x^2 + 4 = 0.$$

Durch Probieren oder Raten finden wir die erste Nullstelle mit $x_1 = -2$. Wir teilen nun unser Polynom durch den Linearfaktor $x + 2$ (und erhalten $(x+2)(x^2 - x + 2) = 0$) und das verbleibende Polynom 2. Grades können wir ganz bequem mit der p,q-Formel lösen. Die zwei noch fehlenden Nullstellen entsprechen jedoch einem konjugiert komplexen Nullstellenpaar. Wir haben also nur eine reelle Nullstelle.

Zu guter Letzt geben wir Euch noch die allgemeine Formel für die erste partielle Ableitung von $x_n = g(x_1, x_2, \ldots, x_{n-1})$ einer impliziten Funktion $f(x_1, x_2, \ldots, x_n) = 0$ an die Hand:

$$\frac{\partial g(x_1, x_2, \ldots, x_{n-1})}{\partial x_i} = -\frac{f_{x_i}(x_1, x_2, \ldots, x_n)}{f_{x_n}(x_1, x_2, \ldots, x_n)} \quad (1 \leq i \leq n-1). \tag{10.26}$$

Der letzte Abschnitt über implizite Funktionen ist sicherlich nur bedingt prüfungsrelevant. Wenn man allerdings zuviel auf Lücke setzt, kann es passieren, dass man die Klausur total in den Sack haut, auch wenn man das – wie vieles andere auch – nicht wörtlich nehmen sollte...

11 Aufgaben

Gemäß der Keine-Panik-Tradition gibt es im Folgenden Aufgaben zu den in diesem Buch abgehandelten wichtigsten Themen, inklusive jeweils eines Musterlösungswegs. Gerade für Mathe ist es wichtig, möglichst viele verschiedene Aufgaben selbst zu rechnen und den Lösungsweg zu verstehen, denn hier gilt eben nicht immer, dass viele Wege nach Rom führen, sondern halt nur einer, aber leider nicht jedes Mal derselbe. Anders ausgedrückt: Der eine Lösungsweg mag bei einer Aufgabe funktionieren, aber es ist nicht garantiert, dass er auch bei einer anderen wirkt. Allerdings hilft viel Erfahrung im Lösen von Aufgaben dabei, schnell den richtigen Weg zu erkennen, ohne dass zu viel Zeit mit dem Ausprobieren verschwendet wird. An dieser Stelle empfehlen die Autoren, zur Prüfungsvorbereitung noch weitere Aufgabensammlungen zu beschaffen und diese durchzurechnen, denn dieses Buch hier kann nur einen Ausschnitt möglicher Aufgabenstellungen zu den behandelten Themen geben und soll Euch in erster Linie dazu dienen zu überprüfen, ob Ihr die in diesem Buch behandelten Themen auch verstanden habt, indem Ihr sie durchrechnet und Euren Lösungsweg mit dem dargestellten vergleicht. Versucht deshalb, erstmal selbständig auf die Lösung zu kommen, also nur im äußersten Notfall schummeln und in den Lösungen nachschauen! Sofort die Lösung studieren nach dem Motto „Oh, klar... so hätte ich das auch gemacht" ist dermaßen trügerisch!!! Versucht es un-be-dingt selbst, zur Not auch erstmal in der Gruppe oder mit jemandem aus einem höheren Semester.

Wie bei den anderen Keine-Panik-Büchern kennzeichnen wir den von uns geschätzten Schwierigkeitsgrad jeder Aufgabe wie folgt:

 Das sind unsere Gänseblümchen-Aufgaben. Diese Aufgaben sollten Euch eigentlich nicht schwerfallen.

 Hier wird Euer Hirn schon ein wenig mehr beansprucht.

 Diese Aufgaben haben es schon in sich und erfordern ein ordentliches Verständnis des in der Aufgabe behandelten Themas. Wir erhoffen uns dadurch einen explosiven Erkenntnisgewinn beim geneigten Aufgabenlöser.

 Damit kennzeichnen wir die absoluten Todesmörderkilleraufgaben. Diese sind nur was für Nerds und alle, die mal einer werden wollen. Ok, eigentlich finden wir es gut, wenn auch andere Studenten sich daran wagen, allerdings sind diese Aufgaben nicht für Anfänger und wir brauchen unseren Einfallsreichtum und vertieftes Wissen der in diesem Buch behandelten Mathematik, um sie zu erschlagen.

Aufgabe 1   **Intervalle** (Kapitel 3)

Zeichne den Zahlenstrahl für folgende Intervalle:

1. $I = [1,5[$,

2. $I =]-\infty,1[$,

3. $I = \{x | x \in \mathbb{R}, -3,1 \leq x < 4,2\}$.

Lösung

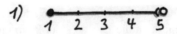

Aufgabe 2   **Umkehrfunktionen** (Kapitel 3)

Kehre folgende Funktionen um und gib den Definitionsbereich der Originalfunktion <u>und</u> ihrer Umkehrung an!

1. $f(x) = \sqrt{x-1}$, und

2. $f(x) = \frac{5}{x^2+1}$.

Anmerkung: Wir lassen nur reelle Werte für diese Aufgabe zu!

Lösung

Funktion 1: $f(x) = \sqrt{x-1}$

Wir kehren zunächst um, indem wir erst $f(x)$ durch den Buchstaben y ersetzen und dann nach x auflösen:

$$y^2 = x - 1$$

und schließlich

$$x = y^2 + 1.$$

Nun noch x mit y vertauscht:

$$y = x^2 + 1$$

und anstelle von y noch $f^{-1}(x)$ geschrieben:

$$f^{-1}(x) = x^2 + 1$$

und wir haben fertig.

Nun sollen wir noch den Definitionsbereich von $f(x) = \sqrt{x-1}$ angeben. Da wir nur reelle Zahlen berücksichtigen wollen, darf der Term unter der Wurzel nicht negativ werden, also

$$x - 1 \geq 0$$

bzw.

$$x \geq 1.$$

Der Definitionsbereich von $f(x)$ ist demnach:

$$\mathbb{D} = \{x | x \in \mathbb{R}, x \geq 1\}.$$

Wenden wir uns der Umkehrfunktion f^{-1} zu. Rein formal gesehen dürfen wir jede reelle Zahl einsetzen, ohne dass unsere Umkehrfunktion irgendwo Probleme bekommt, weil sie dort eine Definitionslücke hätte. Nun ist es aber so, dass unsere Originalfunktion nur positive Funktionswerte hat, da wir nirgendwo ein Minuszeichen vor der Wurzel stehen haben. Da wir unsere Funktion an der Winkelhalbierenden des I./III. Quadranten spiegeln, wird der Wertebereich der Originalfunktion zum Definitionsbereich der Umkehrfunktion, weshalb wir streng genommen nur positive x-Werte zulassen sollten! Dies macht auch Sinn, weil wir nur Funktionsabschnitte umkehren dürfen, die eindeutig sind, d. h. für die dann die Funktion keine zwei Funktionswerte hat bzw. in der Umkehrung keine zwei x-Werte den selben Funktionswert aufweisen.

Funktion 2: $f(x) = \frac{5}{x^2+1}$

Wir lösen wieder zunächst nach x auf:

$$y \cdot (x^2 + 1) = 5,$$

$$x^2 + 1 = \frac{5}{y},$$

$$x^2 = \frac{5}{y} - 1 = \frac{5-y}{y}.$$

Wenn wir eine Wurzel ziehen, müssen wir eigentlich berücksichtigen, dass sowohl negative als auch positive Werte herauskommen. Für unsere Umkehrfunktion würde dies bedeuten, dass

$$x = \pm\sqrt{\frac{5-y}{y}}$$

bzw. nach Austausch von x und y

$$f^{-1}(x) = \pm\sqrt{\frac{5-x}{x}}.$$

Allerdings soll unsere Umkehrfunktion ja eindeutig sein, d. h. wir wollen nur einen Funktionswert für jedes x erhalten, weshalb wir uns einschränken müssen. Lassen wir also der Einfachheit halber das Minus weg und bekommen

$$f^{-1}(x) = \sqrt{\frac{5-x}{x}}.$$

Während unsere Originalfunktion $f(x) = \frac{5}{x^2+1}$ keine Definitionslücken ausweist, also ihr Definitionsbereich

$$\mathbb{D} = \mathbb{R},$$

ist dies nicht der Fall für ihre Umkehrfunktion, denn wir haben schon mal eine Definitionslücke bei $x = 0$, weil sonst der Bruch gegen $\pm\infty$ ginge.

Darüber hinaus muss der Term unter der Wurzel positiv oder höchstens 0 sein, da wir im Reellen bleiben wollen. Also

$$\frac{5-x}{x} \geq 0.$$

Das ist dann der Fall, wenn entweder

1. $5 - x \geq 0 \cap x > 0$, bzw. $x \leq 5 \cap x > 0$ oder

2. $5 - x \leq 0 \cap x < 0$, bzw. $x \geq 5 \cap x < 0$.

Die letzte Bedingung ist aber sinnlos, da widersprüchlich. Deswegen bleibt für unsere Umkehrfunktion als Definitionsbereich übrig:

$$\mathbb{D} = \{x | x \in \mathbb{R}, 0 < x \leq 5\}.$$

MERKE: Um eine Funktion umkehren zu können, muss die Zuordnung $x \to y$ eindeutig sein! Gegebenenfalls muss Eindeutigkeit durch entsprechende Einschränkung des Definitionsbereichs herbeigeführt werden.

Aufgabe 3   **Grenzwerte** (Kapitel 3)

Berechne den Grenzwert folgender Funktionen:

1. $\lim\limits_{x \to \infty} \frac{x^3 - 2x + 4}{3x^3 + x^2 - 1}$,

2. $\lim\limits_{x \to \infty} 3^{-x} \sin x$,

3. $\lim\limits_{x \to \infty} \frac{x^3}{3^x}$,

4. $\lim\limits_{x \to 0} \frac{\ln x}{x}$,

5. $\lim\limits_{x \to 0} x \ln x$.

Lösung

Funktion 1:

Wir klammern zunächst im Zähler und Nenner das x mit der höchsten Potenz aus:

$$\lim_{x \to \infty} \frac{x^3 \left(1 - \frac{2}{x^2} + \frac{4}{x^3} \right)}{x^3 \left(3 + \frac{1}{x} - \frac{1}{x^3} \right)}.$$

Durch x^3 gekürzt:

$$\lim_{x \to \infty} \frac{1 - \frac{2}{x^2} + \frac{4}{x^3}}{3 + \frac{1}{x} - \frac{1}{x^3}}$$

und dann den Grenzwert gezogen (die Brüche im Zähler und Nenner streben der 0 entgegen):

$$\lim_{x \to \infty} \frac{1 - \frac{2}{x^2} + \frac{4}{x^3}}{3 + \frac{1}{x} - \frac{1}{x^3}} = \frac{1}{3}.$$

Funktion 2:

Wir schreiben die Funktion zuerst um:

$$\lim_{x \to \infty} 3^{-x} \sin x = \lim_{x \to \infty} \frac{\sin x}{3^x}.$$

Egal wie groß wir x im Zähler machen, der Sinus wird entweder 0 oder liegt zwischen -1 oder $+1$. Dagegen wird der Nenner sehr schnell riesengroß, so dass der gesamte Bruch gegen 0 geht. Der Grenzwert ist also

$$\lim_{x \to \infty} \frac{\sin x}{3^x} = 0.$$

Funktion 3:

Bilden wir den Grenzwert dieser Funktion, so steht sowohl im Zähler wie auch im Nenner ein ∞:

$$\lim_{x \to \infty} \frac{x^3}{3^x} \to \frac{\infty}{\infty}.$$

Wenn wir ∞ durch ∞ teilen, können wir nicht sagen, was dabei rauskommt. Wir haben also einen unbestimmten Ausdruck vorliegen. Wir müssen also anders vorgehen.

Teilen von Zähler durch den Nenner oder umgekehrt bringt uns leider auch nicht weiter, weil wir hier nicht kürzen können. In so einem Fall bietet sich die Anwendung der L'Hospitalschen Regel (s. Abschnitt 3.5) an, indem wir Zähler und Nenner separat ableiten:

$$\lim_{x \to \infty} \frac{x^3}{3^x} = \lim_{x \to \infty} \frac{3x^2}{\frac{d}{dx}3^x}.$$

Um den Nenner abzuleiten, müssen wir ihn ein wenig umformen:

$$\frac{d}{dx}3^x = \frac{d}{dx}\left(e^{\ln 3}\right)^x = \frac{d}{dx}e^{x\ln 3} = \ln 3 \cdot e^{x\ln 3} = 3^x \cdot \ln 3.$$

Eingesetzt bekommen wir für unsere Funktion nach Anwendung der L'Hospitalschen Regel

$$\lim_{x \to \infty} \frac{3x^2}{3^x \cdot \ln 3}.$$

So richtig viel weiter hat uns das allerdings noch nicht gebracht, weil wir nach dem Grenzübergang schon wieder sowohl im Zähler wie auch im Nenner ∞ stehen haben. Aber nichts hindert uns daran, L'Hospital noch einmal und immer wieder anzuwenden (solange wir nach den Voraussetzungen für diese Regel dürfen, siehe Abschnitt 3.5.1.3). Wenden wir sie also noch einmal an (wir haben ja wieder einen unbestimmten Ausdruck erhalten), so bekommen wir folgenden Ausdruck:

$$\lim_{x \to \infty} \frac{6x}{3^x \cdot (\ln 3)^2}.$$

Das ergibt wiederum einen unbestimmten Ausdruck nach dem Grenzübergang. Also kurzerhand noch einmal L'Hospital bemüht:

$$\lim_{x \to \infty} \frac{6}{3^x \cdot (\ln 3)^3}.$$

Setzen wir jetzt ∞ für x ein, erhalten wir folgende Rechenvorschrift:

$$\lim_{x \to \infty} \frac{6}{3^x \cdot (\ln 3)^3} = \frac{6}{3^\infty \cdot (\ln 3)^3}$$

und unser Grenzwert ist 0. Bei genauer Überlegung konnten wir dieses Ergebnis eigentlich schon erwarten, weil bei unserer Funktion der Nenner schneller gegen ∞ strebt als der Zähler. Dennoch raten wir von Raten ab und empfehlen bei Grenzwertbildung diesen rechnerisch mit all uns zur Verfügung stehenden Tricks zu bestimmen, wir vermeiden so böse Überraschungen!

Funktion 4:

Der Logarithmus strebt für $x \to 0$ gegen $-\infty$, wir erhalten also als Grenzwert

$$\frac{-\infty}{0} = -\infty.$$

Weil wir eine schon ins (negativ) Unendliche abrutschende Zahl noch durch etwas winzig kleines teilen, kommt erst recht eine $-\infty$ große Zahl heraus. Folglich ist $\lim_{x \to 0} \frac{\ln x}{x} = -\infty$.

Funktion 5:

Setzen wir für $x = 0$, so erhalten wir $0 \cdot -\infty$. Egal wie unendlich eine Zahl ist, ihr Produkt mit 0 ist halt doch immer noch 0. Wir wollen das aber nachweisen, indem wir für diese Aufgabenstellung den Grenzwert berechnen. Hierfür formen wir die Gleichung um, indem wir das Ganze auf einen Bruch umschreiben, um die L'Hospitalsche Regel anwenden zu können:

$$\lim_{x \to 0} \frac{\ln x}{\frac{1}{x}}.$$

Für $x = 0$ gesetzt, erhalten wir den unbestimmten Grenzwert $\frac{-\infty}{\infty}$. Geschwind die L'Hospitalsche Regel angewendet:

$$\lim_{x \to 0} \frac{\frac{1}{x}}{-\frac{1}{x^2}} = \lim_{x \to 0} -x = 0.$$

Aufgabe 4 **Polynome: Faktorisierung** (Kapitel 3)

Bestimme die Linearfaktoren folgender Polynome (Hinweis: Sämtliche Linearfaktoren sind reell.):

1. $x^2 + x - 12$,

2. $x^2 - 12x + 36$,

3. $x^2 - 144$,

4. $x^3 - 13x + 12$. Tipp: Eine Nullstelle ist bei $x_1 = 1$.

Lösung

Zur Bestimmung der Linearfaktoren müssen wir die Nullstellen des Polynoms herausfinden.

Polynom 1:

Wir setzen

$$x^2 + x - 12 = 0$$

und wenden die p,q-Formel an, mit $p = 1$ und $q = -12$:

$$x_{1,2} = -\frac{p}{2} \pm \sqrt{\left(\frac{p}{2}\right)^2 - q} = -\frac{1}{2} \pm \sqrt{\left(\frac{1}{2}\right)^2 + 12}.$$

Wir erhalten als Nullstellen

$$x_1 = -4$$

und

$$x_2 = 3.$$

Somit können wir das Polynom auch als Produkt seiner Linearfaktoren $x - x_1$ und $x - x_2$ schreiben, also

$$(x + 4)(x - 3).$$

Polynom 2:

Auch hier können wir direkt die p,q-Formel anwenden. Wir können aber auch sehen, dass dieses Polynom die Form

$$x^2 - 2 \cdot a \cdot x + a^2$$

aufweist und uns erinnern, dass dies das Ergebnis einer der binomischen Formeln ist, nämlich

$$(x - a)^2 = x^2 - 2 \cdot a \cdot x + a^2.$$

Wir können also die Faktorisierung des Polynoms sofort angeben zu

$$(x - 6)^2$$

mit der doppelten Nullstelle

$$x_{1,2} = 6.$$

Polynom 3:

Auch hier steckt eine binomische Formel dahinter, nämlich

$$(x - a)(x + a) = x^2 - a^2$$

und wir haben damit sofort unsere Linearfaktoren

$$(x - 12)(x + 12),$$

mit

$$a^2 = 144$$

bzw.

$$a = \pm\sqrt{144} = \pm 12.$$

Polynom 4:

Hier handelt es sich um ein Polynom 3. Grades, wofür nur eine sehr komplizierte Formel existiert, mit der die bis zu drei Nullstellen bestimmt werden können. Zumindest in den Prüfungsaufgaben kommt man in der Regel schneller ans Ziel durch Probieren. Oder aber wir profitieren wie hier von dem Tipp, dass eine der Nullstellen bei $x_1 = 1$ liegt. Damit haben wir bereits einen Linearfaktor identifiziert, nämlich

$$x - 1.$$

Nun teilen wir unser Polynom durch diesen Linearfaktor, also

$$(x^3 - 13x + 12) : (x - 1)$$

Wir erhalten als Ergebnis der Division folgendes Polynom 2. Grades:

$$x^2 + x - 12.$$

Dieses Polynom ist identisch mit dem Polynom 1, wir kennen daher seine beiden Nullstellen (ansonsten wenden wir halt wieder die p,q-Formel an) und die Faktorisierung des Polynoms Nummer 4 ist dann einfach

$$(x - 1)(x + 4)(x - 3).$$

| **Aufgabe 5** | **Ableitung** (Kapitel 4) | |

Leite folgende Funktionen ab:

1. $x^4 + 2x^3 - x^2 + x + 12,$

2. $x^{-4} - x^{-3} + 8x^{-2},$

3. $x \cdot \ln x,$

4. $(5x^3 + x^2 - x + 3)^4,$

5. $\frac{x^2}{\sin x - 1},$

6. $x^x,$

7. $\sqrt{x^2 - 1},$

8. $(x^3 \cos 5x - 3)^{\frac{1}{6}}.$

Lösung

Funktion 1:

Wir erinnern uns, dass die Ableitung einer Summe die Summe der Ableitungen ist. Wir leiten also einfach jeden Summenterm ab und addieren bzw. subtrahieren ihn, abhängig vom Vorzeichen:

$$\frac{\mathrm{d}}{\mathrm{d}x}(x^4 + 2x^3 - x^2 + x + 12) = 4x^3 + 6x^2 - 2x + 1.$$

Funktion 2:

Die Ableitung funktioniert wie bei der Funktion 1, wir müssen nur das Vorzeichen im Exponenten berücksichtigen:

$$\frac{\mathrm{d}}{\mathrm{d}x}(x^{-4} - x^{-3} + 8x^{-2}) = -4x^{-5} + 3x^{-4} - 16x^{-3}.$$

Funktion 3:

Bei dieser Funktion handelt es sich um ein Produkt zweier Terme, die jeweils von der Variablen abhängen, nach der abgeleitet werden soll. Wir wenden daher die Produktregel $[f(x) \cdot g(x)]' = f'(x)g(x) + f(x)g'(x)$ an, also

$$\frac{\mathrm{d}}{\mathrm{d}x}(x \cdot \ln x) = 1 \cdot \ln x + x \cdot \frac{1}{x} = \ln x + 1.$$

Funktion 4:

Hier handelt es sich um eine „verschachtelte" Funktion, was man oftmals (aber nicht zwangsläufig immer, also Vorsicht!) an der Klammer sehen kann. Eine „verschachtelte" Funktion ist gekennzeichnet durch einen von der Variablen abhängigen Term (hier der Term innerhalb der Klammer), der als Ganzes durch eine weitere Rechenvorschrift weiterverarbeitet werden soll, hier durch die Potenzierung mit 4. Für solche Funktionen müssen wir die Kettenregel anwenden: $f(g(x)) = f'(g(x)) \cdot g'(x)$, d. h. wir müssen *nachdifferenzieren* („äußere mal innere Ableitung"). Für diese Funktion setzen wir $g(x) = 5x^3 + x^2 - x + 3$ und bestimmen die Ableitung zu

$$\frac{d}{dx}(5x^3 + x^2 - x + 3)^4 = \underbrace{4 \cdot (5x^3 + x^2 - x + 3)^3}_{\text{„äußere"}} \cdot \underbrace{(15x^2 + 2x - 1)}_{\text{„innere" Abl.}}.$$

Funktion 5:

Hier haben wir es mit einem Quotienten zu tun, wir können also die Quotientenregel anwenden, die da lautet:

$$\left[\frac{f(x)}{g(x)}\right]' = \frac{f'(x)g(x) - f(x)g'(x)}{g(x)^2}.$$

Also

$$\frac{d}{dx}\frac{x^2}{\sin(x) - 1} = \frac{2x[\sin(x) - 1] - x^2\cos x}{[\sin(x) - 1]^2}.$$

Wir kommen zum selben Ergebnis, wenn wir den Bruch so umschreiben, dass wir ein Produkt dastehen haben und dann die Produktregel (und wo nötig die Kettenregel) anwenden (probiert es ruhig aus):

$$\frac{d}{dx}\frac{x^2}{\sin(x) - 1} = \frac{d}{dx}x^2 \cdot [\sin(x) - 1]^{-1} = \frac{2x[\sin(x) - 1] - x^2\cos x}{[\sin(x) - 1]^2}.$$

Funktion 6:

Diese Funktion sollten wir erst einmal ein wenig umschreiben. Wir machen uns dabei zunutze, dass $a = e^{\ln a}$ und $\ln a^b = b \ln a$ gilt:

$$x^x = e^{\ln x^x} = e^{x \ln x}.$$

Jetzt leiten wir einfach ab, wie wir eine Euler-Funktion ableiten dürfen (nachdifferenzieren nicht vergessen!):

$$\frac{d}{dx}x^x = \frac{d}{dx}e^{x \ln x} = e^{x \ln x} \cdot \frac{d}{dx}(x \ln x) = (\ln x + 1)e^{x \ln x} = (\ln x + 1) \cdot x^x.$$

Funktion 7:

Wir wenden einfach die Formel für die Ableitung einer Wurzel an (s. Tabelle 4.2 Abschnitt 4.3) und vergessen dabei das Nachdifferenzieren nicht. Die gegebene Wurzel ist quadratisch, also ist $r = 2$. Der Term $g(x) = x^2 - 1$ hat keinen Exponenten, also ist $s = 1$. Damit ist die Ableitung

$$\frac{\mathrm{d}}{\mathrm{d}x}\sqrt{x^2-1} = \frac{1}{2} \cdot 2x \cdot \sqrt{(x^2-1)^{-1}} = \frac{x}{\sqrt{x^2-1}}.$$

Zum gleichen Ergebnis kommen wir auch, wenn wir die Wurzel als Funktion mit einem ganzrationalen Exponenten schreiben:

$$\frac{\mathrm{d}}{\mathrm{d}x}\sqrt{x^2-1} = \frac{\mathrm{d}}{\mathrm{d}x}(x^2-1)^{\frac{1}{2}} = \frac{x}{\sqrt{x^2-1}}.$$

Funktion 8:

Diese Funktion mit einem ganzrationalen Exponenten behandeln wir genauso wie wenn dort ein ganzzahliger Exponent stünde, also

$$\frac{\mathrm{d}}{\mathrm{d}x}(x^3\cos 5x - 3)^{\frac{1}{6}} = \frac{1}{6}(x^3\cos 5x - 3)^{\frac{1}{6}-1} \cdot (3x^2\cos 5x + 5x^3\sin x)$$

$$= \frac{1}{6}(3x^2\cos 5x + 5x^3\sin x)(x^3\cos 5x - 3)^{-\frac{5}{6}}.$$

Aufgabe 6   **Extremwerte Funktionen einer Variablen** (Kapitel 4)

Identifiziere die Extrema und ihren Typ folgender Funktionen:

1. $f(x) = x^3 - 13x + 12$,

2. $f(x) = 4x^3 + 1$,

3. $f(x) = \frac{x}{x^2+1}$.

Lösung

Um die Stellen zu identifizieren, die als Kandidaten für Extrema in Frage kommen, müssen wir die Orte finden, an denen die Steigung horizontal ist. Das bewerkstelligen wir, in dem wir die erste Ableitung 0 setzen. Haben wir welche gefunden, müssen wir noch überprüfen, ob ein Maximum oder Minimum oder ggf. ein Sattelpunkt vorliegt. Hierfür müssen wir an diesen Orten die zweite Ableitung auswerten. Für diese Aufgabe verwenden wir die Bestimmungsgleichungen aus Tabelle 4.1.

Funktion 1:

Wir berechnen die 1. Ableitung:

$$f'(x) = 3x^2 - 13$$

und setzen sie Null, d. h. wir bestimmen die Nullstellen der 1. Ableitung, um die Orte mit Steigung 0 zu finden:

$$f'(x) = 0,$$

also einfach

$$3x^2 - 13 = 0.$$

Als Nullstellen der 1. Ableitung und somit als Kandidaten für Extremwerte bekommen wir

$$x_{1,2} = \pm\sqrt{\frac{13}{3}} \approx \pm 2{,}082.$$

Jetzt noch geschwind die 2. Ableitung gebildet

$$f''(x) = 6x$$

und die beiden Nullstellen der 1. Ableitung eingesetzt:

$$f''(x_1) = f''(\sqrt{\frac{13}{3}}) = 6\sqrt{\frac{13}{3}} > 0.$$

$$f''(x_2) = f''(-\sqrt{\frac{13}{3}}) = -6\sqrt{\frac{13}{3}} < 0.$$

Es handelt sich bei $x_1 = \sqrt{\frac{13}{3}}$ also um ein (lokales) Minimum und bei $x_1 = -\sqrt{\frac{13}{3}}$ um ein (lokales) Maximum.

Funktion 2:

Wir bestimmen wieder die Nullstellen der ersten Ableitung:

$$f'(x) = 12x^2 = 0.$$

Wir erhalten die doppelte Nullstelle

$$x_{1,2} = 0.$$

Mit Hilfe der 2. Ableitung

$$f''(x) = 24x$$

stellen wir fest, dass diese bei $x = 0$ ebenfalls 0 ist. Wir haben es hier also mit einem Sattelpunkt zu tun und wir wissen aus der 1. Ableitung, dass es keine weiteren Stellen mit horizontaler Tangente gibt. Da die Funktion über ganz $\mathbb{R}$ definiert ist und keine Intervallgrenzen vorliegen, gibt es keine Stellen, die als Extremum herhalten können. Wenn wir das Verhalten der Funktion für $x \to \pm\infty$ betrachten, stellen wir fest, dass die Funktion dort gegen $\pm\infty$ geht. Die gegebene Funktion hat also keine Extrema (sowas kommt unter den besten Funktionen vor!).

Funktion 3:

Für die Ableitung bemühen wir die Quotientenregel und erhalten so

$$f'(x) = \frac{(x^2 + 1) - x \cdot 2x}{(x^2 + 1)^2} = \frac{1 - x^2}{(x^2 + 1)^2}.$$

Die 1. Ableitung zu 0 gesetzt ergibt als mögliche Kandidaten für ein Extremum die zwei Stellen bei

$$x_{1,2} = \pm 1.$$

Berechnen wir durch erneute Anwendung der Quotientenregel die 2. Ableitung:

$$f''(x) = \frac{-2x(x^2 + 1)^2 - (1 - x^2) \cdot 2(x^2 + 1) \cdot 2x}{(x^2 + 1)^4} = \frac{2x^3 - 6x}{(x^2 + 1)^3}.$$

Unsere Kandidaten eingesetzt ergibt für $x_1 = +1$

$$f''(1) = -\frac{1}{2}$$

und für $x_2 = -1$

$$f''(-1) = \frac{1}{2}.$$

Wir haben also ein (lokales) Maximum bei $x_1 = 1$ und ein (lokales) Minimum bei $x_2 = -1$.

Aufgabe 7   **Kurvendiskussion** (Kapitel 4)

Diskutiere die Funktion

$$f(x) = \frac{x^3}{x^2 - 1}$$

und zeichne ihren Graphen auf!

Hinweis: Die Mission „Kurvendiskussion" verlangt die möglichst umfassende Informationsbeschaffung über eine gegebene Funktion unter Einsatz aller verfügbaren rechnerischen (!) Mittel, also ohne Informationsbeschaffung durch NSA oder CIA, sondern nur mit Papier, Stift, Taschenrechner und Köpfchen. Mit den so gewonnenen Informationen können wir meistens die Funktion zumindest schon qualitativ zeichnen. Folgende Schritte sind durchzuführen:

1. Bestimmung des Definitionsbereichs,

2. Bestimmen der Nullstellen,

3. Berechnung der 1. und 2. Ableitung,

4. Identifizierung von Extrema und deren Typ, ggf. ergänzende Berechnung weiterer Ableitungen,

5. Untersuchung des Verhaltens der Funktion an Unstetigkeitsstellen,

6. Untersuchung des Verhaltens der Funktion im Unendlichen, und

7. Bestimmung des Monotonieverhaltens des Funktion in den stetigen Abschnitten.

Lösung

Definitionsbereich bestimmen

Die Funktion $f(x)$ ist eine rationale Funktion, ihr Nenner darf dabei nicht 0 werden. Wir bestimmen also den Definitionsbereich, indem wir die x-Werte ausschließen, für die der Nenner 0 wird. Wir fordern daher, dass

$$x^2 - 1 \neq 0 \Leftrightarrow x_{1,2} \neq \pm 1.$$

Es gibt also bei $x_{1,2} = \pm 1$ zwei Unstetigkeitsstellen. Es gibt sonst keine weiteren Definitionslücken oder Unstetigkeitsstellen. Der Definitionsbereich für die gegebene Funktion ist demnach

$$\mathbb{D} = \mathbb{R} \backslash \{-1, 1\}.$$

Nullstellen finden

Dafür setzen wir einfach den Zähler 0, also:

$$x^3 = 0.$$

Wir haben also eine dreifache Nullstelle

$$x_{1,2,3} = 0.$$

1.Ableitung:

$$f'(x) = \frac{3x^2(x^2-1) - x^3 \cdot 2x}{(x^2-1)^2} = \frac{x^4 - 3x^2}{(x^2-1)^2} = \frac{x^2(x^2-3)}{(x^2-1)^2}.$$

2. Ableitung:

Wir gehen vom vorletzten Rechenschritt bei der Bestimmung der 1. Ableitung aus, da wir uns so einmal die Anwendung der Produktregel sparen:

$$f''(x) = \frac{(4x^3 - 6x)(x^2-1)^2 - (x^4 - 3x^2) \cdot 2(x^2-1) \cdot 2x}{(x^2-1)^4}$$

$$= \frac{(4x^3 - 6x)(x^2-1) - 4x(x^4 - 3x^2)}{(x^2-1)^3} = \frac{2x^3 + 6x}{(x^2-1)^3} = \frac{2x(x^2+3)}{(x^2-1)^3}.$$

Identifizieren von Extrema

Wie in der vorangegangenen Aufgabe setzen wir zunächst die 1. Ableitung 0:

$$f'(x) = 0 \Leftrightarrow x^2(x^2-3) = 0 \Leftrightarrow x_{1,2} = 0, x_3 = -\sqrt{3}, x_4 = \sqrt{3}.$$

Wir setzen jeden erhaltenen Wert in die 2. Ableitung ein, um den Typ zu bestimmen:

$$f''(x_{1,2}) = f''(0) = 0.$$

Dieser Punkt ist ein Sattelpunkt.

$$f''(-\sqrt{3}) \approx -2{,}598 < 0.$$

Die zweite Ableitung ist negativ, also haben wir hier ein lokales Maximum.

$$f''(\sqrt{3}) \approx 2{,}598 > 0.$$

Das ist also ein lokales Minimum. Jetzt bestimmen wir noch die Funktionswerte an den Extrema.

Für den Sattelpunkt bei $x = 0$ kennen wir ihn schon, denn der Sattelpunkt ist zugleich unsere doppelte Nullstelle. Für das lokale Maximum bei $x = -\sqrt{3}$, eingesetzt in die Funktionsgleichung erhalten wir

$$f(-\sqrt{3}) = \frac{-3\sqrt{3}}{2}$$

und für das lokale Minimum bei $x = \sqrt{3}$

$$f(\sqrt{3}) = \frac{3\sqrt{3}}{2}.$$

Der Funktionswert des lokalen Minimums ist größer als der des lokalen Maximums. Wir haben also weder ein absolutes Minimum noch ein absolutes Maximum.

Verhalten an den Unstetigkeitsstellen

Für die beiden existierenden Definitionslücken müssen wir sowohl den linksseitigen als auch rechtsseitigen Grenzwert bestimmen. Beginnen wir mit der Definitionslücke bei $x = -1$.
Linksseitiger Limes bei $x = -1$:

$$\lim_{x \to -1-} f(x) = \lim_{h \to 0} f(-1-h) = \lim_{h \to 0} \frac{(-1-h)^3}{(-1-h)^2 - 1}.$$

Nach dem Grenzübergang steht im Zähler ein Wert der nahe bei -1 liegt, also negativ ist. Im Nenner ist das Quadrat aus $(-1-h)$ nahe bei 1, aber ein winzigkleinwenig größer als 1, weshalb die Differenz $(-1-h)^2 - 1$ nahe 0, aber positiv ist. Wir haben also im Zähler eine negative Zahl und im Nenner eine extrem kleine positive Zahl stehen, weshalb der linksseitige Limes

$$\lim_{x \to -1-} f(x) = -\infty$$

ist. Unsere Funktion geht also links der Unstetigkeitsstelle $x = -1$ gegen $-\infty$.
Betrachten wir jetzt die Funktion rechts der Unstetigkeitsstelle $x = -1$, also

$$\lim_{x \to -1+} f(x) = \lim_{h \to 0} f(-1+h) = \lim_{h \to 0} \frac{(-1+h)^3}{(-1+h)^2 - 1}.$$

Im Zähler haben wir wieder eine negative Zahl stehen. Im Nenner dagegen wird die Differenz $(-1+h)^2 - 1$ ebenfalls negativ, weil $(-1+h)^2 < 1$. Die beiden Vorzeichen heben sich daher auf und wir erhalten als rechtsseitigen Limes bei $x = -1$

$$\lim_{x \to -1+} f(x) = \infty.$$

Die gegebene Funktion geht rechts von $x = -1$ gegen $+\infty$.
Das gleiche führen wir nun für die Unstetigkeitsstelle $x = 1$ durch und erhalten für beide Grenzübergänge

$$\lim_{x \to 1-} f(x) = \lim_{h \to 0} f(1-h) = \lim_{h \to 0} \frac{(1-h)^3}{(1-h)^2 - 1} = -\infty$$

und

$$\lim_{x \to 1+} f(x) = \lim_{h \to 0} f(1+h) = \lim_{h \to 0} \frac{(1+h)^3}{(1+h)^2 - 1} = +\infty.$$

Verhalten im Unendlichen

Zu allem Überfluss müssen wir noch das Verhalten der Funktion für $x \to \pm\infty$ erkunden. Wir bilden also zunächst den Grenzwert für $x \to -\infty$:

$$\lim_{x \to -\infty} \frac{x^3}{x^2 - 1} = \frac{-\infty}{\infty}$$

und nach zweimaliger Anwendung der L'Hospitalschen Regel

$$\lim_{x \to -\infty} \frac{x^3}{x^2 - 1} = \lim_{x \to -\infty} \frac{6x}{2} = -\infty.$$

Analog verläuft die Berechnung für den Grenzwert für $x \to \infty$:

$$\lim_{x \to \infty} \frac{x^3}{x^2 - 1} = \lim_{x \to \infty} \frac{6x}{2} = \infty.$$

Den so erhaltenen Grenzwert können wir auch bereits durch Betrachten der Funktion vermuten, da x^3 schneller gegen Unendlich strebt als x^2.

Anmerkung: Der Verlauf des Graphen für $x \to \pm\infty$, d. h. welche Steigung der Graph dort hat, können wir herausfinden, wenn wir den Grenzübergang für die erste Ableitung mit $x \to \pm\infty$ bilden. Probiert es mal aus, es sollte jeweils 1 herauskommen.

Monotonieverhalten

Wir haben also ein paar Eckpunkte unserer Funktion identifiziert, nun interessiert uns, wie sich die Funktion dazwischen verhält, indem wir feststellen, in welchen Abschnitten sie steigt oder fällt. Zu diesem Zwecke erstellen wir uns eine Tabelle mit allen zu untersuchenden Bereichen und werten die 1. Ableitung in diesen Bereichen aus, indem wir einen beliebigen Punkt innerhalb jedes dieser Bereiche in die 1. Ableitung einsetzen. Je nach Vorzeichen tragen wir dann ein, ob die Funktion dort fallend oder steigend ist.

Zunächst aber identifizieren wir die einzelnen Bereiche:

Bereich 1: Links vom lokalen Maximum $x < -\frac{3\sqrt{3}}{2}$: $\left] -\infty; -\frac{3\sqrt{3}}{2} \right[$,

Bereich 2: zwischen lokalem Maximum und der Unstetigkeitsstelle $x = -1$: $\left] -\frac{3\sqrt{3}}{2}; -1 \right[$,

Bereich 3: zwischen Unstetigkeitsstelle $x = -1$ und der Nullstelle (= Sattelpunkt) $x = 0$: $]-1; 0[$,

Bereich 4: zwischen Nullstelle/Sattelpunkt bei $x = 0$ und Unstetigkeitsstelle $x = 1$: $]0; 1[$,

Bereich 5: zwischen Unstetigkeitsstelle bei $x = 1$ und lokalem Minimum bei $x = \frac{3\sqrt{3}}{2}$:
$\left] 1; \frac{3\sqrt{3}}{2} \right[$, sowie

Bereich 6: rechts des lokalen Minimums bei $x = \frac{3\sqrt{3}}{2}$: $\left] \frac{3\sqrt{3}}{2}; \infty \right[$.

Bereich 1	Bereich 2	Bereich 3	Bereich 4	Bereich 5	Bereich 6
$f'(x) > 0$	$f'(x) < 0$	$f'(x) < 0$	$f'(x) < 0$	$f'(x) < 0$	$f'(x) > 0$
↗	↘	↘	↘	↘	↗

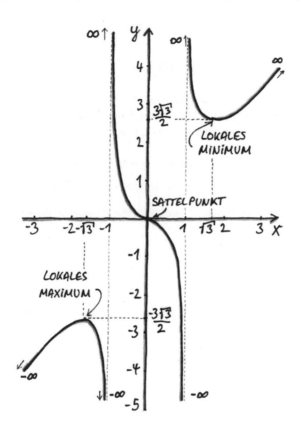

Aufgabe 8 **Vektoren** (Kapitel 5)

Überprüfe, ob bei den gegebenen Vektoren eine lineare Abhängigkeit vorliegt.

1. $\begin{pmatrix} 1 \\ 1 \\ 0 \end{pmatrix}$ und $\begin{pmatrix} 1 \\ 5 \\ 0 \end{pmatrix}$,

2. $\begin{pmatrix} -5 \\ 3 \\ -1 \end{pmatrix}$ und $\begin{pmatrix} 10 \\ -6 \\ 2 \end{pmatrix}$, sowie

$$3. \quad \begin{pmatrix} 1 \\ 2 \\ -3 \\ 0 \\ 5 \end{pmatrix}, \quad \begin{pmatrix} 1 \\ -1 \\ 0 \\ 3 \\ 2 \end{pmatrix} \quad \text{und} \quad \begin{pmatrix} 2 \\ 3 \\ -5 \\ 1 \\ 9 \end{pmatrix}.$$

Lösung

Vektoren sind immer genau dann linear unabhängig, wenn die Linearkombination aus ihnen nur dann den Nullvektor ergibt, wenn die Faktoren, mit denen wir sie multiplizieren müssen, allesamt 0 sind. Andernfalls liegt lineare Abhängigkeit vor, d. h.

$$\sum_{i=1}^{n} k_i \cdot \vec{v}_i = \begin{cases} = 0 & \text{nur für alle } k_i = 0 \Rightarrow \vec{v}_i \text{ linear unabhängig,} \\ = 0, & \text{wenn wenigstens 1 } k_i \neq 0, \text{ linear abhängig.} \end{cases}$$

Wir müssen also aus den Vektoren die Linearkombination mit noch unbekannten Multiplikatoren k_i bilden, setzen sie dem Nullvektor gleich und bestimmen diese Unbekannten. Ist die einzige mögliche Lösung, dass alle $k_i = 0$, dann haben wir linear unabhängige Vektoren vorliegen.

1. Linearkombination:

$$k_1 \cdot \begin{pmatrix} 1 \\ 1 \\ 0 \end{pmatrix} + k_2 \cdot \begin{pmatrix} 1 \\ 5 \\ 0 \end{pmatrix} = \vec{0}.$$

Der Einfachheit halber teilen wir durch einen der beiden Faktoren, z. B. durch k_1 und setzen $k = \frac{k_2}{k_1}$:

$$\begin{pmatrix} 1 \\ 1 \\ 0 \end{pmatrix} + k \cdot \begin{pmatrix} 1 \\ 5 \\ 0 \end{pmatrix} = \vec{0}.$$

Bringen wir den einen Vektor auf die andere Seite:

$$k \cdot \begin{pmatrix} 1 \\ 5 \\ 0 \end{pmatrix} = \begin{pmatrix} -1 \\ -1 \\ 0 \end{pmatrix}.$$

Betrachten wir die erste Komponente, so sehen wir, dass $k = -1$ sein muss. Allerdings führt $k = 1$ zu einen Widerspruch, sobald wir damit die zweite und dritte Komponente betrachten. Es gibt also keine von 0 verschiedene Lösung für k, und die Linearkombination ergibt nur dann den Nullvektor, wenn

$$k_1 = k_2 = 0.$$

Beide Vektoren sind also linear unabhängig.

2. Linearkombination

Auch hier bilden wir wieder die Linearkombination mit zu bestimmenden Multiplikatoren k_i:

$$k_1 \begin{pmatrix} -5 \\ 3 \\ -1 \end{pmatrix} + k_2 \begin{pmatrix} 10 \\ -6 \\ 2 \end{pmatrix} = \vec{0}$$

bzw.

$$\begin{pmatrix} -5 \\ 3 \\ -1 \end{pmatrix} + k \begin{pmatrix} 10 \\ -6 \\ 2 \end{pmatrix} = \vec{0}$$

mit

$$k = \frac{k_2}{k_1}.$$

Aufgelöst ergibt sich

$$k \begin{pmatrix} 10 \\ -6 \\ 2 \end{pmatrix} = \begin{pmatrix} 5 \\ -3 \\ 1 \end{pmatrix}.$$

Wir finden mit $k = 0{,}5$ eine von 0 verschiedene Lösung, beide Vektoren sind also linear abhängig. Bei zwei Vektoren lässt sich diese, wie Ihr vielleicht bemerkt habt, noch recht einfach durch Hinsehen feststellen, denn bei zwei Vektoren liegt lineare Abhängigkeit genau dann vor, wenn sie parallel zueinander sind.

3. Linearkombination:

Wir lassen uns nicht verwirren von den vielen Komponenten, sondern bilden wie gehabt unsere Linearkombination. Um ein bisschen abzukürzen, denken wir uns die Gleichung durch die erste Unbekannte geteilt und die entstehenden Brüche umbenannt in $n_1 = \frac{k_2}{k_1}$ und $n_2 = \frac{k_3}{k_1}$:

$$\begin{pmatrix} 1 \\ 2 \\ -3 \\ 0 \\ 5 \end{pmatrix} + n_1 \begin{pmatrix} 1 \\ -1 \\ 0 \\ 3 \\ 2 \end{pmatrix} + n_2 \begin{pmatrix} 2 \\ 3 \\ -5 \\ 1 \\ 9 \end{pmatrix} = \vec{0}.$$

Wir bringen den Vektor ohne Unbekannte auf die rechte Seite:

$$n_1 \begin{pmatrix} 1 \\ -1 \\ 0 \\ 3 \\ 2 \end{pmatrix} + n_2 \begin{pmatrix} 2 \\ 3 \\ -5 \\ 1 \\ 9 \end{pmatrix} = \begin{pmatrix} -1 \\ -2 \\ 3 \\ 0 \\ -5 \end{pmatrix}.$$

Diese Vektorgleichung muss wieder für jede Komponente erfüllt sein. Wenn wir diese Bedingungen einzeln aufschreiben, erhalten wir ein lineares Gleichungssystem mit 5 Gleichungen und zwei Unbekannten:

1. $\qquad n_1 + 2n_2 = -1$
2. $\qquad -n_1 + 3n_2 = -2$
3. $\qquad 0n_1 - 5n_2 = 3$
4. $\qquad 3n_1 + n_2 = 0$
5. $\qquad 2n_1 + 9n_2 = -5.$

Aus Gleichung 3 bestimmen wir $n_2 = -\frac{3}{5}$. Das eingesetzt in Gleichung 4 ergibt für $n_1 = \frac{1}{5}$. Nun setzen wir diese beiden Ergebnisse in die noch nicht verwendeten übrigen Gleichungen ein und wir erhalten

$$1. -1 = -1$$
$$2. -2 = -2$$
$$5. -5 = -5.$$

Es tritt also kein Widerspruch auf. Die Vektorgleichung ergibt also mit den von 0 verschiedenen Faktoren n_1 und n_2 den Nullvektor. Es liegt demnach lineare Abhängigkeit vor.

Aufgabe 9   **Vektoren** (Kapitel 5)

Teil A: Folgende zwei Punkte, gegeben in einem kartesischen Koordinatensystem, sollen auf einer Geraden liegen. Stelle die Geradengleichung in Vektordarstellung auf

1. $P_1 = (1,1,0)$ und $P_2 = (2,2,-1)$,

2. $P_1 = (5,3,-1,3)$ und $P_2 = (5,3,-1,4)$,

Teil B: Bilde die Ebenengleichung aus den drei gegebenen Punkten

1. $P_1 = (1,1,0)$, $P_2 = (2,2,-1)$, und $P_3 = (-1,1,0)$,

2. $P_1 = (5,3,-1,3)$, $P_2 = (5,3,-1,4)$ und $P_3 = (5,3,-1,-5)$,

	Lösung	

Für diese Aufgabe benötigen wir die Zusammenhänge aus Abschnitt 5.2.

Teil A: Aufstellen einer Geradengleichung in Vektordarstellung

Geradengleichung 1: Wir wählen einen der beiden Punkte als „Aufpunkt" aus, z. B. Punkt P_1 und bilden den Ortsvektor $\overrightarrow{OP}_1$ dazu (wir nehmen die Koordinaten des Punkts als Komponenten des Ortsvektors):

$$\overrightarrow{OP}_1 = \begin{pmatrix} 1 \\ 1 \\ 0 \end{pmatrix}.$$

Auch zum 2. Punkt bilden wir den Ortsvektor:

$$\overrightarrow{OP}_2 = \begin{pmatrix} 2 \\ 2 \\ -1 \end{pmatrix}.$$

Nun können wir den Vektor von Punkt P_1, unserem Aufpunkt, zu Punkt P_2 berechnen, indem wir die Differenz bilden:

$$\overrightarrow{P_1P_2} = \overrightarrow{OP}_2 - \overrightarrow{OP}_1 = \begin{pmatrix} 2 \\ 2 \\ -1 \end{pmatrix} - \begin{pmatrix} 1 \\ 1 \\ 0 \end{pmatrix} = \begin{pmatrix} 1 \\ 1 \\ -1 \end{pmatrix}.$$

Die Geradengleichung ist dann einfach

$$g : \vec{X} = \overrightarrow{OP}_1 + t \cdot \overrightarrow{P_1P_2} = \begin{pmatrix} 1 \\ 1 \\ 0 \end{pmatrix} + t \cdot \begin{pmatrix} 1 \\ 1 \\ -1 \end{pmatrix}.$$

Geradengleichung 2: Die Punkte haben vier Koordinaten, wir befinden uns also in einem vierdimensionalen Raum. Davon lassen wir uns aber nicht ins Bochshorn jagen, rein formal gehen wir genauso vor wie im zwei- oder dreidimensionalen Raum und stellen die „Geradengleichung" wie gewohnt auf. Also

$$g : \vec{X} = \overrightarrow{OP}_1 + t \cdot \left(\overrightarrow{OP}_2 - \overrightarrow{OP}_1 \right) = \begin{pmatrix} 5 \\ 3 \\ -1 \\ 3 \end{pmatrix} + t \cdot \begin{pmatrix} 0 \\ 0 \\ 0 \\ 1 \end{pmatrix}.$$

Die Gerade ist also „parallel" zur vierten Koordinatenachse (im dreidimensionalen Raum nicht mehr darstellbar).

Teil B: Aufstellen der Ebenengleichung in Vektordarstellung

Ebenengleichung 1: Wir beginnen wieder, in dem wir die Ortsvektoren zu jedem gegebenen Punkt bilden:

$$\overrightarrow{OP_1} = \begin{pmatrix} 1 \\ 1 \\ 0 \end{pmatrix},$$

$$\overrightarrow{OP_2} = \begin{pmatrix} 2 \\ 2 \\ -1 \end{pmatrix}$$

und

$$\overrightarrow{OP_3} = \begin{pmatrix} -1 \\ 1 \\ 0 \end{pmatrix}.$$

Wir wählen wieder einen Punkt als Aufpunkt (z. B. wieder P_1) und bilden die zwei Vektoren, die unsere Ebene aufspannen sollen, aus den Vektoren von diesem Aufpunkt zu den jeweils anderen zwei Punkten, also

$$\overrightarrow{P_1P_2} = \overrightarrow{OP_2} - \overrightarrow{OP_1} = \begin{pmatrix} 2 \\ 2 \\ -1 \end{pmatrix} - \begin{pmatrix} 1 \\ 1 \\ 0 \end{pmatrix} = \begin{pmatrix} 1 \\ 1 \\ -1 \end{pmatrix}$$

und

$$\overrightarrow{P_1P_3} = \overrightarrow{OP_3} - \overrightarrow{OP_1} = \begin{pmatrix} -1 \\ 1 \\ 0 \end{pmatrix} - \begin{pmatrix} 1 \\ 1 \\ 0 \end{pmatrix} = \begin{pmatrix} -2 \\ 0 \\ 0 \end{pmatrix}.$$

Beide Vektoren sind linear unabhängig, d. h. nicht parallel oder gegenparallel (sprich parallel, aber mit entgegengesetzter Richtung). Damit können wir also unsere Ebenengleichung aufstellen:

$$E : \vec{X} = \overrightarrow{OP_1} + m \cdot \overrightarrow{P_1P_2} + n \cdot \overrightarrow{P_1P_3} = \begin{pmatrix} 1 \\ 1 \\ 0 \end{pmatrix} + m \cdot \begin{pmatrix} 1 \\ 1 \\ -1 \end{pmatrix} + n \cdot \begin{pmatrix} -2 \\ 0 \\ 0 \end{pmatrix}.$$

Ebenengleichung 2: Wie zuvor verwenden wir die drei Ortsvektoren zur Festlegung der zwei die „Ebene" aufspannenden Vektoren und des Aufpunkts:

$$\vec{P_1P_2} = \vec{OP_2} - \vec{OP_1} = \begin{pmatrix} 5 \\ 3 \\ -1 \\ 3 \end{pmatrix} - \begin{pmatrix} 5 \\ 3 \\ -1 \\ 4 \end{pmatrix} = \begin{pmatrix} 0 \\ 0 \\ 0 \\ 1 \end{pmatrix}$$

und

$$\vec{P_1P_3} = \vec{OP_3} - \vec{OP_1} = \begin{pmatrix} 5 \\ 3 \\ -1 \\ -5 \end{pmatrix} - \begin{pmatrix} 5 \\ 3 \\ -1 \\ 4 \end{pmatrix} = \begin{pmatrix} 0 \\ 0 \\ 0 \\ -9 \end{pmatrix}.$$

Wenn wir hiermit die „Ebenengleichung" aufstellen, erhalten wir

$$E : \vec{X} = \vec{OP_1} + m \cdot \vec{P_1P_2} + n \cdot \vec{P_1P_3} = \begin{pmatrix} 5 \\ 3 \\ -1 \\ 4 \end{pmatrix} + m \cdot \begin{pmatrix} 0 \\ 0 \\ 0 \\ 1 \end{pmatrix} + n \cdot \begin{pmatrix} 0 \\ 0 \\ 0 \\ -9 \end{pmatrix}.$$

Beim letzten Vektor können wir -9 ausklammern und dann die beiden Terme zusammenfassen:

$$E : \vec{X} = \begin{pmatrix} 5 \\ 3 \\ -1 \\ 4 \end{pmatrix} + m \cdot \begin{pmatrix} 0 \\ 0 \\ 0 \\ 1 \end{pmatrix} - 9n \cdot \begin{pmatrix} 0 \\ 0 \\ 0 \\ 1 \end{pmatrix} = \begin{pmatrix} 5 \\ 3 \\ -1 \\ 4 \end{pmatrix} + (m - 9n) \cdot \begin{pmatrix} 0 \\ 0 \\ 0 \\ 1 \end{pmatrix}.$$

Das ist aber eine Geradengleichung, weil wir nur einen einzigen Richtungsvektor haben. Da die beiden aufspannenden Vektoren parallel sind, sind sie linear abhängig und wir können mit ihnen keine Ebenengleichung aufstellen. Das ist die Folge der Tatsache, dass alle drei Punkte auf einer Geraden liegen.

Aufgabe 10	Polarkoordinatendarstellung (Kapitel 5)	

Stelle den Vektor

$$\vec{a} = \begin{pmatrix} 1 \\ 3 \\ -1 \end{pmatrix}$$

in

1. Zylinderkoordinaten und

2. Kugelkoordinaten

dar. Benutze dabei die z-Achse des kartesischen Koordinatensystems als Referenzachse, die x-Achse als Referenzlinie und die xy-Ebene als Referenzebene. Der Ursprung der beiden Polarkoordinatensysteme ist identisch mit dem des kartesischen Systems.

Lösung

---

1. Zylinderkoordinaten:

Wir berechnen zunächst den Radius r mit Formel 5.7:

$$r = \sqrt{x_1^2 + x_2^2} = \sqrt{1^2 + 3^2} = \sqrt{10}.$$

Dann noch den Winkel zwischen der Projektion des Vektors $\vec{a}$ auf die xy-Ebene mit Formel 5.10:

$$\varphi = \arcsin \frac{x_2}{r} = \arcsin \frac{3}{\sqrt{10}} \approx 71{,}565°.$$

Die z-Komponente des Vektors in Zylinderkoordinaten entspricht 1:1 der x_3-Komponente von $\vec{a}$, da die z-Achse die Referenzachse sein soll. Damit ist der Vektor in Zylinderkoordinaten

$$\vec{a}_{Zyl} = \begin{pmatrix} \sqrt{10} \\ 71{,}565° \\ -1 \end{pmatrix}.$$

2. Kugelkoordinaten

Als erstes berechnen wir die Länge von $\vec{a}$ und erhalten somit den Kugelradius:

$$R = \sqrt{x_1^2 + x_2^2 + x_3^2} = \sqrt{1^2 + 3^2 + (-1)^2} = \sqrt{11}.$$

Den ersten Winkel können wir vom ersten Teil der Aufgabe übernehmen:

$$\varphi \approx 71{,}565°.$$

Jetzt fehlt nur noch der zweite Winkel. Ihn können wir wie folgt berechnen:

$$\gamma = \arcsin \frac{x_3}{R} = \arcsin \frac{-1}{\sqrt{11}} \approx -17{,}548°.$$

Hiermit haben wir alle Komponenten und der Vektor lautet in Kugelkoordinaten

$$\vec{a}_{Kugel} = \begin{pmatrix} \sqrt{11} \\ 71{,}565° \\ -17{,}548° \end{pmatrix}.$$

An dieser Stelle zwei Tipps:

1. Zeichnet Euch den Vektor in das kartesische Koordinatensystem in einer Schrägperspektive auf und tragt die für die Polardarstellung zu bestimmenden Größen ein.

2. Kennzeichnet den Vektor (z. B. durch einen passenden Index), in welcher Darstellung seine Komponenten gegeben sind, sofern dieser nicht in kartesischen Koordinaten geschrieben ist. Auf diese Weise verringert Ihr das Risiko der Verwechslung mit katastrophalen Folgen für das Rechenergebnis.

Aufgabe 11   **Komplexe Zahlen** (Kapitel 6)

Benenne den Darstellungstyp der gegebenen komplexen Zahlen und rechne sie in die jeweils anderen existierenden Darstellungsweisen (also kartesische Darstellung, Polarkoordinaten oder Eulersche Darstellung) um. Zeichne sie zusätzlich in die komplexe Ebene.

- $z_1 = 4 + 3i,$

- $z_2 = (2+i)(2-i),$

- $z_3 = 2(\cos 45° + i \sin 45°),$

- $z_4 = \sin \frac{\pi}{6} \cdot (\cot \frac{\pi}{6} + i),$

- $z_5 = 3e^{i\frac{\pi}{3}}.$

Lösung

---

1. komplexe Zahl:

Das ist die Standarddarstellung, die sogenannte *kartesische* oder *algebraische Darstellung* einer komplexen Zahl.

Zur Umrechnung in die anderen beiden möglichen Darstellungsarten berechnen wir die Länge des durch die Zahl festgelegten *Zeigers* und dessen Winkel zur Realachse:

$$r = \sqrt{Re(z)^2 + Im(z)^2} = \sqrt{16 + 9} = 5$$

und (hier z. B. unter Zuhilfenahme des Sinus)

$$\varphi = \arcsin \frac{Im(z)}{r} = \arcsin \frac{3}{5} \approx 36,870°$$

bzw. in Radiant angegeben

$$\varphi \approx 0,6435.$$

Damit können wir leicht die gegebene komplexe Zahl in den anderen beiden Darstellungsweisen hinschreiben:

Polardarstellung:

$$z_1 = r \cdot (\cos\varphi + i\sin\varphi) = 5(\cos 36{,}870° + i\sin 36{,}870°).$$

Eulersche Darstellung:

$$z_1 = r\mathrm{e}^{i\varphi} = 5\mathrm{e}^{i0{,}6435}.$$

2. komplexe Zahl:

Wir rechnen zunächst das Produkt aus und erhalten:

$$z_2 = 5.$$

Wir haben hier also eine komplexe Zahl, die nur aus ihrem Realteil besteht. Der zugehörige Zeiger hat somit keinen Imaginärteil, seine Länge entspricht also dem Wert des Realteils und der Winkel zwischen Zeiger und Realachse ist entweder 0° oder 180°. Da der Realteil aber positiv ist, muss der Winkel 0° betragen. Die komplexe Zahl lässt sich also noch wie folgt ausdrücken:

In Polarkoordinaten: $z_2 = 5(\cos 0° + i\sin 0°) = 5$, und

in der Eulerschen Darstellung: $z_2 = 5\mathrm{e}^{i \cdot 0} = 5$.

Wir hätten uns also die Schreibarbeit schenken können, denn alle drei Schreibweisen sind identisch. Und das ist auch gut so und freut das Mathematiker-Herz!

3. komplexe Zahl:

Die gegebene komplexe Zahl ist in Polardarstellung angegeben. Die Umrechnung in die kartesische Darstellung ist denkbar einfach, denn es genügt, den Sinus und Cosinus auszuwerten und den Radius hineinzumultiplizieren, also

$$z_3 = \sqrt{2} + i\sqrt{2}.$$

Da in der Polardarstellung bereits der Radius und der Winkel vorkommen, können wir die komplexe Zahl auch sofort in der Eulerschen Darstellung hinschreiben, wobei wir den Winkel noch in Radiant umrechnen:

$$z_3 = 2\mathrm{e}^{i45° \cdot \frac{\pi}{180°}} \approx 2\mathrm{e}^{i0{,}7854}.$$

4. komplexe Zahl:

Hier rechnen wir wieder erst aus, indem wir den Sinus in die Klammer multiplizieren. Wir erhalten so die wohlvertraute Polardarstellung der gegebenen komplexen Zahl:

$$z_4 = \sin\frac{\pi}{6}\left(\frac{\cos\frac{\pi}{6}}{\sin\frac{\pi}{6}} + i\right) = \cos\frac{\pi}{6} + i\sin\frac{\pi}{6}.$$

Der Rest verläuft analog zu den Rechenschritten bei der 3. komplexen Zahl.

Kartesische Darstellung:

$$\frac{\sqrt{3}}{2} + 0{,}5i.$$

Eulersche Darstellung:

$$z_4 = e^{i\frac{\pi}{6}}.$$

5. komplexe Zahl:

Hier können wir sofort die Polardarstellung angeben:

$$z_5 = 3(\cos\frac{\pi}{3} + i\sin\frac{\pi}{3}),$$

woraus wir ganz wie gewohnt die kartesische Form errechnen:

$$z_5 = 1{,}5 + i\frac{3\sqrt{3}}{2}.$$

Aufgezeichnet in ein Zeigerdiagramm stellen sich die fünf Zahlen so dar:

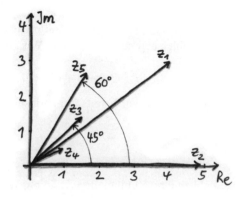

Aufgabe 12   **Komplexe Zahlen** (Kapitel 6)

Führe nachfolgende Rechnungen mit den gegebenen komplexen Zahlen durch. Wähle dabei eine passende Darstellungsform und gib das Ergebnis in kartesischer Schreibweise an.

1. $z = z_1 + z_2$ mit $z_1 = 3 + 4i$, $z_2 = -3 - 3i$,

2. $z = z_1 + \bar{z}_1$ mit $z_1 = 1 + 213i$,

3. $z = z_1 + z_2$ mit $z_1 = 3e^{\frac{\pi}{3}i}$, $z_2 = 4e^{\frac{5\pi}{6}i}$,

4. $z = z_1 z_2$ mit $z_1 = -i$, $z_2 = 5 + 2i$,

5. $z = z_1 z_2$ mit $z_1 = 3 - 2i$, $z_2 = 4 + i$,

6. $z = z_1 \bar{z}_1$ mit $z_1 = 1 + i$,

7. $z = z_1 z_2$ mit $z_1 = 3e^{\frac{\pi}{3}i}$, $z_2 = 4e^{\frac{5\pi}{6}i}$,

8. $z = \frac{z_1}{z_2}$ mit $z_1 = 1 + i$, $z_2 = 1 - i$,

9. $z = \frac{z_1}{z_2}$ mit $z_1 = 1 + 2i$, $z_2 = 1 - i$,

10. $z = \frac{z_1}{z_2}$ mit $z_1 = e^{\frac{\pi}{2}i}$, $z_2 = 2e^{\frac{\pi}{3}i}$, und schließlich

11. $z = \sqrt[3]{z_1}$ mit $z_1 = 8e^{\frac{\pi}{3}i}$.

Lösung

---

1. Rechnung

Die Addition zweier komplexer Zahlen ist besonders in der kartesischen Darstellung einfach, in der die zu addierenden komplexen Zahlen bereits gegeben sind. Wir können also gleich loslegen:

$$z = (3 + 4i) + (-3 - 3i) = (3 - 3) + (4i - 3i) = i.$$

Eine Umwandlung ist nicht notwendig, weil wir bereits die kartesische Darstellungsweise vorliegen haben.

2. Rechnung

Wir sollen hier eine komplexe Zahl zu ihrer Konjugierten addieren. Wir bilden also zunächst die konjugierte zu z_1, die lautet:

$$\bar{z}_1 = 1 - 213i.$$

Die komplexe Zahl zu ihrer Konjugierten addiert ergibt demnach:

$$z = (1 + 213i) + (1 - 213i) = 2.$$

Der Imaginärteil fällt also weg. Dies ist auch ersichtlich, wenn wir die beiden als Zeiger darstellen: Der Imaginärteil beider Zeiger ist gleich groß von der Länge, aber mit entgegengesetzter Richtung. Entsprechend der Vektoraddition fällt dann dieser Teil einfach weg.

3. Rechnung

Die Addition zweier komplexer Zahlen ist immer am einfachsten in kartesischer oder notfalls auch in polarer Darstellung. Wir wandeln also beide Zahlen zunächst in die Polardarstellung um und leiten daraus die kartesische Schreibweise ab. Anschließend addieren wir wie gehabt.

$$z_1 = 3(\cos\frac{\pi}{3} + i\sin\frac{\pi}{3}) = 1{,}5 + i\frac{3\sqrt{3}}{2}$$

und

$$z_2 = 4(\cos\frac{5\pi}{6} + i\sin\frac{5\pi}{6}) = -\frac{4\sqrt{3}}{2} + 2i.$$

Damit ist die Summe aus z_1 und z_2

$$z = \frac{3 - 4\sqrt{3}}{2} + i\frac{3\sqrt{3} + 4}{2}.$$

4. Rechnung

Auch die Multiplikation zweier komplexer Zahlen in kartesischer Schreibweise sollte keine Schwierigkeiten bereiten, solange wir nicht vergessen, dass $i^2 = -1$:

$$z = (-i)(5 + 2i) = -i5 + (-i) \cdot 2i = -5i - 2i^2 = -5i - 2(-1) = 2 - 5i.$$

5. Rechnung

Diese Multiplikation verläuft auch klassisch:

$$z = (3 - 2i)(4 + i) = 3 \cdot 4 + 3 \cdot i - 2i \cdot 4 - 2i \cdot i = 12 + 3i - 8i - 2i^2 = 14 - 5i.$$

6. Rechnung

Hier sollen wir eine komplexe Zahl mit ihrer Konjugierten multiplizieren, also

$$z = (1 + i)(1 - i).$$

Hier erinnern wir uns an die 3. binomische Formel:

$$z = 1 - i^2 = 1 - (-1) = 2.$$

7. Rechnung

Die Multiplikation zweier komplexer Zahlen in Eulerscher Darstellung gestaltet sich sehr einfach, weil wir die de Moivre-Formel anwenden können (siehe Tabelle 6.1):

$$z = 3e^{\frac{\pi}{3}i} \cdot 4e^{\frac{5\pi}{6}i} = 12e^{i(\frac{\pi}{3}+\frac{5\pi}{6})} = 12e^{i\frac{7\pi}{6}}.$$

Die Umwandlung in die kartesische Schreibweise kennen wir ja schon:

$$z = 12(\cos\frac{7\pi}{6} + i\sin\frac{7\pi}{6}) = -6\sqrt{3} - 6i.$$

8. Rechnung

Wir sollen den Quotienten aus den zwei komplexen Zahlen z_1 und z_2 bilden. Zum Spaß wurde die Konjugierte der komplexen Zahl im Zähler in den Nenner geschrieben, was aber nichts am grundlegenden Verfahren ändert.

Um die Division durchzuführen, könnten wir beide Zahlen in die Eulersche Darstellungsform überführen, in der die Division mit Hilfe der de Moivre-Formeln besonders einfach ist. An dieser Stelle führen wir aber die Division in kartesischer Darstellungsweise durch, dessen Grundprinzip ist, dass wir den Nenner reell machen. Und das bewerkstelligen wir, indem wir den Bruch um die zum Nenner Konjugierte erweitern. Für unsere Unteraufgabe lautet dieser Rechenschritt also

$$z = \frac{1+i}{1-i} \cdot \frac{1+i}{1+i} = \frac{(1+i)^2}{(1-i)(1+i)} = \frac{1+2i+i^2}{1-i^2} = \frac{1+2i-1}{1+(-1)} = \frac{2i}{2} = i.$$

9. Rechnung

Hier gehen wir wie bei der vorangegangenen Unteraufgabe vor:

$$z = \frac{1+2i}{1-i} = \frac{1+2i}{1-i}\frac{1+i}{1+i} = \frac{1}{2}(1+i+2i+2i^2) = -\frac{1}{2} + \frac{3}{2}i.$$

10. Rechnung

Mit Hilfe der de Moivre-Formeln sollte die Division zweier komplexer Zahlen in Eulerscher Darstellung keine Probleme bereiten:

$$z = \frac{e^{\frac{\pi}{2}i}}{2e^{\frac{\pi}{3}i}} = \frac{1}{2}e^{\frac{\pi}{2}i}e^{-\frac{\pi}{3}i} = \frac{1}{2}e^{i(\frac{\pi}{2}-\frac{\pi}{3})} = \frac{1}{2}e^{i\frac{\pi}{6}}.$$

11. Rechnung

Wir sollen die 3. Wurzel aus einer komplexen Zahl ziehen. Wir erinnern uns, dass wir bei komplexen Zahlen genauso viele Wurzeln erhalten, wie der Grad der Wurzel ist, in unserem Fall also drei. Zur eigentlichen Berechnung bemühen wir Gleichung 6.10, also

$$\sqrt[n]{z} = \sqrt[n]{re^{i\varphi}} = \sqrt[n]{r} \cdot e^{i\left(\frac{\varphi}{n} + \frac{2k\pi}{n}\right)}, \text{ mit } k = 0, 1, \ldots, n-1.$$

Für unsere Aufgabe bedeutet das, dass

$$z = \sqrt[3]{8e^{i\frac{\pi}{3}}} = \sqrt[3]{8}e^{i\left(\frac{\pi}{9} + \frac{2k\pi}{3}\right)}, \text{ mit } k = 0, 1, 2$$

bzw.

$$z_1 = 2e^{i\frac{\pi}{9}},$$

$$z_2 = 2e^{i\frac{7\pi}{9}}$$

und

$$z_3 = 2e^{i\frac{13\pi}{9}}.$$

Aufgabe 13   **Folgen** (Kapitel 7)

Stelle das Bildungsgesetz der folgenden Folge auf, stelle fest, ob sie beschränkt ist und bestimme ggf. den Grenzwert:

$$\frac{1}{5}, \frac{2}{9}, \frac{3}{13}, \frac{4}{17}, \ldots$$

Lösung

Aufstellen des Bildungsgesetzes:

Hier geht es darum, einen regelmäßigen Zusammenhang zwischen den Zahlen zu erkennen, was mal schwerer, manchmal einfacher ist. Wir wollen also versuchen, eine Formel mit einer Variable n aufzustellen, mit deren Hilfe wir alle Zahlen der Folge durch Einsetzen natürlicher Zahlen für n berechnen können. Hin und wieder hilft ein wenig Probieren und gut raten. Was uns aber weiterhilft, ist die Tatsache, dass i. d. R. das Bildungsgesetz von gleicher Form ist wie die angegebenen Zahlen der Folge. Für die gegebene Zahlenfolge erwarten wir also ein Bildungsgesetz in Form eines Bruches.

Für die gegebene Folge sollte uns auffallen, dass im Zähler jede Zahl genau um 1 größer ist als die vorangegangene. Wir dürfen also guter Hoffnung sein, dass im Zähler des gesuchten Bildungsgesetz einfach ein n steht.

Etwas schwieriger stellt sich das mit dem Nenner dar. Hier lässt sich nicht so ohne weiteres eine direkte Abhängigkeit von n erkennen. Wir können uns aber mal anschauen, welcher Unterschied zwischen den aufeinander folgenden Zahlen besteht und ob hier eine Regelmäßigkeit auftritt. Tun wir das für unsere Folge, sehen wir, dass der Unterschied immer 4 beträgt! Wir sollen also von einer Zahl zur nächsten immer 4 hinzufügen. Dies deutet aber auf eine Abhängigkeit von $4n$ hin, denn jedes Mal, wenn wir n um 1 erhöhen, fügen wir eine 3 hinzu.

Der nächste Schritte besteht nun darin, zu überprüfen, wie wir mit Hilfe von $4n$ den Nenner berechnen können, denn wir sehen sofort, dass die gegebenen Nenner keine Vielfachen von $4n$ (also z. B. 8, 12, usw.) sind. Verbleibt noch zu überprüfen, ob der Nenner durch eine Addition oder Subtraktion unter Beteiligung von $4n$ dargestellt werden kann. Da sehen wir gleich, dass der Nenner immer um 1 größer als $4n$ ist, er lautet also $4n + 1$.

Damit ist unser Bildungsgesetz:

$$a_n = \frac{n}{4n + 1}.$$

Feststellung der Beschränktheit:

Wir vermuten, dass die Folge nach unten beschränkt ist, da die Zahlen stetig zunehmen. Aber wie können wir das jetzt rechnerisch feststellen? Stellen wir hierzu die Bedingung für die Beschränktheit nach unten auf:

$$a_n \geq m,$$

wobei m für die untere Schranke steht. Wir fordern also, dass für alle n die Folgeglieder immer größer oder bestenfalls gleich groß sind. Wir überprüfen also gemäß unserer Vermutung, dass die untere Schranke bei $n = 1$ liegt, unsere Behauptung:

$$a_n \geq \frac{1}{5}$$

bzw.

$$\frac{n}{4n + 1} \geq \frac{1}{5}.$$

Diese Ungleichung lösen wir nach n auf und erhalten

$$n \geq 1,$$

mit anderen Worten: Es gilt für alle n. Unsere Behauptung war also richtig, die Folge

$$\frac{n}{4n + 1}$$

ist nach unten beschränkt mit einer unteren Schranke bei $\frac{1}{5}$.

Wie sieht es jetzt aber mit der Beschränkung nach oben aus? Gilt also für alle n, dass

$$a_n \leq M$$

mit M als obere Schranke? Dies lässt sich nun nicht so einfach aus den gegebenen Zahlen oder dem Bildungsgesetz ablesen. Wir versuchen also unser Glück, indem wir das Bildungsgesetz umformen, in der Hoffnung, dass wir dann ein bisschen klarer sehen. Bringen wir also unser Bildungsgesetz in eine Form, in der n nur noch im Nenner erscheint, also

$$\frac{n}{4n+1} = \frac{1}{4 + \frac{1}{n}}.$$

Für alle n wird der „neue" Nenner also immer größer als 3 sein, der Bruch somit immer kleiner als $\frac{1}{4}$. Unsere obere Schranke ist also $\frac{1}{4}$. Überprüfen wir das, indem wir für diesen Wert die Bedingung für eine obere Schranke aufstellen und wie vorhin nach n auflösen:

$$\frac{n}{4n+1} \leq \frac{1}{4}$$

bzw.

$$4n \leq 4n + 1$$

oder

$$0 \leq 1.$$

Alle drei Aussagen sind aber immer wahr, unabhängig von n. Also ist die obere Schranke $\frac{1}{4}$.

Unsere Folge ist also auch nach oben hin beschränkt!

Bestimmung des Grenzwerts:

Da wir nun festgestellt haben, dass unsere Reihe beschränkt ist, besteht die Möglichkeit, dass sie auch einen Grenzwert hat. Zur Erinnerung: Eine Folge hat genau dann und dort einen Grenzwert, wenn und wo ihr Häufungspunkt einzigartig ist, d. h. es gibt keine weiteren Häufungspunkte, unter der Voraussetzung, dass die Folge beschränkt ist. Letztere Bedingung wurde bereits positiv bestätigt. Jetzt müssen wir nur noch prüfen, ob die Folge einen oder mehrere Häufungspunkte hat. Hierzu wenden wir die Definition für einen Häufungspunkt an (s. 7.1). Dazu sollten wir aber eine Vermutung zu den zu untersuchenden Kandidaten für einen Häufungspunkt haben. Für die gegebene Folge können wir z. B. vermuten, dass $\frac{1}{4}$ ein solcher Häufungspunkt ist. Wir haben dann als Bedingung für den Häufungspunkt

$$\left| \frac{1}{4} - \frac{n}{4n+1} \right| < \varepsilon$$

bzw.

$$-\varepsilon < \frac{1}{4} - \frac{n}{4n+1} < \varepsilon.$$

Der Wert $\frac{1}{4}$ ist genau dann Häufungspunkt, wenn für beliebig kleine ε immer ein n gefunden werden kann, für das alle weiteren Folgeglieder kleiner als ε sind. Wir lösen also die Ungleichung auf und überprüfen, für welche n sie erfüllt wäre. Da die Differenz immer positiv ist ($\frac{1}{4}$ ist ja unsere obere Schranke), genügt es, zu überprüfen, ob die Differenz kleiner ε ist, also

$$\frac{1}{4} - \frac{n}{4n+1} < \varepsilon.$$

Wir bringen den Ausdruck auf einen Nenner und erhalten

$$\frac{1}{16n+4} < \varepsilon.$$

Aufgelöst nach n ergibt sich

$$n > \frac{1}{16\varepsilon} - \frac{1}{4}.$$

Egal wie klein wir auch ε wählen, wir finden immer noch unendlich viele n, die größer als dieser Ausdruck auf der rechten Seite sind! Damit ist $\frac{1}{4}$ ein Häufungspunkt. Und er ist auch der einzige, weshalb er zugleich der gesuchte Grenzwert ist.

Wir hätten das ganze auch abkürzen können, wenn wir uns daran erinnern, dass wir eine ganz ähnliche Folge bereits im Abschnitt 7.1 diskutiert hatten, nämlich $a_n = \frac{n}{3n+1}$. Es empfiehlt sich also, eine gute Formelsammlung zur Hand zu haben, in der die Schranken und Grenzwerte von zahlreichen Folgen aufgeführt sind.

Aufgabe 14   **Folgen** (Kapitel 7)

Versuche das Bildungsgesetz folgender Zahlenfolgen anzugeben:

a. $\frac{3}{2}, 3, \frac{9}{2}, 6, \frac{15}{2}, \ldots$

b. $4, -1, -2, 5, -8, 11, \ldots$

c. $\frac{7}{2}, -3, \frac{5}{2}, -2, \frac{3}{2}, \ldots$

Lösung

Folge a:

Jedes zweite Folgeglied, beginnend mit dem ersten, ist ein Bruch mit 2 im Nenner. Wir können also davon ausgehen, dass auch im Bildungsgesetz eine 2 im Nenner steht. Als weitere Gemeinsamkeit stellen wir fest, dass im Zähler immer Vielfache von 3 stehen. Darüber hinaus wissen wir, dass für das erste Glied $n = 1$ gilt. Wir stellen also die Hypothese auf, dass das gesuchte Bildungsgesetz

$$a_n = \frac{3n}{2}$$

ist. Wir überprüfen das, indem wir die Zahlen 1 bis 5 einsetzen und das Ergebnis mit den fünf gegebenen Folgegliedern vergleichen. Sind sie jeweils identisch, haben wir das Bildungsgesetz gefunden.

Folge b:

Hier fällt als erstes ins Auge, dass die Zahlen mal positiv, mal negativ sind. Wir vermuten also eine alternierende Folge, was nichts anderes bedeutet, als dass ein Faktor

$$(-1)^n$$

oder seltener

$$(-1)^{n-k}$$

mit $k \in \mathbb{N}$ vorkommt.

Für $n = 1$ ergibt dieser Faktor eine negative Zahl. Allerdings ist unser erstes Folgeglied positiv. Wir können also davon ausgehen, dass ein zweiter Faktor genau dann negativ ist, wenn n ungerade und das zugehörige Folgeglied dennoch positiv ist und auch dann negativ, wenn n gerade, das Folgeglied jedoch negativ.

Zunächst aber teilen wir die gegebenen Folgeglieder durch den jeweiligen Vorfaktor $(-1)^n$ (wir nehmen hier an, dass der einfachere Fall vorliegt) und erhalten als übrigbleibende Zahlenfolge

$$-4, -1, 2, 5, -8, 11, \ldots$$

Für diese verbleibende Folge müssen wir eine Regelmäßigkeit feststellen. Wir sehen dabei, dass sich die aufeinanderfolgenden Folgeglieder um jeweils 3 unterscheiden, wobei sie für wachsende n zunehmen. Es wird also jedes Mal 3 hinzugezählt. Unser zweiter Faktor enthält also $3n$, denn nur so ist die beobachtete Zunahme zu erreichen.

Nun beginnt aber unsere Folge nicht mit 3, wie wir es für $n = 1$ erwarten würden. Um die Zahl -4 zu bekommen, müssen wir von 3 die Zahl 7 abziehen. Unser zweiter Faktor ist demnach also

$$3n - 7.$$

Wir überprüfen wieder durch Vergleich mit den darzustellenden Folgegliedern und befinden unsere Lösung für gut. Das vollständige Bildungsgesetz lautet also

$$a_n = (-1)^n (3n - 7).$$

Folge c:

Analog zur Folge b wechseln sich auch hier die Vorzeichen ab, folglich erwarten wir auch hier, dass ein Faktor

$$(-1)^n$$

enthalten ist. Wie oben teilen wir die gegebenen Folgeglieder durch diesen Faktor und erhalten als übrigbleibende Zahlenfolge:

$$-\frac{7}{2}, -3, -\frac{5}{2}, -2, -\frac{3}{2}, \ldots$$

Im Nenner haben wir wieder 2 stehen, das wird dann wohl auch im gesuchten Bildungsgesetz der Fall sein. Um ein bisschen klarer zu sehen, bringen wir alle Folgeglieder dieser verbleibenden Folge auf einen Nenner 2:

$$-\frac{7}{2}, -\frac{6}{2}, -\frac{5}{2}, -\frac{4}{2}, -\frac{3}{2}, \ldots$$

Wie wir sehen können, erhöht sich jedes nachfolgende Folgeglied um $\frac{1}{2}$, ausgehend von $-\frac{7}{2}$. Als zweiten Faktor des gesuchten Bildungsgesetzes haben wir folglich

$$\frac{n}{2} - \frac{8}{2}$$

bzw.

$$\frac{n}{2} - 4.$$

Das Bildungsgesetz ist daher

$$a_n = (-1)^n \left(\frac{n}{2} - 4 \right).$$

Aufgabe 15   **Reihen** (Kapitel 7)

Überprüfe, ob folgende Reihen konvergent sind. Verwende ggf. ein passendes Konvergenzkriterium.

1. $\sum\limits_{k=1}^{\infty} \frac{1}{k(k+1)}$,

2. $\sum\limits_{k=1}^{\infty} \frac{k}{2k+1}$,

3. $\sum\limits_{k=1}^{\infty} \frac{1}{(2k)^k}$,

4. $\sum\limits_{k=1}^{\infty} (-1)^k \dfrac{k}{k^2+1}$.

Lösung

---

1. Reihe:

Als erstes wäre zu überprüfen, ob sich die gegebene Reihe aus einer Reihe, von der wir wissen, dass sie konvergent ist, durch Multiplikation mit einem Faktor oder aus der Summe konvergenter Reihen ergibt. Wäre dem so, könnten wir gleich feststellen, dass die gegebene Reihe konvergent ist. Das jedoch ist hier augenscheinlich nicht der Fall.

Als zweites überprüfen wir, ob ihre Glieder gegen 0 konvergieren, denn nur dann ist es möglich (aber noch nicht sicher), dass unsere Reihe konvergent ist. Wir berechnen also den Grenzwert (Limes) für $k \to \infty$:

$$\lim_{k\to\infty} \frac{1}{k(k+1)} = 0.$$

Damit besteht also die Möglichkeit, dass die Reihe konvergent ist. Wäre der Limes ungleich 0 gewesen, so hätten wir Konvergenz ausschließen können.

Als drittes ist zu überlegen, welches Konvergenzkriterium uns am ehesten zum Ziel führt. Das ist manchmal nur durch Probieren möglich. Am einfachsten ist sicher erst einmal das Vergleichskriterium, mit dessen Hilfe wir überprüfen, ob die einzelnen Glieder kleiner als die Glieder einer konvergenten Reihe sind. Betrachten wir das Bildungsgesetz der gegebenen Reihe, so sehen wir, dass sie kleiner als die harmonische Reihe ist, die aber divergiert. Mit ihr kommen wir also erst einmal nicht weiter.

Wir wissen aber, dass alle Reihen

$$\sum_{k=1}^{\infty} \frac{1}{k^a}$$

mit $a > 1$ konvergent sind. Vergleichen wir also z. B. die gegebene Reihe mit $\sum\limits_{k=1}^{\infty} \frac{1}{k^2}$:

$$\frac{1}{k(k+1)} < \frac{1}{k^2}?$$

Leicht umgeschrieben erhalten wir

$$\frac{1}{k^2+k} < \frac{1}{k^2}.$$

Diese Ungleichung ist aber sicher erfüllt, da

$$k^2+k > k^2$$

für $k \geq 1$ ist!

Manchmal kann man aber auch durch geschicktes Umformen die Konvergenz feststellen, auch ohne ein Kriterium zu bemühen, was aber nicht immer gelingt und man z. B. durch Üben ein Auge dafür entwickeln muss. Für die gegebene Reihe wollen wir das einmal demonstrieren, indem wir die Folge durch Partialbruchzerlegung in eine Summe zweier Quotienten umwandeln. Zunächst die Partialbruchzerlegung:

$$\frac{1}{k(k+1)} = \frac{A}{k} + \frac{B}{k+1} = \frac{A(k+1)+Bk}{k(k+1)} = \frac{(A+B)k+A}{k(k+1)}.$$

Durch Koeffizientenvergleich bestimmen wir $A = 1$ und $B = -1$. Damit können wir unsere Folge umschreiben:

$$\sum_{k=1}^{\infty} \frac{1}{k(k+1)} = \sum_{k=1}^{\infty} \left(\frac{1}{k} - \frac{1}{k+1} \right)$$

$$= \frac{1}{1} - \frac{1}{2} + \frac{1}{2} - \frac{1}{3} + \frac{1}{3} - \frac{1}{4} + \cdots + \frac{1}{n-2} - \frac{1}{n-1} + \frac{1}{n-1} - \frac{1}{n} + \cdots$$

Der zweite Summand jedes Glieds hebt sich also mit dem ersten Summand des darauffolgenden Glieds auf! Es bleibt also nur der erste Summand des allerersten Gliedes, das für unsere Reihe gerade 1 ist, und der zweite Summand des allerletzten Glieds der Reihe übrig. Das allerletzte Glied ist aber genau das an unendlicher Stelle, mit anderen Worten:

$$\lim_{k \to \infty} \frac{1}{k+1} = 0.$$

Die Summe der Reihe ist also 1 und damit auch konvergent!

Reihe 2:

Wir checken erst, ob die einzelnen Glieder der Reihe gegen 0 konvergieren, was eine notwendige Bedingung für das Vorliegen von Konvergenz ist, wie wir bereits wissen. Also

$$\lim_{k \to \infty} \frac{k}{2k+1} = \lim_{k \to \infty} \frac{1}{2+\frac{1}{k}} = \frac{1}{2}.$$

Das ist definitiv ungleich 0, die Reihe kann also nicht konvergent sein. Das wollen wir nun noch nachweisen, indem wir das Minorantenkriterium anwenden, bei dem wir die Reihe mit einer divergenten Reihe vergleichen. Die gegebene Reihe ist dann auch divergent, wenn ihre Glieder ab einem bestimmten Index immer größer sind als die entsprechenden Glieder der Vergleichsreihe. So gilt z. B., dass

$$\frac{k}{2k+1} > \frac{k}{2k+k}.$$

Die Reihe

$$\sum_{k=1}^{\infty} \frac{k}{2k+k} = \sum_{k=1}^{\infty} \frac{1}{3}$$

ist divergent. Folglich ist die gegebene Reihe ebenfalls divergent.

Reihe 3:

Jedes Glied der gegebenen Reihe ist eine Potenz vom Zählindex k und es wird sonst nicht mehr hinzuaddiert oder subtrahiert. Es bietet sich also an, hier das Wurzelkriterium von Cauchy anzuwenden (s. 7.2.2.3). Demnach ist die Reihe konvergent, wenn

$$\lim_{k \to \infty} \sqrt[k]{a_k} < 1$$

gilt. Auf die gegebene Reihe angewendet

$$\lim_{k \to \infty} \sqrt[k]{\frac{1}{(2k)^k}} = \lim_{k \to \infty} \frac{1}{2k} = 0 < 1.$$

Die Reihe ist also konvergent.

Wir können aber auch das Quotientenkriterium nach d'Alembert (s. 7.6) anwenden, also

$$\lim_{k \to \infty} \frac{a_{k+1}}{a_k} < 1.$$

Für die gegebene Reihe lautet es also

$$\lim_{k \to \infty} \frac{\frac{1}{(2k+1)^{k+1}}}{\frac{1}{(2k)^k}} = \lim_{k \to \infty} \frac{\frac{1}{(2k+1)^k} \frac{1}{2k+1}}{\frac{1}{(2k)^k}} = \lim_{k \to \infty} \left(\frac{2k}{2k+1} \right)^k \frac{1}{2k+1} = \lim_{k \to \infty} \left(\frac{1}{1+\frac{1}{2k}} \right)^k \cdot \frac{1}{2k+1} = 0 < 1.$$

Auch mit dem Quotientenkriterium können wir also die Konvergenz feststellen.

Reihe 4:

Bei dieser Reihe handelt es sich um eine alternierende Reihe, wofür sich das Leibniz-Kriterium für eben diese (s. 7.2.2.4) anbietet.

Hierzu müssen wir zunächst belegen, dass die von negativen Vorzeichen befreiten Glieder der Reihe eine Nullfolge bilden, d. h. dass sie gegen 0 konvergieren. Dazu bilden wir den Limes, wobei wir den das Vorzeichen bestimmenden Vorfaktor $(-1)^k$ weglassen. Für die gegebene Reihe bedeutet das, dass

$$\lim_{k \to \infty} \frac{k}{k^2+1} = \lim_{k \to \infty} \frac{1}{k+\frac{1}{k}} = 0.$$

Die Folge ist also tatsächlich eine Nullfolge. Nun bleibt uns nur noch zu überprüfen, ob die vorzeichenbefreite Folge monoton fallend ist, was gleichbedeutend ist mit der Forderung, dass jedes Glied kleiner als das vorangegangene ist. Wir lassen also wieder den Vorfaktor $(-1)^k$ weg und überprüfen, ob die Differenz zweier auf diese Weise von Vorzeichen entledigter, aufeinanderfolgender Glieder negativ ist.

$$a_{k+1} - a_k = \frac{k+1}{(k+1)^2+1} - \frac{k}{k^2+1} = \frac{(k+1)(k^2+1) - k[(k+1)^2+1]}{[(k+1)^2+1](k^2+1)} = \frac{-k^2-k+1}{(k^2+2k+2)(k^2+1)}.$$

Der Nenner des resultierenden Bruches ist positiv, der Zähler jedoch sicher negativ für alle $k \geq 1$. Damit ist die Differenz negativ, d. h. die vorzeichenbefreite Folge nimmt monoton ab, was wir ja überprüfen wollten. Zugleich ist sie eine Nullfolge, womit wir mit Hilfe des Leibniz-Kriteriums für alternierende Folgen nachgewiesen haben, dass die gegebene Reihe konvergent ist.

Aufgabe 16   **Vollständige Induktion** (Kapitel 7)

Beweise mit Hilfe der vollständigen Induktion folgende Behauptungen

1. $\sum_{k=1}^{n} (2k-1) = n^2, n \geq 1,$

2. $\prod_{k=1}^{n} 4^k = 2^{n(n+1)}, n \geq 1.$

Lösung

Behauptung 1:

Wir beginnen immer mit dem Induktionsanfang, d. h. wir überprüfen die Behauptung für $n = k_0$ bzw. für die gegebene Behauptung für $n = 1$:

$$\sum_{k=1}^{1} (2k-1) = (2 \cdot 1 - 1) = 1^2.$$

Damit haben wir nachgewiesen, dass unsere Behauptung für die allererste Partialsumme (also für $n = 1$) stimmt. Als nächsten und letzten Schritt weisen wir nach, dass sie auch für $n + 1$ gilt, wobei wir voraussetzen, dass die Behauptung für n richtig ist. Das nennt man den Induktionsschluss. Der geht so:

$$\sum_{k=1}^{n+1} (2k-1) = \sum_{k=1}^{n} (2k-1) + [2(n+1) - 1] = (n+1)^2.$$

Da wir ja vorausgesetzt haben, dass die Behauptung für n richtig ist, können wir $\sum_{k=1}^{n} (2k-1)$ durch n^2 ersetzen:

$$n^2 + 2n + 1 = (n+1)^2.$$

Wenn wir die rechte Seite ausmultiplizieren, sehen wir spätestens dann eine Übereinstimmung zwischen linker und rechter Seite, womit wir nachgewiesen haben, dass die Behauptung auch für den Induktionsschluss gilt. Somit haben wir erfolgreich die Richtigkeit der Behauptung nachgewiesen.

Behauptung 2:

Der Induktionsanfang ist

$$\prod_{k=1}^{1} 4^k = 4 = 2^{1(1+1)} = 2^2.$$

Wir haben die Richtigkeit der Aussage für den Induktionsanfang festgestellt und fahren daher mit dem Induktionsschluss fort:

$$\prod_{k=1}^{n+1} 4^k = \left(\prod_{k=1}^{n} 4^k \right) \cdot 4^{n+1} = 2^{n(n+1)}(2^2)^{n+1} = 2^{n(n+1)} \cdot 2^{2(n+1)} = 2^{n^2+3n+2}.$$

Die Potenz dieses Zwischenergebnisses faktorisieren wir noch (z. B. mit Hilfe der p,q-Formel) und erhalten damit die Bestätigung der Aussage für den Induktionsschluss:

$$\prod_{k=1}^{n+1} 4^k = 2^{(n+1)(n+2)}.$$

Aufgabe 17   **Taylor-Reihen** (Kapitel 7)

Entwickle die Funktion $\ln x$ um die Stelle $x_0 = 1$. Vergleiche anschließend die gegebene Funktion mit der Reihendarstellung nach Abbruch der Reihenentwicklung nach

1. dem 1. Glied, also $n = 1$,

2. dem 2. Glied, also $n = 2$,

3. dem 3. Glied, also $n = 3$ und

4. dem 4. Glied, also $n = 4$,

indem Du den Logarithmus und die Taylor-Reihe an folgenden Stellen auswertest:

- bei $x = 0{,}2$,

- bei $x = 0{,}5$,

- bei $x = 1$,

- bei $x = 2$,

- bei $x = 10$ und

- bei $x = 100$.

Lösung

Zur Entwicklung mit Taylor-Reihen bemühen wir Gleichung 7.10. Hierfür müssen wir zunächst die Ableitungen der zu entwickelnden Funktion $f(x) = \ln x$ bestimmen und zwar theoretisch bis zur ∞-ten Ableitung. Das ersparen wir uns aber aus ganz pragmatischen Gründen. Da wir später noch bis zum 4. Glied entwickeln müssen, wollen wir uns hier damit begnügen, die Ableitungen bis zur 4. Ableitung der zu entwickelnden Funktion zu berechnen und die Fortführung der Entwicklung bis zum ∞-ten Glied durch Punkte anzudeuten:

$$f'(x) = \frac{1}{x},$$

$$f''(x) = -\frac{1}{x^2},$$

$$f'''(x) = 2\frac{1}{x^3} \text{ und}$$

$$f^{(4)}(x) = -6\frac{1}{x^4}.$$

Damit wird die Taylor-Reihenentwicklung um $x_0 = 1$ zu

$$f(x) = \ln 1 + \frac{x-1}{1!}f'(1) + \frac{(x-1)^2}{2!}f''(1) + \frac{(x-1)^3}{3!}f'''(1) + \frac{(x-1)^4}{4!}f^{(4)}(1) + \cdots$$

bzw. ausgerechnet (soweit möglich)

$$f(x) = x - 1 - \frac{(x-1)^2}{2} + \frac{(x-1)^3}{3} - \frac{(x-1)^4}{4} + \cdots$$

Nun wollen wir die Taylor-Reihenentwicklung bis zu bestimmten Gliedern mit der eigentlichen Funktion für verschiedene Funktionswerte vergleichen:

Funktionswert	$\ln x$	$n = 1$	$n = 2$	$n = 3$	$n = 4$
$x = 0,2$	$-1,6094379$	$-0,8$	$-1,12$	$-1,2906667$	$-1,3930667$
$x = 0,5$	$-0,6931472$	$-0,5$	$-0,625$	$-0,6666667$	$-0,6822917$
$x = 1$	$0,0$	$0,0$	$0,0$	$0,0$	$0,0$
$x = 2$	$0,6931472$	$1,0$	$0,5$	$0,83333333$	$0,58333333$
$x = 10$	$2,3025851$	$9,0$	$-31,0$	$211,5$	$-1428,75$
$x = 100$	$4,6051702$	$99,0$	$-4801,5$	$318631,5$	$-23696268,75$

Wir sehen, dass die Übereinstimmung perfekt ist für $x = 1$ und zwar unabhängig, ab welchem Glied wir abbrechen, was die logische Konsequenz daraus ist, dass wir genau um diese Stelle die Taylor-Reihe entwickelt haben. Des Weiteren stellen wir fest, dass die Abweichungen zu der Originalfunktion zunehmen, je weiter wir uns von der Entwicklungsstelle 1 entfernen. In der näheren Umgebung wird zudem die Annäherung besser, je später wir die Reihenentwicklung abbrechen. Dennoch bleibt eine gewisse Abweichung erhalten, die je nach Genauigkeitsanforderung immer noch zu groß sein kann, wenn wir nicht nahe genug an der Entwicklungsstelle sind.

Aufgabe 18	**Lineare Gleichungssysteme** (Kapitel 8)	

Stelle für folgendes lineares Gleichungssystem die Matrizengleichung auf und löse es mit Hilfe des Gaußschen Algorithmus:

$$
\begin{aligned}
3x_1 - x_2 &= 1 && (1) \\
-x_1 + 2x_2 - x_3 &= 2 && (2) \\
-2x_2 + 3x_3 &= -1 && (3).
\end{aligned}
$$

Lösung

Wir stellen zunächst die Matrizengleichung auf. Wie wir dem gegebenen linearen Gleichungssystem entnehmen, haben wir drei Unbekannte x_1, x_2 und x_3 und drei Gleichungen, die auf den ersten Blick linear unabhängig aussehen, weil keine Gleichung ein Vielfaches der beiden anderen ist. Ob diese Vermutung zutrifft, sehen wir, wenn wir das Gleichungssystem mit Hilfe des Gaußschen Algorithmus lösen. Aber zurück zum Aufstellen der Matrizengleichung.

Wir stellen fest, dass x_3 in der ersten Gleichung und x_1 in der dritten Gleichung nicht vorkommen. Die gesuchte Matrix hat also an der entsprechenden Stelle eine 0. An den anderen Stellen übertragen wir einfach die vorgegebenen Konstanten, mit denen unsere Variablen multipliziert werden, an den entsprechenden Stellen der gesuchten Matrix. Damit erhalten wir als Matrizengleichung

$$
\begin{pmatrix} 3 & -1 & 0 \\ -1 & 2 & -1 \\ 0 & -2 & 3 \end{pmatrix} \begin{pmatrix} x_1 \\ x_2 \\ x_3 \end{pmatrix} = \begin{pmatrix} 1 \\ 2 \\ -1 \end{pmatrix}.
$$

Nun wenden wir den Gaußschen Algorithmus an. Der hier Dargestellte ist eine Möglichkeit, diesen anzuwenden. Je nachdem, für welche Zeile Ihr Euch als Eliminationszeile bei jedem Schritt entscheidet, kann sich der Ablauf etwas unterscheiden. Ihr solltet aber immer auf das gleiche Ergebnis kommen, sonst habt Ihr Euch verrechnet.

	x_1	x_2	x_3		
I	3	-1	0	1	
II	-1	2	-1	2	
III	0	-2	3	-1	
I	3	-1	0	1	(*)
II	0	5	-3	7	I + 3·II
III	0	-2	3	-1	——
I	3	-1	0	1	
II	0	5	-3	7	(*)
III	0	0	9	9	2·II + 5·III
I	3	-1	0	1	——
II	0	15	0	30	3·II + III
III	0	0	9	9	(*)
I	45	0	0	45	15·I + II
II	0	15	0	30	(*)
III	0	0	9	9	——
I	1	0	0	1	I/45
II	0	1	0	2	II/15
III	0	0	1	1	III/9

Wir haben den Gaußschen Algorithmus vollständig durchexerziert, so dass wir in der rechten Spalte nur noch das Ergebnis abzulesen brauchen:

$$\vec{x} = \begin{pmatrix} 1 \\ 2 \\ 1 \end{pmatrix}.$$

Wir hätten aber auch schon nach dem dritten Schritt aufhören können, aus der dritten Zeile x_3 bestimmen und dann rekursive durch aufeinanderfolgendes Einsetzen der Lösungen in die anderen Zeilen die anderen Unbekannten bestimmen. Das bleibt einem letztlich selbst überlassen.

Aufgabe 19	**Determinanten** (Kapitel 8)	

Berechne folgende Determinante mit Hilfe des Laplaceschen Entwicklungssatzes:

$$D = \begin{vmatrix} 1 & 4 & 1 & 2 \\ 3 & -1 & 0 & 4 \\ -1 & 2 & 0 & 4 \\ 2 & 1 & 3 & 1 \end{vmatrix}.$$

Lösung

Wir wählen zunächst eine Zeile oder Spalte, nach der wir entwickeln wollen. Am günstigsten diejenige, welche die meisten Nullen aufweist. In unserem Falle ist das die dritte Spalte. Wir entwickeln also nach dieser mit Hilfe des Laplaceschen Entwicklungssatzes (s. 8.11):

$$D = +1 \cdot \begin{vmatrix} 3 & -1 & 4 \\ -1 & 2 & 4 \\ 2 & 1 & 1 \end{vmatrix} - 3 \cdot \begin{vmatrix} 1 & 4 & 2 \\ 3 & -1 & 4 \\ -1 & 2 & 4 \end{vmatrix}$$

$$= \{3 \cdot 2 \cdot 1 - 1 \cdot 4 \cdot 2 + 4 \cdot (-1) \cdot 1 - [2 \cdot 2 \cdot 4 + 1 \cdot 4 \cdot 3 + 1 \cdot (-1) \cdot (-1)]\}$$
$$- 3\{1 \cdot (-1) \cdot 4 + 4 \cdot 4 \cdot (-1) + 2 \cdot 3 \cdot 2 - [(-1) \cdot (-1) \cdot 2 + 2 \cdot 4 \cdot 1 + 4 \cdot 3 \cdot 4]\} = 163.$$

Auch hier hätten wir wieder nach jeder beliebigen Zeile oder Spalte entwickeln können und es muss dennoch dasselbe herauskommen.

| **Aufgabe 20** | **Eigenwerte und Eigenvektoren** (Kapitel 8) | |

Berechne die Eigenwerte der folgenden Matrix und bestimme die zugehörigen Eigenvektoren:

$$A = \begin{pmatrix} 3 & 1 & 1 \\ 2 & 2 & 1 \\ 2 & 1 & 2 \end{pmatrix}.$$

Lösung

Die Bestimmungsgleichung für die Eigenwerte (s. Gleichung 8.14) ist

$$\det(A - \lambda E) = 0.$$

Wir berechnen mit Hilfe des Schemas für 3×3-Matrizen diese Determinante und setzen das von λ abhängende Ergebnis zu 0:

$$\begin{vmatrix} 3-\lambda & 1 & 1 \\ 2 & 2-\lambda & 1 \\ 2 & 1 & 2-\lambda \end{vmatrix} =$$
$$= (3-\lambda)(2-\lambda)(2-\lambda) + 2 + 2 - [2 \cdot (2-\lambda) + (3-\lambda) + 2 \cdot (2-\lambda)]$$
$$= -\lambda^3 + 7\lambda^2 - 11\lambda + 5 = 0.$$

Durch Probieren oder Raten finden wir die erste Nullstelle des charakteristischen Polynoms als eine Lösung der Gleichung, nämlich $\lambda_1 = 1$. Wir teilen das Polynom durch den so gefundenen Linearfaktor $\lambda - 1$ und erhalten folgendes Produkt, das wir 0 setzen:

$$(\lambda - 1)(-\lambda^2 + 6\lambda + 5) = 0.$$

Die beiden verbleibenden Nullstellen bestimmen wir mit Hilfe der p,q-Formel zu

$$\lambda_2 = 1$$

und

$$\lambda_3 = 5.$$

Damit haben wir alle drei Eigenwerte bestimmt, sie sind alle reellwertig. Wir stellen darüber hinaus fest, dass wir einen doppelten Eigenwert haben, da auch $\lambda_2 = 1$ ist!

Für jeden Eigenwert müssen wir nun das lineare Gleichungssystem

$$(A - \lambda_i E)\vec{x}_i = \vec{0}$$

lösen. Da die Determinante der sich ergebenden Matrix $A - \lambda_i E$ ja 0 ist (das ist unsere Bedingung für die Bestimmung der Eigenwerte), handelt es sich um ein linear abhängiges System, es ist also nicht eindeutig lösbar! Wir behelfen uns, wie beschrieben (s. Abschnitt 8.5), indem wir eine der Komponente jedes Eigenvektors (oder ggf. mehrere Komponenten) als Variable auffassen.

Fangen wir mit dem 1. Eigenwert $\lambda_1 = 1$ an:

$$\begin{pmatrix} 2 & 1 & 1 \\ 2 & 1 & 1 \\ 2 & 1 & 1 \end{pmatrix} \vec{x}_1 = \vec{0}.$$

Bevor wir uns die Mühe machen, dafür den Gaußschen Algorithmus anzuwenden, sollte uns auffallen, dass sämtliche Zeilen identisch sind! Beim Anwenden des Gaußschen Algorithmus fallen also alle Zeilen bis auf eine weg. Wir haben also eine Gleichung für drei Unbekannte. Damit können wir also maximal eine Komponente in Abhängigkeit der beiden anderen Komponenten berechnen. Diese beiden Komponenten fassen wir als Variablen auf. Aber Schritt für Schritt.

Wenden wir also erst einmal den Gaußschen Algorithmus an. Nach nur einem Schritt sind wir fertig:

	x_1	x_2	x_3		
I	2	1	1	0	
II	2	1	1	0	
III	2	1	1	0	
I	2	1	1	0	(*)
II	0	0	0	0	I - II
III	0	0	0	0	I - III

Übersetzen wir das zurück in ein lineares Gleichungssystem, bleibt also wie angekündigt nur eine Gleichung übrig:

$$2x_1 + x_2 + x_3 = 0.$$

Wir setzen nun

$$x_1 = \alpha_1$$

und

$$x_2 = \alpha_2.$$

Damit wird die dritte Komponente zu

$$x_3 = -2\alpha_1 - \alpha_2.$$

Der zum ersten Eigenwert gehörige Eigenvektor ist also

$$\vec{x}_1 = \begin{pmatrix} \alpha_1 \\ \alpha_2 \\ -2\alpha_1 - \alpha_2 \end{pmatrix}$$

bzw.

$$\vec{x}_1 = \alpha_1 \begin{pmatrix} 1 \\ 0 \\ -2 \end{pmatrix} + \alpha_2 \begin{pmatrix} 0 \\ 1 \\ -1 \end{pmatrix}$$

mit

$$\alpha_1, \alpha_2 \in \mathbb{R}.$$

Die zum Eigenvektor $\lambda_1 = 1$ gehörenden Eigenvektoren liegen also alle in einer Ebene!

VORSICHT: Dass der Eigenwert $\lambda_{1,2} = 1$ mehrfach vorkommt, bedeutet nicht automatisch, dass wir mehr als nur eine Komponente als Variable auffassen müssen, um den Eigenvektor zu bestimmen!

Für den verbleibenden Eigenwert verfahren wir analog, wir setzen ihn also wie vorhin beim ersten Eigenwert in die Gleichung zur Bestimmung des Eigenwerts $(A - \lambda E)\vec{x} = \vec{0}$ ein. Wie zuvor erhalten wir ein lineares homogenes Gleichungssystem, das wir mittels des Gaußschen Algorithmus lösen:

	x_1	x_2	x_3	
I	-2	1	1	0
II	2	-3	1	0
III	2	1	-3	0
I	-2	1	1	0 (*)
II	0	-2	2	0 I+II
III	0	2	-2	0 I+III
I	-2	1	1	0
II	0	-2	2	0 (*)
III	0	0	0	0 II+III

Wir erhalten also folgendes Gleichungssystem:

$$-2x_1 + x_2 + x_3 = 0 \qquad\qquad (1)$$
$$-2x_2 + 2x_3 = 0 \qquad\qquad (2).$$

Setzen wir

$$x_3 = \beta,$$

dann ist

$$x_2 = \beta$$

und ebenfalls

$$x_1 = \beta.$$

Der zu $\lambda_3 = 5$ gehörende Eigenvektor ist demnach

$$\vec{x}_3 = \beta \begin{pmatrix} 1 \\ 1 \\ 1 \end{pmatrix}$$

mit

$$\beta \in \mathbb{R}\setminus\{0\}.$$

Der Koeffizient β darf nicht 0 werden, weil wir sonst einen Nullvektor als Eigenvektor erhielten, was wir definitiv ausgeschlossen haben, weil das eine triviale und somit bedeutungslose Lösung für die Bestimmungsgleichung für die Eigenwerte wäre.

Aufgabe 21   **Einfache Integration** (Kapitel 9)

Bestimme für folgende Funktionen die Stammfunktion:

1. $f(x) = 3x^2 - x + 1$,

2. $f(x) = \frac{6x^2}{x^3 - 4}$,

3. $f(x) = 2\sin x \cos x$,

4. $f(x) = \sqrt[3]{x}$.

Lösung

Integral 1:

Es handelt sich hier um ein Polynom, das sehr einfach zu integrieren ist, indem wir für jeden Summanden den Ableitungsprozess umkehren, welcher selbst wiederum für Polynome sehr einfach ist:

$$F(x) = \int (3x^2 - x + 1)\mathrm{d}x = x^3 - \frac{1}{2}x^2 + x + C.$$

Bei der Stammfunktion sind keine Integrationsgrenzen zu verwenden, andernfalls würden wir lediglich eine Zahl erhalten, aber keine Funktion. Da konstante Summanden wegfallen bei der Ableitung, müssen wir das bei der Umkehrung (= Integration) berücksichtigen, indem wir eine beliebige Konstante C hinzuaddieren, die wir aber so nicht kennen und beim Bestimmen der Stammfunktion auch nicht kennen müssen.

Integral 2:

Bei genauerem Hinschauen können wir erkennen, dass im Zähler des gegebenen Bruchs die Ableitung des Nenners steckt, indem wir die Funktion leicht umschreiben, nämlich

$$f(x) = 2 \cdot \frac{3x^2}{x^3 - 4}.$$

Haben wir einen Bruch zu integrieren, dessen Zähler die Ableitung des Nenners ist, so kommt der Logarithmus ins Spiel und unsere Stammfunktion errechnet sich dann wie folgt:

$$F(x) = \int 2 \cdot \frac{3x^2}{x^3 - 4}\mathrm{d}x = 2 \cdot \int \frac{3x^2}{x^3 - 4}\mathrm{d}x = 2 \cdot \ln|x^3 - 4| + C.$$

Wir dürfen beim Argument des Logarithmus die Betragsstriche nicht vergessen, da das Argument auch negativ werden kann! Wir dürfen die Betragsstriche nur dann weglassen, wenn das Argument sicher positiv ist.

Integral 3:

Hier haben wir ein Produkt aus einer trigonometrischen Funktion mit ihrer Ableitung vorliegen. Daraus ergeben sich sogar zwei Optionen:

Option 1: Wir interpretieren $\cos x$ als die Ableitung, dann ist unsere Stammfunktion

$$F(x) = \int 2\sin x \cos x \, dx = \sin^2 x + C.$$

Option 2: Wir interpretieren $\sin x$ als die Ableitung, dann ist unsere Stammfunktion unter Berücksichtigung des Vorzeichens bei der Ableitung vom Cosinus:

$$F(x) = \int 2\sin x \cos x \, dx = -\int -2\sin x \cos x \, dx = -\cos^2 x + C.$$

Integral 4:

Auch die Integration einer so einfachen Wurzel ist nicht schwer, wenn wir sie leicht umschreiben:

$$F(x) = \int \sqrt[3]{x} \, dx = \int x^{\frac{1}{3}} \, dx = \left(\frac{1}{\frac{1}{3}+1} \right) x^{\frac{1}{3}+1} + C = \frac{3}{4} x^{\frac{4}{3}} + C = \frac{3}{4} \sqrt[3]{x^4} + C.$$

| **Aufgabe 22** | **Integration für Fortgeschrittene** (Kapitel 9) | |

Bestimme für folgende Funktionen die Stammfunktion. Verwende dabei eine passende Integrationsmethode.

1. $f(x) = (1-4x)^3$,

2. $f(x) = 3x^2 \tan x^3$,

3. $f(x) = \frac{1}{(4-x)\sqrt{1+x}}$,

4. $f(x) = 16x^3 \ln x$,

5. $f(x) = e^{2x} \cos x$,

6. $f(x) = \frac{3x^3 + 2x^2 + 5x + 1}{x^2 + 1}$, sowie

7. $f(x) = \frac{3x^2 - 3x + 2}{x^3 - 2x + 4}$.

$$\boxed{\textbf{Lösung}}$$

1. Funktion:

Die einfachste, aber auch umständlichste Methode wäre hier, das Polynom einfach auszurechnen und dann einfach aufzuintegrieren. Mit Hinschauen und Nachdenken können wir aber sehen, dass durch eine geringfügige Umformung die Funktion in eine Form überführt werden kann, die aus der Differentiation mit Anwendung der Kettenregel entstanden ist:

$$F(x) = \int (1-4x)^3 \mathrm{d}x = -\frac{1}{16}\int -16\cdot(1-4x)^3 \mathrm{d}x = -\frac{1}{16}(1-4x)^4 + C,$$

denn

$$f(x) = F'(x) = -\frac{1}{16}\cdot 4\cdot(1-4x)^3\cdot(-4) = (1-4x)^3.$$

Etwas formaler geht das, wenn wir die Integration mit der Methode der Substitution durchführen. Hierzu substituieren wir den Term in der Klammer:

$$t = 1-4x,$$

den wir nach x ableiten:

$$\frac{\mathrm{d}t}{\mathrm{d}x} = -4.$$

Diesen Ausdruck lösen wir nach $\mathrm{d}x$ auf, also

$$\mathrm{d}x = -\frac{1}{4}\mathrm{d}t.$$

Die Substitutionen eingesetzt ergibt das Integral

$$F(t) = \int -\frac{1}{4}t^3 \mathrm{d}t = -\frac{1}{4}\cdot\frac{1}{4}t^4 + C.$$

Nun rücksubstituiert, indem wir für $t = 1-4x$ setzen:

$$F(x) = -\frac{1}{16}(1-4x)^4 + C.$$

2. Funktion:

Auch hier sieht das geschulte Auge, dass der Term $3x^2$ die Ableitung des Arguments des Tangens ist und wir berechtigterweise die Umkehrung der Kettenregel ansetzen können. Wir wollen uns aber an dieser Stelle auf die Demonstration der Integration durch Substitution beschränken.

Für diese Funktion setzen wir

$$t = x^3$$

und leiten nach x ab:

$$\frac{dt}{dx} = 3x^2.$$

Somit können wir dx durch

$$dx = \frac{1}{3x^2}dt$$

ersetzen. Außerdem schreiben wir den Tangens aus und erhalten so für das Integral

$$F(t) = \int \frac{\sin t}{\cos t}dt = -\int \frac{-\sin t}{\cos t}dt = -\ln|\cos t| + C.$$

Wenn wir nun rücksubstituieren, erhalten wir

$$F(x) = -\ln|\cos x^3| + C.$$

3. Funktion:

Wir verwenden wieder die Substitutionsmethode und setzen

$$t = \sqrt{1+x}.$$

Wir lösen diesmal erst nach x auf, bevor wir ableiten (das ist ein wenig einfacher):

$$x = t^2 - 1$$

und nach t abgeleitet

$$\frac{dx}{dt} = 2t.$$

Wir lösen wie gehabt nach dx auf:

$$dx = 2t\,dt.$$

Eingesetzt ergibt das

$$F(x) = \int \frac{1}{[4-(t^2-1)]t} \cdot 2t\,dt = \int \frac{2t}{(5-t^2)t}dt = \int \frac{2}{5-t^2}dt.$$

An dieser Stelle bemühen wir eine Formelsammlung, weil wir hier mit den Standardmethoden nicht weiterkommen. Sehr hilfreich ist da wie immer der Bronstein ([Bro93]). Für die vorliegende Funktion ist demnach das Integral

$$F(t) = -2\int \frac{1}{t^2-5}dt = -2\cdot\left(-\frac{2}{\sqrt{20}}\operatorname{artanh}\frac{2t}{\sqrt{20}}\right)+C = \frac{2}{\sqrt{5}}\operatorname{artanh}\frac{t}{\sqrt{5}}+C.$$

Nun noch eben rücksubstituiert:

$$F(x) = \frac{2}{\sqrt{5}} \operatorname{artanh} \frac{\sqrt{1+x}}{\sqrt{5}} + C.$$

4. Funktion:

Die vorliegende zu integrierende Funktion ist ein Produkt zweier Unterfunktionen von x. Es bietet sich hier an, es mit der Methode der *partiellen Integration* (s. Abschnitt 9.2.2.3) zu versuchen. Bei dieser Methode wandeln wir das Integral in eine Differenz aus einem Produkt und einem weiteren Integral um, wobei dieses übrigbleibende Integral einfacher sein sollte als das ursprüngliche, um dieser Methode tatsächlich einen Gewinn an Rechenaufwand abringen zu können. Das Prinzip der Methode der partiellen Integration leitet sich aus der Umkehrung der Produktregel ab (s. Abschnitt 4.4 Gleichung 4.8). Der wichtigste Schritt bei der partiellen Integration ist, die einzelnen Produktterme auf kluge Weise den Termen bei der Durchführung der partiellen Integration zuzuordnen, und zwar so, dass wie erwähnt das verbleibende Integral möglichst einfach ist. In unserem Fall empfiehlt sich folgende Zuordnung:

$$u'(x) = 16x^3$$

und

$$v(x) = \ln x,$$

da im verbleibenden Integral nach Anwendung der Formel für die partielle Integration die Ableitung von $v(x)$ vom Logarithmus übrigbleibt, deren Integration wesentlich einfacher ist als die Integration des Logarithmus selbst.

Bevor wir aber die Gleichung hinschreiben können, müssen wir noch die Funktion $u'(x)$ über x integrieren und $v(x)$ nach x ableiten. Also

$$u(x) = \int u'(x)\mathrm{d}x = \int 16x^3 \mathrm{d}x = 4x^4.$$

Für diesen Zwischenschritt benötigen wir die Konstante C nicht, weil wir nicht die Stammfunktion von u' bestimmen wollen.

Nun noch v abgeleitet:

$$v'(x) = \frac{\mathrm{d}v}{\mathrm{d}x} = \frac{\mathrm{d}}{\mathrm{d}x} \ln x = \frac{1}{x}.$$

Jetzt können wir die Gleichung für die partielle Integration anwenden:

$$F(x) = \int 16x^3 \ln x \mathrm{d}x = u(x) \cdot v(x) - \int u(x) \cdot v'(x)\mathrm{d}x = 4x^4 \cdot \ln x - \int 4x^4 \cdot \frac{1}{x} \mathrm{d}x$$
$$= 4x^4 \ln x - \int 4x^3 \mathrm{d}x = 4x^4 \ln x - x^4 + C = x^4(4\ln x - 1) + C.$$

Hier dürfen wir wieder das C nicht vergessen, weil wir ja die Stammfunktion für $f(x)$ bestimmen sollen.

5. Funktion:

Wir sollen

$$F(x) = \int e^{2x} \cos x\, dx$$

berechnen. Es handelt sich hier ebenfalls um ein Integral eines Produkts und da liegt wieder die partielle Integration nahe. Wir wissen, dass wir für diese Methode eines der Produktterme ableiten und den anderen integrieren müssen. Betrachten wir aber beide Terme, so ist nicht von vornherein klar, welchen Term wir für die Ableitung und welchen für die Integration vorsehen sollen. Tatsächlich ist es sogar ziemlich egal, da sowohl bei der Ableitung als auch bei der Integration die Euler-Funktion sich nur um den konstanten Koeffizienten unterscheidet und aus dem Cosinus der Sinus wird, egal ob wir ihn nun ableiten oder integrieren. Wir müssen da ein wenig in die Trickkiste greifen und dabei die Tatsache ausnutzen, dass bei zweifacher Integration oder Ableitung des Cosinus wieder der Cosinus entsteht. Wir haben also vor, die partielle Ableitung zweimal durchzuführen. Wir zeigen Euch hier, wie.

1. partielle Integration:

Wir setzen

$$u'(x) = e^{2x}$$

bzw.

$$u(x) = \int e^{2x} dx = \frac{1}{2} e^{2x}$$

und

$$v(x) = \cos x$$

bzw.

$$v'(x) = -\sin x.$$

Damit ergibt sich für unsere Stammfunktion

$$F(x) = \int e^{2x} \cos x\, dx = \frac{1}{2} e^{2x} \cos x - \int \frac{1}{2} e^{2x} (-\sin x)\, dx = \frac{1}{2} \left(e^{2x} \cos x + \int e^{2x} \sin x\, dx \right).$$

Wir haben also die Stammfunktion in eine Summe aus einem mit dem Taschenrechner einfach zu berechnenden Produkt und einem weiteren Integral aufgeteilt. Dieses verbleibende Integral ist aber nicht wirklich einfacher als das ursprüngliche. An dieser Stelle wenden wir für dieses Integral die partielle Integration ein zweites Mal an.

2. partielle Integration:

Wir berechnen das Integral

$$\int e^{2x} \sin x \, dx$$

über die partielle Integration und setzen dafür

$$u'(x) = e^{2x}$$

bzw.

$$u(x) = \frac{1}{2} e^{2x}$$

und

$$v(x) = \sin x$$

bzw.

$$v'(x) = \cos x.$$

Also ist

$$\int e^{2x} \sin x \, dx = \frac{1}{2} e^{2x} \sin x - \int \frac{1}{2} e^{2x} \cos x \, dx.$$

Diese Gleichung setzen wir in die Gleichung, die wir nach der ersten partiellen Integration erhalten haben, ein. Also

$$\int e^{2x} \cos x \, dx = \frac{1}{2} \left(e^{2x} \cos x + \frac{1}{2} e^{2x} \sin x - \frac{1}{2} \int e^{2x} \cos x \, dx \right).$$

Nun lösen wir diese Gleichung nach dem Integral auf (die beiden verbleibenden Integrale haben den gleichen Integranden!). Also

$$\int e^{2x} \cos x \, dx = \frac{2}{5} e^{2x} \left(\cos x + \frac{1}{2} \sin x \right).$$

Das aber ist ja genau das, was wir ursprünglich berechnen sollten! Unsere Stammfunktion lautet demnach

$$F(x) = \frac{2}{5} e^{2x} \left(\cos x + \frac{1}{2} \sin x \right) + C.$$

6. Funktion:

Bei der Funktion, die integriert werden soll, handelt es sich um eine rationale Funktion, d. h. sie ist ein Bruch aus Funktionen von x (hier: Polynome). Bevor wir fortfahren, betrachten wir den Bruch näher und beantworten folgende Fragen:

- Ist der Zähler Ableitung des Nenners? Antwort: Nein.

- Ist zu erwarten, dass durch eine Aufteilung des Bruchs in eine Summe aus Brüchen die Integration vereinfacht wird? Antwort: Nein (ohnehin nur selten der Fall!).

- Wenn sowohl Nenner als auch Zähler Polynome sind, ist dann der Grad im Zähler gleich oder größer als der Grad im Nenner? Antwort: Ja!

Die Antwort auf die letzte Frage lautet ja, weshalb wir, bevor wir integrieren, den Bruch durchdividieren, d. h. wir teilen den Zähler durch den Nenner:

$$3x^3 + 2x^2 + 5x + 1 : x^2 + 1 = 3x + 2 + \frac{2x - 1}{x^2 + 1}.$$

Das integrieren wir nun:

$$F(x) = \int \left(3x + 2 + \frac{2x - 1}{x^2 + 1} \right) \mathrm{d}x = \frac{3}{2}x^2 + 2x + \int \frac{2x}{x^2 + 1} \mathrm{d}x - \int \frac{1}{x^2 + 1} \mathrm{d}x$$
$$= \frac{3}{2}x^2 + 2x + \ln(x^2 + 1) - \int \frac{1}{x^2 + 1} \mathrm{d}x.$$

Damit sind wir schon fast fertig. Für das letzte Integral bemühen wir eine Formelsammlung, z. B. den Bronstein [Bro93], der besagt, dass

$$\int \frac{1}{x^2 + a^2} \mathrm{d}x = \frac{1}{a} \arctan \frac{x}{a}.$$

Für unsere Stammfunktion ergibt sich damit

$$F(x) = \frac{3}{2}x^2 + 2x + \ln(x^2 + 1) - \arctan x + C.$$

7. Funktion:

Auch hier handelt es sich wieder um eine rationale Funktion und wieder beantworten wir die Fragen, die wir uns bereits zur Funktion 6 gestellt haben. Diesmal lauten alle Antworten nein, d. h. der Grad des Nenners ist hier größer als der Grad des Zählers. Durchdividieren macht hier also keinen Sinn. Wir versuchen es daher hier mit der Partialbruchzerlegung. Dazu muss aber der Nenner in wenigstens zwei Linearfaktoren zerlegbar sein (wir beschränken uns hier auf reelle Zahlen). Wir bestimmen also dessen Nullstellen. Durch Raten bzw. Probieren finden wir die erste Nullstelle zu

$$x_1 = -2.$$

Der erste Linearfaktor des Nennerpolynoms lautet also $x+2$, durch den wir den Nenner nun teilen:

$$x^3 - 2x + 4 : x + 2 = x^2 - 2x + 2.$$

Wenden wir darauf die *p,q-Formel* (s. Gleichung 3.5) an, erhalten wir eine negative Wurzel, was nichts anderes heißt, als dass die beiden weiteren Nullstellen komplex sind. Da wir uns jedoch auf reelle Zahlen beschränken wollen, kann der Nenner nicht in weitere Linearfaktoren zerlegt werden und seine Faktorisierung ist demnach $(x+2)(x^2 - 2x + 2)$.

Wir können nun mit der Partialbruchzerlegung beginnen. Wir zeigen Euch hier den Weg, der sehr sicher zum Ziel führt, nämlich den des *Koeffizientenvergleichs*. Hierfür stellen wir folgenden Ansatz auf:

$$\frac{3x^2 - 3x + 2}{x^3 - 2x + 4} = \frac{a}{x+2} + \frac{bx+c}{x^2 - 2x + 2}.$$

Der Grad im Zähler der beiden Brüche auf der rechten Seite muss jeweils um eins niedriger sein als der des zugehörigen Nenners!

Nun bringen wir die rechte Seite auf einen gemeinsamen Bruch, indem wir beide jeweils um den fehlenden Linearfaktor erweitern:

$$\frac{a}{x+2} \cdot \frac{x^2 - 2x + 2}{x^2 - 2x + 2} + \frac{bx+c}{x^2 - 2x + 2} \cdot \frac{x+2}{x+2} = \frac{a(x^2 - 2x + 2) + (bx + cC)(x+2)}{(x^2 - 2x + 2)(x+2)}.$$

Wir multiplizieren den Zähler aus und fassen alle Terme nach Potenzen geordnet zusammen. Wir erhalten dann folgende Gleichung:

$$\frac{3x^2 - 3x + 2}{x^3 - 2x + 4} = \frac{(a+b)x^2 + (2b + c - 2a)x + (2a + 2c)}{x^3 - 2x + 4}.$$

Durch Koeffizientenvergleich im Zähler erhalten wir folgendes Gleichungssystem:

I $a + b = 3,$

II: $2b - 2a + c = -3,$

III: $2a + 2c = 2.$

Dieses Gleichungssystem lösen wir einfach, indem wir zunächst Gleichung I und Gleichung III auflösen und dann in Gleichung II einsetzen. Damit erhalten wir für die Koeffizienten

$$a = 2,$$

$$b = 1$$

und

$$c = -1.$$

Die gegebene Funktion können wir also wie folgt umschreiben:

$$f(x) = \frac{2}{x+2} + \frac{x-1}{x^2-2x+2}.$$

Die gesuchte Stammfunktion berechnet sich dann recht einfach:

$$F(x) = \int \left(\frac{2}{x+2} + \frac{x-1}{x^2-2x+2} \right) dx = \int \left(\frac{2}{x+2} + 0{,}5\frac{2x-2}{x^2-2x+2} \right) dx$$

$$= 2\ln|x+2| + \frac{1}{2}\ln(x^2-2x+2) = 2\ln|x+2| + \ln\sqrt{x^2-2x+2} + C.$$

Aufgabe 23   **Bestimmte Integrale** (Kapitel 9)

Berechne das Integral (nicht die Fläche!) von 0 bis π der Funktion

$$f(x) = e^{2x}\cos x$$

aus Aufgabe 22.

Bestimme anschließend die Fläche, die diese Kurve zwischen 0 und π mit der x-Achse einschließt.

Lösung

Wir sollen zunächst lediglich das Integral zwischen 0 und π berechnen, d. h. wir brauchen keine Rücksicht darauf zu nehmen, ob der Funktionswert der zu integrierenden Funktion negativ oder positiv ist. Wir berechnen also ganz formal das Integral

$$\int\limits_0^\pi e^{2x}\cos x\,dx$$

für das wir bereits in Aufgabe 22 die Stammfunktion bestimmt haben. Also:

$$\int\limits_0^\pi e^{2x}\cos x\,dx = \left[\frac{2}{5}e^{2x}\left(\cos x + \frac{1}{2}\sin x \right) \right]_0^\pi$$

$$= \frac{2}{5}e^{2\pi}\left(\cos\pi + \frac{1}{2}\sin\pi \right) - \frac{2}{5}e^0\left(\cos 0 + \frac{1}{2}\sin 0 \right) = -\frac{2}{5}\left(e^{2\pi}+1 \right).$$

Zum selben Ergebnis kommen wir, wenn wir die Stammfunktion aus Aufgabe 22 direkt verwenden. Dann ist das Integral ganz einfach

$$\int\limits_{0}^{\pi} e^{2x}\cos x\, dx = F(\pi) - F(0).$$

Die Konstante C fällt wegen der Differenzbildung weg.

Nun sollen wir innerhalb der Grenzen 0 und π die Fläche berechnen, die diese Funktion mit der x-Achse einschließt. Hier können wir nicht einfach ignorieren, ob und in welchen Abschnitten innerhalb der angegebenen Grenzen die Funktion negativ oder positiv wird, weil sich das im Vorzeichen des Integrals niederschlägt. Ist die Funktion innerhalb eines Abschnitts auf unserem Integrationsintervall negativ, würden wir ohne besondere Vorkehrungen die darin enthaltene Fläche von der Gesamtfläche abziehen anstelle sie hinzuzuaddieren. Wir müssen also zunächst feststellen, ob und wo die gegebene Funktion innerhalb des Intervalls $[0,\pi]$ negativ wird. Zu diesem Zweck bestimmen wir zunächst die Nullstellen der Funktion $f(x)$, also

$$f(x) = e^{2x}\cos x = 0.$$

Die Euler-Funktion ist immer positiv und wird niemals 0. Also genügt es, uns den Cosinus anzusehen. Dieser hat innerhalb unseres Intervalls genau eine Nullstelle, nämlich bei $x = \frac{\pi}{2}$. Links davon ist er positiv, rechts davon negativ. Deswegen gilt für die gegebene Funktion, dass

$$f(x) = \begin{cases} > 0 & \text{für } x \in [0, \frac{\pi}{2}[, \\ < 0 & \text{für } x \in]\frac{\pi}{2}, 0]. \end{cases}$$

Wir müssen also unser Integral aufteilen und für den Abschnitt, innerhalb dessen die Funktion negativ ist, den Betrag nehmen. Wir berechnen also

$$A = \int\limits_{0}^{\frac{\pi}{2}} e^{2x}\cos x\, dx + \left| \int\limits_{\frac{\pi}{2}}^{\pi} e^{2x}\cos x\, dx \right|.$$

Unter Verwendung der Stammfunktion ergibt sich dann für die gesuchte Fläche

$$A = F(\frac{\pi}{2}) - F(0) + \left| F(\pi) - F(\frac{\pi}{2}) \right| = \frac{2}{5}\left(e^{2\pi} + e^{\pi} - 1\right).$$

Das Ergebnis ist ganz offensichtlich größer als das rein formal bestimmte Integral, was verständlich ist, da wir bei dem reinen Integral den Bereich, in dem die Funktion negativ ist, abgezogen haben, wogegen wir ihn hier tatsächlich hinzugezählt haben.

Aufgabe 24 **Uneigentliche Integrale** (Kapitel 9)

Bestimme den Typ der gegebenen uneigentlichen Integrale, untersuche, ob sie konvergieren und berechne sie gegebenenfalls.

1. $\int\limits_{1}^{\infty} \frac{1}{x^5}\, dx$,

2. $\int\limits_{-\infty}^{\infty} \frac{1}{x^2+1}\,dx$,

3. $\int\limits_{1}^{\infty} \frac{1}{x+1}\,dx$,

4. $\int\limits_{0}^{2} \frac{1}{\sqrt{|1-x|}}\,dx$ und

5. $\int\limits_{0}^{1} \frac{1}{x^2}\,dx$.

Lösung

1. Integral:

Die obere Grenze des Integrals liegt im Unendlichen und der Integrand $f(x)$ selbst hat keine Definitionslücke innerhalb des durch die Integrationsgrenzen gegebenen Intervalls. Es handelt sich folglich, gemäß Abschnitt 9.5, um ein uneigentliches Integral vom Typ I. Um zu untersuchen, ob es konvergiert oder nicht, wenden wir das Kriterium an, wonach das Integral konvergiert, sofern es ein $t > 1$ gibt, für das der Grenzwert $\lim\limits_{x\to\infty} x^t \cdot f(x)$ existiert. Ist $t < 2$ oder der Grenzwert existiert nicht, divergiert das Integral. Siehe hierzu Abschnitt 9.5.

Wir führen also den Testgrenzübergang durch:

$$\lim_{x\to\infty} x^t \frac{1}{x^5}.$$

Setzen wir die niedrigste Zahl für t ein, also 2, dann lautet der Grenzübergang

$$\lim_{x\to\infty} x^2 \frac{1}{x^5} = \lim_{x\to\infty} \frac{1}{x^3} = 0.$$

Der Grenzwert existiert demnach für $t > 1$, das Integral konvergiert. Berechnen wir es also:

$$\int\limits_{1}^{\infty} \frac{1}{x^5}\,dx = \lim_{b\to\infty} \int\limits_{1}^{b} \frac{1}{x^5}\,dx = \lim_{b\to\infty}\left[-\frac{1}{4}x^{-4}\right]_1^b = \lim_{b\to\infty}\left(-\frac{1}{4}\frac{1}{b^4}+\frac{1}{4}\right) = \frac{1}{4}.$$

2. Integral:

Auch für dieses Integral gibt es keine Definitionslücken und diesmal liegen sogar beide Integrationsgrenzen im Unendlichen. Es handelt sich also wieder um ein uneigentliches Integral vom Typ I. Da beide Grenzen im Unendlichen liegen, müssen wir den Integrationsbereich aufteilen:

$$\int\limits_{-\infty}^{\infty} \frac{1}{x^2+1}\,dx = \int\limits_{-\infty}^{0} \frac{1}{x^2+1}\,dx + \int\limits_{0}^{\infty} \frac{1}{x^2+1}\,dx.$$

Wir müssen also für beide Integrale das bereits beim 1. uneigentlichen Integral angewandte Kriterium verwenden. Beginnen wir mit dem ersten Teil.

$$\lim_{x \to -\infty} x^t \frac{1}{x^2 + 1}$$

bzw.

$$\lim_{x \to -\infty} x^2 \frac{1}{x^2 + 1} = \lim_{x \to -\infty} \frac{1}{1 + \frac{1}{x^2}} = 1.$$

Dieses Teilintegral konvergiert. Wenden wir uns dem zweiten Teilintegral zu:

$$\lim_{x \to \infty} x^2 \frac{1}{x^2 + 1} = \lim_{x \to \infty} \frac{1}{1 + \frac{1}{x^2}} = 1.$$

Auch dieser Grenzwert existiert, das Integral konvergiert demnach an beiden Grenzen. Mit Hilfe einer Formelsammlung bestimmen wir die Stammfunktion für diesen Integranden zu $\arctan x$. Das uneigentliche Integral ist also

$$\lim_{a \to -\infty} [\arctan x]_a^0 + \lim_{b \to \infty} [\arctan x]_0^b = \lim_{a \to -\infty} -\arctan a + \lim_{b \to \infty} \arctan b = \frac{\pi}{2} + \frac{\pi}{2} = \pi.$$

3. Integral:

Wir wenden wieder das gleiche Kriterium für dieses uneigentliche Integral vom Typ I an, um die Konvergenz zu untersuchen:

$$\lim_{x \to \infty} x^t \cdot \frac{1}{x + 1} = \lim_{x \to \infty} x^t \frac{1}{x} \frac{1}{1 + \frac{1}{x}} = \lim_{x \to \infty} x^{t-1} \frac{1}{1 + \frac{1}{x}}.$$

Dieser Grenzwert existiert nur für $t < 2$, denn andernfalls erhalten wir für den Limes ∞. Gemäß dem Kriterium liegt Konvergenz nur dann vor, wenn dieser Grenzwert existiert (d. h. wenn ein endlicher Wert herauskommt) und dabei $t > 1$ ist. Da dies hier nicht der Fall ist, schließen wir daraus, dass das vorliegende uneigentliche Integral nicht konvergent bzw. divergent ist. Wir brauchen es also gar nicht erst zu berechnen. Der Vollständigkeit halber wollen wir die Divergenz aber dennoch zeigen, indem wir die Stammfunktion berechnen und dann den Grenzwertübergang durchführen.

$$\int_1^\infty \frac{1}{x + 1} dx = \lim_{b \to \infty} \int_1^b \frac{1}{x + 1} dx = \lim_{b \to \infty} [\ln |x + 1|]_1^b = \lim_{b \to \infty} \ln |b + 1| = \infty.$$

4. Integral:

Das gegebene Integral ist uneigentlich, weil im Integrationsbereich $[0, 2]$ eine Unstetigkeitsstelle des Integranden liegt, nämlich bei $x = 1$. Das macht es zu einem uneigentlichen Integral vom Typ II. Da nun die Unstetigkeitsstelle innerhalb des Integrationsbereichs liegt, teilen wir das Integral an der Unstetigkeitsstelle auf:

$$\int_0^2 \frac{1}{\sqrt{|1-x|}} dx = \int_0^1 \frac{1}{\sqrt{|1-x|}} dx + \int_1^2 \frac{1}{\sqrt{|1-x|}} dx.$$

Überprüfen wir die Konvergenz des ersten Teilintegrals (Unstetigkeitsstelle an der oberen Grenze) und verwenden dabei das Kriterium für uneigentliche Integrale vom Typ II (s. Abschnitt 9.5). Demnach ist das Integral konvergent, wenn für $t < 1$ der linksseitige Grenzwert $\lim_{x \to b-} (b - x)^t \cdot f(x)$ existiert. Für das gegebene Teilintegral lautet es

$$\lim_{x \to 1-} (1 - x)^t \frac{1}{\sqrt{|1-x|}} = \lim_{x \to 1-} (1 - x)^{t - \frac{1}{2}}.$$

Dieser Grenzwert existiert, sofern gilt, dass $\frac{1}{2} < t < 1$. Damit ist gemäß dem Kriterium die Voraussetzung für die Konvergenz des Teilintegrals erfüllt, es konvergiert also. Berechnen wir den Wert dieses Teilintegrals:

$$\lim_{b \to 1-} \int_0^b \frac{1}{\sqrt{|1-x|}} dx = \lim_{b \to 1-} \int_0^b |1-x|^{-\frac{1}{2}} dx = \lim_{b \to 1-} \left[-2\sqrt{|1-x|} \right]_0^b = \lim_{b \to 1-} -2\sqrt{|1-b|} + 2 = 2.$$

Betrachten wir das zweite Teilintegral, für das der Integrand an der unteren Grenze nicht stetig ist. Wir wenden dasselbe Kriterium auch auf dieses Teilintegral an, wobei wir aber berücksichtigen müssen, dass wir uns „von oben" an die Grenze herantasten müssen.

$$\lim_{x \to 1+} (1 - x)^t \frac{1}{\sqrt{|1-x|}}.$$

Der Betrag in der Wurzel stört hier, weil der Wert innerhalb der Betragsstriche negativ wird, wenn wir uns „von oben " an 1 annähern. Wir können also die Betragsstriche nicht einfach so weglassen, ohne das Vorzeichen umzudrehen. Wir behelfen uns, indem wir -1 ausklammern und davon den Betrag nehmen. Auf diese Weise stellen wir sicher, dass an der uns interessierenden Stelle (nächste rechtsseitige Umgebung von 1) das Argument der Wurzel positiv ist. Wir schreiben also

$$\lim_{x \to 1+} (1 - x)^t \frac{1}{\sqrt{|-1|(x-1)}} = \lim_{x \to 1+} (1 - x)^t \frac{1}{\sqrt{x - 1}}$$

$$= \lim_{x \to 1+} (-1)^t \cdot (x - 1)^t \frac{1}{\sqrt{x - 1}} = \lim_{x \to 1+} (-1)^t \cdot (x - 1)^{t - \frac{1}{2}}.$$

Dieser Grenzwert konvergiert gegen 0, wenn wieder gilt, dass $\frac{1}{2} < t < 1$. Wir können also auch dieses uneigentliche Integral berechnen, von dem wir die Stammfunktion bereits kennen. Wir kürzen daher hier ein wenig ab.

$$\lim_{a\to 1+} \int_a^2 \frac{1}{\sqrt{|1-x|}}\,dx = \lim_{a\to 1+}\left[-2\sqrt{|1-x|}\right]_a^2 = -2 - \lim_{a\to 1+} -2\sqrt{|1-a|} = -2.$$

Addieren wir beide Ergebnisse der Teilintegrale, erhalten wir als Endergebnis für dieses uneigentliche Integral den Wert 0.

5. Integral:

Wieder haben wir es mit einem uneigentlichen Integral vom Typ II zu tun, da die untere Grenze eine Unstetigkeitsstelle des Integranden darstellt. Wir testen auf Konvergenz mit dem uns bereits bekannten Kriterium:

$$\lim_{x\to 0+} (0-x)^t \frac{1}{x^2} = (-1)^t x^t \frac{1}{x^2} = \lim_{x\to 0+} (-1)^t x^{t-2}.$$

Konvergenz kann nur dann gesichert festgestellt werden, wenn bei uneigentlichen Integralen von Typ II für $t < 1$ der Grenzwert existiert. Das ist aber hier nicht der Fall, da der Grenzwert gegen ∞ strebt. Testen wir also, ob das uneigentliche Integral divergiert. Hierzu verwenden wir den zweiten Teil des Kriteriums, wonach ein uneigentliches Integral divergiert, sofern der Grenzwert $\lim_{x\to a+} (a-x)f(x) \neq 0$ bzw. $\lim_{x\to b-} (b-x)f(x) \neq 0$. Wenden wir dies an:

$$\lim_{x\to 0+} (0-x)\frac{1}{x^2} = \lim_{x\to 0+} -\frac{1}{x} = -\infty.$$

Der Grenzwert ist nicht 0, damit ist der Test auf Divergenz positiv ausgefallen, unser uneigentliches Integral ist also divergent.

| **Aufgabe 25** | **Volumen eines Rotationskörpers** (Kapitel 9) | |

Leite eine allgemeine Formel für das Volumen eines beliebigen Kegels her. Verwende dabei die Tatsache, dass es sich um einen Rotationskörper handelt.

Lösung

Ein Kegel ist ein Rotationskörper, für den wir mit Hilfe der Integration ganz einfach das Volumen berechnen können, wenn wir die Formel (s. Abschnitt 9.6)

$$V = \pi \int_a^b f(x)^2\,dx$$

verwenden. Dabei gehen wir davon aus, dass die Rotationsachse auf der x-Achse liegt und die Kegelspitze im Ursprung. Die Funktion $f(x)$ stellt dabei die Mantellinie des Kegels dar, welche die Mantelfläche durch Rotation bildet. Wir beginnen also die Integration bei 0 und beenden sie bei einem beliebigen x-Wert, den wir h (wie Höhe) nennen. Die Funktion $f(x)$ ist eine Geraden-gleichung mit einer beliebigen Steigung a durch den Ursprung. Sie lautet daher

$$f(x) = ax + 0 = ax.$$

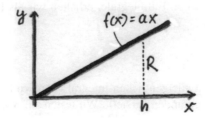

Das Volumen ist also

$$V = \pi \int\limits_0^h (ax)^2 \mathrm{d}x = \left[\frac{1}{3} \pi a^2 x^3 \right]_0^h = \frac{1}{3} \pi a^2 h^3.$$

Die Steigung a entspricht den Tangens des halben Öffnungswinkels α des Kegels. In der Regel ist aber der Radius R des Grundkreises des Kegels bekannt. Wir können aber den Tangens auch über folgende Beziehung ausdrücken (wir erinnern uns: Tangens = Gegenkathete durch Ankathete):

$$a = \tan \alpha = \frac{R}{h}.$$

Setzen wir das in unsere Formel für das Kegelvolumen ein, erhalten wir die bekannte Formel für ein Kegelvolumen:

$$V = \frac{1}{3} \pi \frac{R^2}{h^2} h^3 = \frac{1}{3} \pi R^2 h.$$

Aufgabe 26   Funktionen mehrere Veränderlicher: Ableitungen (Kapitel 10)

Berechne für folgende Funktionen, die partiellen Ableitungen, die zweiten partiellen Ableitungen, die totale Ableitung und gib den Gradienten an.

1. $f(x,y) = xy$,

2. $f(x,y,z) = x\cos^2 z - z\sin^2 y^2$, und

3. $f(x(t),y(t)) = x(t)\ln y(t)$.

Lösung

1. Funktion:

Wir sollen die partiellen Ableitungen bestimmen, was nichts anderes bedeutet, als dass wir nach jeder vorhandenen Variablen ableiten, dabei die anderen als Konstanten behandeln. Für die gegebene erste Funktion sind es derer zwei, nämlich

$$f_x(x,y) = \frac{\partial}{\partial x}(xy) = y$$

und

$$f_y(x,y) = \frac{\partial}{\partial y}(xy) = x.$$

Die Ableitung entlang der x-Achse ist also konstant, wobei allerdings die Steigung zunimmt, je weiter wir in Richtung positiver y-Werte gehen. Analog verhält es sich bei der Ableitung entlang der y-Achse.

Für die zweiten partiellen Ableitungen müssen wir jede partielle Ableitung wieder nach allen vorhandenen Variablen partiell ableiten. In aller Regel ist es aber egal, in welcher Reihenfolge wir partiell ableiten, so dass die „gemischten" partiellen Ableitungen (d. h. wir leiten zuerst nach einer, dann nach einer anderen Variable partiell ab) identisch sind und wir uns ein paar partielle Ableitungen sparen können. In unserem Fall reicht es, wenn wir folgende drei zweiten partiellen Ableitungen berechnen.

$$f_{xx}(x,y) - \frac{\partial}{\partial x}f_x(x,y) = \frac{\partial}{\partial x}y = 0,$$

$$f_{yy}(x,y) = \frac{\partial}{\partial y}f_y(x,y) = \frac{\partial}{\partial y}x = 0$$

und

$$f_{xy}(x,y) = f_{yx}(x,y) = \frac{\partial}{\partial y}f_x(x,y) = \frac{\partial}{\partial y}y = 1.$$

Der Gradient ist nun nichts anderes als die partiellen Ableitungen zu einem Vektor zusammengefasst:

$$\operatorname{grad} f(x,y) = \begin{pmatrix} \frac{\partial}{\partial x}(xy) \\ \frac{\partial}{\partial y}(xy) \end{pmatrix} = \begin{pmatrix} y \\ x \end{pmatrix}.$$

Um die totale Ableitung zu berechnen, können wir einfach die Formel aus Abschnitt 10.3.2 anwenden oder das Skalarprodukt aus Gradient mit $d\vec{x}$ bilden:

$$df(x,y) = \operatorname{grad} f(x,y) \cdot d\vec{x} = \begin{pmatrix} \frac{\partial}{\partial x}f(x,y) \\ \frac{\partial}{\partial y}f(x,y) \end{pmatrix} \cdot \begin{pmatrix} dx \\ dy \end{pmatrix} = y\,dx + x\,dy.$$

2. Funktion:

Wir bilden die drei partiellen Ableitungen nach den drei Variablen, wobei wir nicht vergessen dürfen, die Kettenregel (s. Abschnitt 4.4) anzuwenden, wenn wir nach den Variablen ableiten, die als Argument der beiden trigonometrischen Funktionen vorkommen. Wir müssen dabei berücksichtigen, dass wir bei der Ableitung des Summanden $\sin^2 y^2$ drei ineinander verschachtelte Funktionen haben:

$$h(y) = y^2,$$

$$g(h(y)) = \sin h(y) = \sin y^2$$

und

$$f_2(g(h(y))) = (g(h(y)))^2 = \sin^2 y^2.$$

Wenn wir diesen Teil also nach y ableiten, müssen wir zweimal die Kettenregel anwenden:

$$\frac{\partial f_2}{\partial y} f_2(g(h(y))) = f_2'(g(h(y))) \cdot \frac{\partial g}{\partial y}$$

und

$$\frac{\partial g}{\partial y} = g'(h(y)\cdot) \frac{\partial h}{\partial y}.$$

Der hochgestellte Strich deutet hier an, dass das Argument der Funktion für diesen Rechenschritt die Einheit ist, nach der abgeleitet wird. Schlagt bitte im Kapitel 4, Abschnitt 4.4 nach, wenn es noch nicht ganz klar geworden ist.

$$f_x = \cos^2 z,$$

$$f_y = -z\frac{\partial}{\partial y}\sin^2 y^2 = -z \cdot (2\sin y^2 \cdot \cos y^2 \cdot 2y) = -4yz\sin y^2 \cos y^2$$

und

$$f_z = -2x\cos z \sin z - \sin^2 y^2.$$

Wir bilden die zweiten partiellen Ableitungen, zunächst ausgehend von der ersten partiellen Ableitung nach x:

$$f_{xx} = 0,$$

$$f_{xy} = 0$$

und

$$f_{xz} = -2\cos z \sin z.$$

Jetzt noch die anderen partiellen Ableitungen:

$$f_{yy} = -4z\sin y^2 \cos y^2 - 4yz \cdot 2y\cos^2 y^2 - 4yz \cdot 2y(-\sin^2 y^2)$$
$$= -4z\sin y^2 \cos y^2 - 8y^2 z(\cos^2 y^2 - \sin^2 y^2),$$

$$f_{yx} = f_{xy},$$

$$f_{yz} = -4y\sin y^2 \cos y^2$$

sowie

$$f_{zz} = -2x(\cos^2 z - \sin^2 z),$$

$$f_{zx} = f_{xz}$$

und

$$f_{zy} = f_{yz}.$$

Der Gradient setzt sich einfach aus den ersten partiellen Ableitungen zusammen, also

$$\operatorname{grad} f(x,y,z) = \begin{pmatrix} \cos^2 z \\ -4yz\sin y^2 \cos y^2 \\ -2x\cos z\sin z - \sin^2 y^2 \end{pmatrix}.$$

Die totale Ableitung ist dann also

$$\mathrm{d}f(x,y,z) = \cos^2 z\,\mathrm{d}x - 4yz\sin y^2 \cos y^2\,\mathrm{d}y - (2x\cos z\sin z + \sin^2 y^2)\mathrm{d}z.$$

3. Funktion:

Die Aufgabenstellung macht deutlich, dass die zwei angegebenen Variablen $x(t)$ und $y(t)$ selbst von einer Variablen t abhängen (t steht üblicherweise für die Zeit). Würden wir den Zusammenhang zwischen x und t und zwischen y und t kennen, sprich, wir hätten den zeitlichen Verlauf von x und y als (explizite) Gleichung gegeben, könnten wir diese in die gegebene Funktionsgleichung einsetzen und erhielten dann eine Funktion von nur noch einer Variablen, nämlich der Zeit t. Da sowohl x als auch y abhängig von t sind, verbleibt als einzige unabhängige Variable die Zeit t. Wir können uns also mit der Ableitung nach t begnügen und die Berechnung des Gradienten und der totalen Ableitung wird hinfällig. Bei der Berechnung der Ableitung nach der Zeit müssen wir aber die Kettenregel berücksichtigen.

Im Folgenden setzen wir voraus, dass $x(t)$ und $y(t)$ explizite Funktionen der Zeit sind, d. h. sie hängen nicht selbst von x oder y ab.

Für die erste Ableitung erhalten wir

$$\dot{f} = f_x \dot{x} + f_y \dot{y} = x(t) \ln y(t) + \frac{x(t)}{y(t)} \dot{y}(t).$$

Wenn wir die zweite Ableitung nach der Zeit berechnen, müssen wir jeden Summanden nach dieser Variablen ableiten, also

$$\ddot{f} = \frac{\mathrm{d}}{\mathrm{d}t} \dot{x} \ln y + \frac{\mathrm{d}}{\mathrm{d}t} \frac{x}{y} \dot{y}.$$

Jeder der abzuleitenden Summanden besteht selbst wieder aus einem Produkt von Termen mit x und y, die selbst wieder abhängig sind von t. Wir müssen hier also die Produktregel anwenden. Der Übersicht halber wollen wir die beiden Teilableitungen separat bilden und anschließend zusammenzählen. Beginnen wir mit der ersten Teilableitung:

$$\frac{\mathrm{d}}{\mathrm{d}t} \dot{x} \ln y = \ln y \, \ddot{x} + \dot{x} \left(\frac{\mathrm{d}}{\mathrm{d}t} \ln y \right) = \ddot{x} \ln y + \dot{x} \frac{1}{y} \cdot \dot{y}.$$

Wenden wir uns der zweiten Teilableitung zu, die aus drei zeitabhängigen Variablen besteht, aus x, y und $\dot{y}$.

$$\frac{\mathrm{d}}{\mathrm{d}t} \frac{x}{y} \dot{y} = \frac{1}{y} \dot{y} \dot{x} + \left(-\frac{x}{y^2} \dot{y} \cdot \dot{y} \right) + \frac{x}{y} \ddot{y}.$$

Zusammengenommen macht das für die zweite zeitliche Ableitung

$$\ddot{f} = \ddot{x} \ln y + \ddot{y} \frac{x}{y} + \frac{2}{y} \dot{x} \dot{y} - \frac{x}{y^2} \dot{y}^2.$$

Aufgabe 27   Taylor-Reihenentwicklung für zwei Variablen (Kapitel 10)

Entwickle folgende Funktion mit Hilfe einer Taylor-Reihe bis Grad 2 (d. h. $k = 2$) um die Stelle $(x_0, y_0) = (1, 2)$:

$$f(x, y) = x^2 - 2xy^2.$$

Lösung

Wir verwenden für die Taylor-Reihenentwicklung die Gleichung 10.23 aus Abschnitt 10.5, nämlich

$$f(x,y) \approx f(x_0,y_0) + f_x(x_0,y_0)\Delta x + f_y(x_0,y_0)\Delta y$$
$$+ \frac{1}{2}f_{xx}(x_0,y_0)(\Delta x)^2 + f_{xy}(x_0,y_0)\Delta x \Delta y + \frac{1}{2}f_{yy}(x_0,y_0)(\Delta y)^2,$$

wobei

$$\Delta x = x - x_0$$

und

$$\Delta y = y - y_0.$$

Berechnen wir die ersten und zweiten partiellen Ableitungen von f:

$$f_x = 2x - 2y^2,$$

$$f_y = -4xy.$$

$$f_{xx} = 2,$$

$$f_{xy} = -4y$$

und

$$f_{yy} = -4x.$$

Wir setzen nun überall für

$$x_0 = 1$$

und

$$y_0 = 2$$

ein, da wir ja um diese Stelle herum die Funktion entwickeln sollen. Wir erhalten dann für die einzelnen Faktoren folgende Werte:

$$f(1,2) = 1 - 2 \cdot 1 \cdot 4 = -7,$$

$$f_x(1,2) = 2 - 2 \cdot 4 = -6,$$

$$f_y(1,2) = -4 \cdot 1 \cdot 2 = -8,$$

$$f_{xx}(1,2) = 2,$$

$$f_{xy}(1,2) = -4 \cdot 2 = -8$$

und

$$f_{yy}(1,2) = -4 \cdot 1 = -4.$$

Setzen wir nun diese Werte in die Formel der Taylor-Reihenentwicklung für $k = 2$ ein, dann erhalten wir

$$f(x,y) \approx -7 - 6 \cdot (x-1) - 8 \cdot (y-2) + \frac{1}{2} \cdot 2 \cdot (x-1)^2 - 8 \cdot (x-1)(y-2) - \frac{1}{2} \cdot 4 \cdot (y-2)^2$$

und ausmultipliziert

$$f(x,y) \approx 2(x^2 - y^2) + 8(x+y) - 8xy - 9.$$

Aufgabe 28   **Implizite Funktionen** (Kapitel 10)

Lösung

Am einfachsten wäre es, wenn wir die gegebene implizite Gleichung nur nach einer der beiden Variablen – vorzugsweise nach y – auflösen könnten. Das ist hier aber offensichtlich nicht möglich. Deswegen müssen wir hier den Weg über die Formeln für die Ableitungen für implizite Funktionen beschreiben. Diese findet Ihr in Abschnitt 10.6. Setzen wir für unsere Zwecke $y = g(x)$, dann ist dessen erste Ableitung nach x

$$g'(x) = -\frac{f_x}{f_y}.$$

Diese Gleichung ist aber nur dann sinnvoll, wenn die partielle Ableitung nach y nicht verschwindet, also $f_y \neq 0$. Setzen wir die Ableitung $g' = 0$, erhalten wir die Stellen der Funktion $g(x)$, an denen ihre Tangente horizontal ist, also wo potentiell Extremwerte liegen. Um festzustellen, ob es sich bei den Stellen um Maxima oder Minima handelt, müssen wir das Vorzeichen von $g''(x)$ bestimmen. Die zweite Ableitung von $g(x)$ berechnet sich über die Formel

Untersuche folgende Funktion auf Extremwerte und bestimme, ob es sich um ein Maximum oder Minimum handelt, sofern vorhanden.

$$f(x,y) = xe^x + ye^y = 0.$$

$$g''(x) = -\frac{f_{xx}}{f_y}.$$

Berechnen wir also die ersten partiellen Ableitungen sowie die zweite partielle Ableitung f_{xx}.

$$f_x(x,y) = e^x + xe^x = e^x(1+x),$$

$$f_y(x,y) = e^y + ye^y = e^y(1+y)$$

und schließlich

$$f_{xx}(x,y) = e^x + e^x + xe^x = e^x(2+x).$$

Solange $f_y \neq 0$ bzw. $y \neq -1$ gilt, dürfen wir die erste Ableitung von $g(x)$ entsprechend unserer Formel berechnen und zu 0 setzen, um Stellen mit horizontaler Tangente zu finden. Also

$$g'(x) = -\frac{f_x}{f_y} = -\frac{e^x(1+x)}{e^y(1+y)} = 0.$$

Da die Euler-Funktion e^x für kein x der Welt 0 wird, bleibt als einzige Stelle mit horizontaler Tangente $x_0 = -1$ übrig. Wir bestimmen zunächst noch den zugehörigen y_0- Wert, indem wir $x_0 = -1$ in die Funktionsgleichung einsetzen. Wir erhalten folgende Gleichung:

$$f(x_0, y_0) = y_0 e^{y_0} - 1 \cdot e^{-1} = 0$$

bzw.

$$y_0 e^{y_0} = -1 \cdot e^{-1}.$$

Diese Gleichung ist aber genau dann erfüllt, wenn auch $y_0 = -1$ ist! Für diese Stelle $(-1,-1)$ würden wir anschließend g'' auf das Vorzeichen testen, allerdings wird für $y = -1$ die partielle Ableitung $f_y = 0$. Der Nenner in der Formel für $g'(x)$ und auch für $g''(x)$ wird da nämlich genau 0, was ja nicht sein darf!

Anhang

A Integration nicht rationaler Funktionen

Diese Tabelle gibt eine kleine Übersicht typischer Formen rationaler Funktionen wieder und mögliche Lösungsansätze. Diese Tabelle ist allerdings sicher nicht vollständig. Deswegen empfehlen die Autoren, gegebenenfalls Formelsammlungen (z. B. Bronstein [Bro93]) zu konsultieren.

Tabelle A.1: Empfohlene Substitution für typische nicht rationale Funktionen

Form des Integrals einer nicht rationalen Funktion F_r	Empfohlene Substitution
$\int F_r(x, \sqrt[n]{\frac{px+q}{rx+s}})\mathrm{d}x$	$t = \sqrt[n]{\frac{px+q}{rx+s}}$
$\int F_r(x, (\frac{px+q}{rx+s})^m, (\frac{px+q}{rx+s})^n)\mathrm{d}x$ mit $m, n \in \mathbb{Q}$	$t^k = \frac{px+q}{rx+s}$, mit k Potenz des Hauptnenners der Brüche n und m
$F_r(x, \sqrt{ax^2 + bx + c})\mathrm{d}x$	Überführung von $ax^2 + bx + c$ in eine der drei folgenden Formen: a) $k(u^2 + 1)$, Substitution: $\cosh^2 t = u^2 + 1$ b) $k(u^2 - 1)$, Substitution: $\sinh^2 t = u^2 - 1$ c) $k(1 - u^2)$, Substitution: $\cos^2 t = 1 - u^2$
$\int F_r(x, \sin x, \cos x)\mathrm{d}x$	Substitution: $t = \tan\frac{x}{2}, \quad \mathrm{d}x = \frac{2}{1+t^2}\mathrm{d}t, \sin x = \frac{2t}{1+t^2}, \quad \cos x = \frac{1-t^2}{1+t^2}$ Sonderfälle: a) $F_r(x, -\sin x, \cos x) = -F_r(x, \sin x, \cos x)$, F_r ungerade in $\sin x$, Substitution: $t = \cos x$ b) $F_r(x, \sin x, -\cos x) = -F_r(x, \sin x, \cos x)$, F_r ungerade in $\cos x$, Substitution: $t = \sin x$ c) $F_r(x, -\sin x, -\cos x) = F_r(x, \sin x, \cos x)$, Substitution: $t = \tan x$
$\int F_r(e^x, \sinh x, \cosh x)\mathrm{d}x$	Substitution: $t = e^x, \quad \sinh x = \frac{t^2-1}{2t}, \cosh x = \frac{t^2+1}{2t}, \mathrm{d}x = \frac{1}{t}\mathrm{d}t$

Beispiele:

a) $\int \frac{1}{\sqrt[4]{x}(\sqrt[4]{x}+1)} dx, t = \sqrt[4]{x}$

b) $\int \frac{1}{\sqrt[3]{\frac{x+1}{2x+1}} \sqrt[4]{\frac{x+1}{2x+1}}} dx, m = \frac{1}{3}, n = \frac{1}{4} \rightarrow k = 3 \cdot 4 = 12, t^{12} = \frac{x+1}{2x+1}$

c) $\int \sqrt{4x^2 + 8x} dx$ Umformung: $4x^2 + 8x = 4x^2 + 8x + 4 - 4 = 4[(x+1)^2 - 1]$ $u = x+1, \sinh^2 t = u^2 - 1$ bzw. $\sinh^2 t = (x+1)^2 - 1$

d) $\int \frac{\sin x \cdot \cos x}{1 - \sin x} dx$ F_r ungerade in $\cos x$: $\frac{\sin x(-\cos x)}{1-\sin x} = -\frac{\sin x \cdot \cos x}{1-\sin x}$

B Herleitung der Eulerschen Darstellung komplexer Zahlen

Wie in Kapitel 6 gesehen, gibt es den wunderschönen Zusammenhang zwischen der komplexen e-Funktion $e^{i\varphi}$ und dem Sinus und Cosinus über die Eulersche Darstellung:

$$e^{i\varphi} = \cos\varphi + i\sin\varphi.$$

Für die Herleitung werden wir sowohl die komplexe Eulerfunktion als auch den Sinus und den Cosinus mit Hilfe der Taylor-Reihe (siehe Abschnitt 7.10) um die Entwicklungsstelle $\varphi_0 = 0$ entwickeln.

Fangen wir mit der komplexen e-Funktion an, wobei wir die Zahl i wie eine normale Konstante behandeln, was nichts anderes bedeutet, dass die Ableitung von $e^{i\varphi}$ wie folgt bewerkstelligt wird:

$$\frac{\mathrm{d}}{\mathrm{d}\varphi}e^{i\varphi} = i \cdot e^{i\varphi}.$$

Die Entwicklung als Taylor-Reihe um $\varphi_0 = 0$ ist dann

$$
\begin{aligned}
e^{i\varphi} &= e^{i0} + \frac{\varphi - 0}{1!}\cdot i e^{i0} + \frac{(\varphi-0)^2}{2!}\cdot i^2 e^{i0} + \frac{(\varphi-0)^3}{3!}\cdot i^3 e^{i0} + \cdots \\
&= 1 + i\varphi - \frac{\varphi^2}{2!} - i\frac{\varphi^3}{3!} + \frac{\varphi^4}{4!} + i\frac{\varphi^5}{5!} - \cdots
\end{aligned}
$$

Fassen wir jetzt jeweils die reellen Zahlen und die komplexen Anteile zusammen, dann erhalten wir

$$e^{i\varphi} = \left(1 - \frac{\varphi^2}{2!} + \frac{\varphi^4}{4!} - \frac{\varphi^6}{6!} + \cdots\right) + i\left(\varphi - \frac{\varphi^3}{3!} + \frac{\varphi^5}{5!} - \frac{\varphi^7}{7!} + \cdots\right). \qquad \text{(B.1)}$$

Schreiben wir den Cosinus als Taylor-Reihe um $\varphi_0 = 0$, dann erhalten wir

$$
\begin{aligned}
\cos\varphi &= \cos 0 + \frac{\varphi - 0}{1!}(-\sin 0) + \frac{(\varphi-0)^2}{2!}(-\cos 0) + \frac{(\varphi-0)^3}{3!}(\sin 0) + \frac{(\varphi-0)^4}{4!}(\cos 0) \\
&\quad + \frac{(\varphi-0)^5}{5!}(-\sin 0) + \frac{(\varphi-0)^6}{6!}(-\cos 0) + \cdots = 1 - \frac{\varphi^2}{2!} + \frac{\varphi^4}{4!} - \frac{\varphi^6}{6!} + \cdots
\end{aligned}
$$

Das ist aber genau der reelle Anteil der Taylor-Entwicklung unserer komplexen e-Funktion aus B.1! Knöpfen wir uns zu guter Letzt den Sinus vor und entwickeln ihn Taylor-mäßig für $\varphi_0 = 0$

und erhalten so den Imaginärteil in B.1.

$$\sin\varphi = \sin 0 + \frac{\varphi - 0}{1!}\cos 0 + \frac{(\varphi - 0)^2}{2!}(-\sin 0) + \frac{(\varphi - 0)^3}{3!}(-\cos 0) + \frac{(\varphi - 0)^4}{4!}(\sin 0)$$

$$+ \frac{(\varphi - 0)^5}{5!}(\cos 0) + \frac{(\varphi - 0)^6}{6!}(-\sin 0) + \frac{(\varphi - 0)^7}{7!}(-\cos 0) + \cdots$$

$$= \varphi - \frac{\varphi^3}{3!} + \frac{\varphi^5}{5!} - \frac{\varphi^7}{7!} + \cdots$$

Literatur

[Bro93]   Bronstein, I.N., Semedjajew, K.A., Musiol, G., Mühlig, H. *Taschenbuch der Mathematik*. Verlag Harri Deutsch, 1993. ISBN: 3-8171-2001-X.

[Fel87]   Feldmann, D., Kruse, A., Merzinger, P., Mühlbach, G., Wirth, T. *Repetitorium der Ingenieur-Mathematik*. Verlag C. Feldmann, 1987. ISBN: 3-923923-00-7.

[Hau02]   Hauger, W., Schnell, W., Gross, D. *Technische Mechanik Band 3: Kinetik*. 7. Aufl. Springer-Verlag, Wiesbaden, 2002. ISBN: 978-3-540-43257-9.

[Lab12]   Labuhn, D., Romberg, O. *Keine Panik vor Thermodynamik!* 6. Aufl. Springer Vieweg, Wiesbaden, 2012. ISBN: 978-3834819369.

[Mag90]   Magnus, K., Müller, H.H. *Grundlagen der Technischen Mechanik*. 6. Aufl. B. G. Teubner Stuttgart, 1990. ISBN: 3-519-02371-7.

[Mey93]   Meyberg K., Vachenauer, P. *Höhere Mathematik 1*. 2. Aufl. Springer-Verlag, 1993. ISBN: 978-3540531906.

[Mey97]   Meyberg K., Vachenauer, P. *Höhere Mathematik 2*. 2. Aufl. Springer-Verlag, 1997. ISBN: 978-3540623984.

[Oes14]   Oestreich, M., Romberg, O. *Keine Panik vor Statistik!* 5. Aufl. Springer Spektrum, Wiesbaden, 2014. ISBN: 978-3658046040.

[Rom11]   Romberg, O., Hinrichs, N. *Keine Panik vor Mechanik!* 8. Aufl. Vieweg+Teubner Verlag, Wiesbaden, 2011. ISBN: 978-3834814890.

[Tie12]   Tieste, K.-D., Romberg, O. *Keine Panik vor Regelungstechnik!* 2. Aufl. Springer Vieweg, Wiesbaden, 2012. ISBN: 978-3834819376.

[Vaj89]   Vajda, S. *Fibonacci & Lucas Numbers, and the Golden Section - Theory and Application*. 1. Aufl. Ellis Horwood Limited, Chichester, England, 1989. ISBN: 978-0745807157.

Sachverzeichnis

Printing: Ten Brink, Meppel, The Netherlands
Binding: Stürtz, Würzburg, Germany